"十二五"职业教育国家规划教材
经全国职业教育教材审定委员会审定

高等职业院校
机电类"十二五"规划教材

Mastercam X3
应用与实例教程
（第3版）

The Application & Example
Courses for Mastercam X3 (3rd Edition)

U0300175

◎ 蔡冬根 主编
◎ 缪燕平 邹新斌 副主编

人民邮电出版社
北京

精品系列

图书在版编目（ＣＩＰ）数据

Mastercam X3应用与实例教程 / 蔡冬根主编. -- 3
版. -- 北京 ：人民邮电出版社，2014.10（2023.8重印）
高等职业院校机电类"十二五"规划教材
ISBN 978-7-115-34659-9

Ⅰ．①M… Ⅱ．①蔡… Ⅲ．①计算机辅助制造－应用
软件－高等职业教育－教材 Ⅳ．①TP391.73

中国版本图书馆CIP数据核字(2014)第192236号

内 容 提 要

　　本书详细介绍了 Mastercam X3 的设计和数控加工方法。全书共分 8 章，主要内容包括 Mastercam X3 基础知识、二维图形的绘制与编辑、三维曲面造型、实体造型、数控加工通用设置、二维加工、三维曲面加工以及 Mastercam X3 在模具中的应用实例。书中重点介绍了 Mastercam X3 的 CAD 和 CAM 两大基本模块的各种功能，并介绍了多个应用实例。每章都配有难度适中的练习题，便于读者上机练习时选用。

　　本书内容深入浅出，简明扼要，条理清晰，实践性强，适用于高职高专机械类专业的 CAD/CAM 课程教学，也可作为从事数控加工和模具设计的广大专业技术人员的参考书。

◆ 主　　编　蔡冬根

　　副 主 编　缪燕平　邹新斌

　　责任编辑　李育民

　　执行编辑　王丽美

　　责任印制　杨林杰

◆ 人民邮电出版社出版发行　　北京市丰台区成寿寺路 11 号

　　邮编　100164　　电子邮件　315@ptpress.com.cn

　　网址　http://www.ptpress.com.cn

北京九州迅驰传媒文化有限公司印刷

◆ 开本：787×1092　1/16

　　印张：20.25　　　　　　　　2014 年 10 月第 3 版

　　字数：480 千字　　　　　　 2023 年 8 月北京第 13 次印刷

定价：44.00 元

读者服务热线：**(010)81055256**　印装质量热线：**(010)81055316**
反盗版热线：**(010)81055315**

第 3 版前言

　　Mastercam 是由美国 CNC Software 公司研发的基于 PC 平台的 CAD/CAM 系统。由于其卓越的设计和数控加工功能，以及灵活易学的操作特性，Mastercam 自问世以来，一直以其独有的特点在专业领域享有很高的声誉，被广泛应用于模具制造及机械加工行业，成为目前全球销量最大的 CAM 类软件。Mastercam X 3 作为 CNC Software 公司推出的 Mastercam 软件的最新版本，与微软公司的 Windows 技术紧密结合，具有全新的 Windows 操作界面，使用户界面更为友好，使用更加便捷，设计更加高效。

　　为满足大、中专院校广大学生以及制造业界的工程技术人员对Mastercam设计与应用的迫切需要，作者结合多年来从事Mastercam、Pro/E等CAD/CAM软件教学的心得体会，以及在模具设计与制造行业工作的经验编写了本书，希望给广大读者提供更多的帮助。

　　本书紧紧围绕当前Mastercam X3软件应用教学中的广度和深度要求，注重内容的实用性，由浅入深、系统、合理地讲述各个知识点。本书详细介绍了Mastercam X3的应用方法与技巧，包括二维图形绘制、三维曲面造型、实体造型、二维加工和曲面加工等，并在第8章安排了应用实例，力求用生产中的实例把书中的知识点串接综合起来，加深读者对知识点的理解，以达到事半功倍的学习效果。同时，本书在各个章节安排了不少难度适中、富有特色的练习题，为读者上机练习提供了极大的方便。

　　本书由蔡冬根任主编，负责全书的组织编写、审订和统稿，缪燕平、邹新斌任副主编。全书共分8章，其中，第2章、第3章、第6章、第7章由蔡冬根编写；第1章、第5章由缪燕平编写；第4章由邹新斌编写；第8章由吴海燕编写。

　　为方便教学，本书提供了所有章节的范例文件、练习题的答案以及整套的电子教案，读者可登录人民邮电出版社教学服务与资源网www.ptpedu.com.cn免费下载。

　　由于本书涉及的技术内容广泛，书中难免存在错误或疏漏之处，敬请广大读者批评指正。

编　者

2013 年 12 月

Content

目 录

第1章

| Mastercam X3 基础知识 |

Mastercam X3 概述

Mastercam 是美国 CNC Software 公司研发的基于 PC 平台的 CAD/CAM 系统，自 1984 年诞生以来，就以强大的加工功能闻名于世。它提供了强大的三维造型、2～5 轴铣削加工、车削加工、线切割加工等功能，并允许自定义加工路径来得到所需的 NC 程序。Mastercam 软件具有功能强大、操作灵活、易学易用等特点，使得其在全球制造业界受到一致的青睐，其已成为世界 CAD/CAM 系统的领军产品，广泛应用于机械、汽车和航空等领域，特别是在模具制造业中，应用最广。

1.1.1 Mastercam X3 的主要功能模块

作为 CAD/CAM 集成系统软件，Mastercam 包含 CAD 和 CAM 两大部分。其中，CAD 部分主要由系统的设计（Design）模块来实现；而 CAM 部分由系统的铣削加工（Mill）、车削加工（Lathe）和线切割加工（Wire）等功能模块来实现。

1. 三维设计模块

三维设计（Design）模块提供了强大的造型功能，不仅可以设计、编辑复杂的二维和三维空间曲线，还能生成方程曲线。可以采用 NURBS、Parametric 等数学模型，有举升曲面、围阁曲面、直纹曲面、旋转曲面、扫描曲面、牵引曲面等曲面生成方法。其强大的实体功能以 PARASOLID 为核心，可创建挤出实体、旋转实体、扫描实体、举升实体、实体抽壳等操作。利用三维设计模块提供的曲线、曲面、实体等造型功能，可以设计出复杂的曲线、曲面或实体零件。

2. 铣削加工模块

铣削加工（Mill）模块具有强大的铣削加工功能，主要用于生成二维或三维铣削刀具路径。其中，铣床二维加工系统提供了外形铣削、挖槽加工、面铣削加工及钻孔等方法；铣床三维加工系统提供了曲面粗加工、曲面精加工、多轴加工和线架加工等功能。曲面的粗、精加工允许采用等高外形加工、平行铣削加工、放射状加工、钻削式加工、环绕等距加工、投影加工、浅平面加工、陡斜面加工等加工方式。

3. 车削加工模块

车削加工（Lathe）模块用于生成车削加工刀具路径，可以进行精车、粗车、车螺纹、径向切槽、钻孔、镗孔等加工。

4. 线切割加工模块

线切割加工（Wire）模块包括异形加工、自动图形对应、自动清角、无屑加工等功能，可以快速设计、加工机械零件，以及组织、管理相关的文档。无论是 3D 几何建模、2 轴线切割编程，还是 4 轴线切割编程，Wire 模块都能高效地编制任何线切割程序。

1.1.2　Mastercam X3 系统的运行环境

Mastercam X3 基于 PC 平台，支持中文环境，可以运行于 32 位的 Windows XP 或 Windows7 等操作系统，同时需要.NET Framework 以及 9.0c 版本的 Direct X。

Mastercam X3 支持的硬件运行环境如下。

① 1.5GHz 以上的 32 位或 64 位 Intel 处理器。

② 1GB 以上可用硬盘空间。

③ 最低配置 64MB 的 RAM 并完全兼容 OpenGL 的显卡。

④ 至少支持 1 024×768 分辨率与 256 色的显示器。

⑤ 鼠标或其他输入设备。

1.2　Mastercam X3 的工作界面

Mastercam X3 启动以后，屏幕上显示如图 1.1 所示的工作界面。其窗口可以分为标题栏、菜单栏、工具栏、状态栏、绘图工作区和操作管理器 6 个部分。

1.2.1　标题栏

标题栏的主要作用是显示当前使用的模块、打开的文件路径及文件名称，如图 1.2 所示。单击标题栏中的X图标，将会弹出 Mastercam X3 的控制菜单，如图 1.3 所示，该菜单可用于控制 Mastercam X3 的关闭、移动、最大化、最小化和还原。

标题栏
菜单栏
工具栏
操作管理器
绘图工作区
状态栏

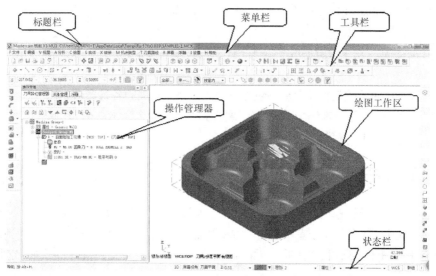

图1.1　Mastercam X3的工作界面

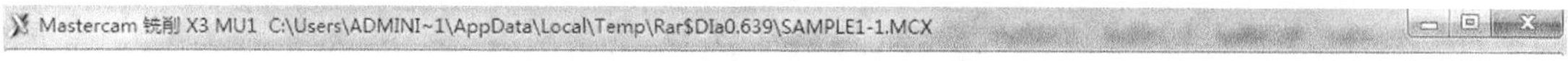

Mastercam 铣削 X3 MU1 C:\Users\ADMINI~1\AppData\Local\Temp\Rar$DIa0.639\SAMPLE1-1.MCX

图1.2　Mastercam X3的标题栏

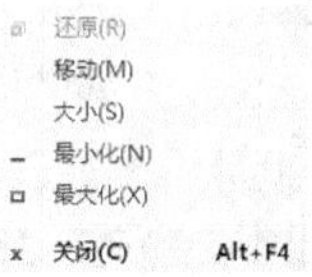

还原(R)
移动(M)
大小(S)
最小化(N)
最大化(X)
关闭(C) Alt+F4

图1.3　Mastercam X3的控制菜单

1.2.2　菜单栏

Mastercam X3 的菜单栏可以逐级展开，其中提供了系统所有的基本功能，所有的 Mastercam 命令都可以通过菜单栏执行，如图 1.4 所示。下面对菜单栏中各命令选项的含义及功能予以简要说明。

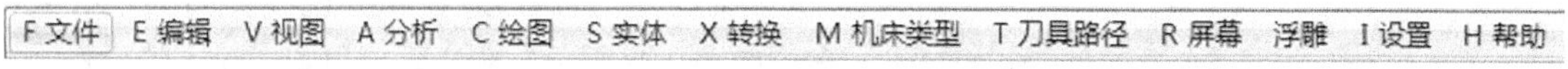

F 文件　E 编辑　V 视图　A 分析　C 绘图　S 实体　X 转换　M 机床类型　T 刀具路径　R 屏幕　浮雕　I 设置　H 帮助

图1.4　菜单栏

【文件】(File)：进行文档的处理，如打开文件、新建文件、存储文件、文件转换及打印等。

【编辑】(Edit)：修改或编辑屏幕上的已有图形，如复制、粘贴、修剪、打断等。

【视图】(View)：用于设定图形观测的视角、位置，如视图方向、视图缩放等。

【分析】(Analyze)：查询和分析绘图区所选图素的相关信息，如点、线、圆弧、Spline 曲线等的特性，并可以进行质量、体积等计算。分析是在相对刀具平面的工作坐标系中进行的。

【绘图】(Create)：在绘图区创建几何图形至系统的数据库，如绘制点、曲线、曲面和标注尺寸等，并将所绘制的图形显示在屏幕中。

【实体】(Solids)：以拉伸、旋转、扫描、举升、倒圆角、抽壳等方法绘制实体模型。

【转换】(Xform)：相对刀具平面以平移、镜像、旋转或补正等方式编辑屏幕上的图形。

【机床类型】(Machine Type)：用于选择机床系统，并激活相应的 CAM 模块。

【刀具路径】（Toolpaths）：系统的 CAM 功能，用于编制切削工件的刀具路径，并产生 NCI 后缀的刀路文件。

【屏幕】（Screen）：用于设置或改变屏幕上图形的显示，如清除颜色、隐藏、网格显示、着色、高亮显示等。

【浮雕】（Art）：曲面雕刻功能菜单，包含了与曲面雕刻相关的各种命令。

【设置】（Settings）：用于系统配置和设置快捷方式、工具栏、系统运行环境等。

【帮助】（Help）：用于提供各种命令的帮助信息。

1.2.3 工具栏

工具栏的按钮是用于快速执行系统某个指令的，也就是常用菜单命令的快捷方式，如图 1.5 所示。在默认的工作界面中，工具栏位于菜单栏的下方和界面的左右两侧。如将鼠标指针移动到某工具按钮上停顿一会儿，系统将显示该按钮的简要功能说明。Mastercam 允许用户根据需要自行定制工具栏。

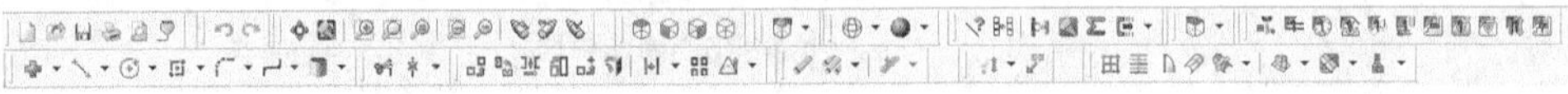

图1.5 工具栏按钮

位于工作界面右侧的是操作命令记录工具栏。用户在操作过程中最近使用的 10 个命令会逐一记录在此工具栏中，以方便用户进行重复操作。Ribbon 工具栏位于工具栏的最下方，可根据当前的操作进行相应的选项设定。例如，单击 ＼ 按钮绘制直线时，将显示如图 1.6 所示的绘直线的 Ribbon 工具栏。

图1.6 绘直线的Ribbon工具栏

1.2.4 绘图工作区

绘图工作区也称图形窗口，是用户进行绘图、编程等的主要工作区，用于显示绘制的图形或选取图形对象等。从外部导入的图形或是用 Mastercam 绘制的图形都将显示在该区域内。

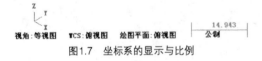

图1.7 坐标系的显示与比例

绘图区左下角信息显示并说明当前的坐标系状态，如图 1.7 所示。在实际应用中，显示的坐标系会根据用户的选择或操作发生变化。绘图区右下角则是当前图形尺寸的显示比例。

1.2.5 状态栏

状态栏位于屏幕的最下方区域，其用于显示当前系统应用的属性状态，如图 1.8 所示。从左至右，其依次包括 2D/3D 选择、屏幕视角、刀具平面、Z 向深度、颜色、层别、属性、点型、线型、线宽、工作坐标系以及群组设置等。单击状态栏的各命令选项会弹出相应的菜单，可进行相应的设置，具体说明如下。

图1.8 状态栏

`3D`：用于 2D/3D 构图模式的切换。设定为 2D 构图模式时，所绘制的图素将表达为二维平面图形，即 Z 轴深度相等；设定为 3D 构图模式时，所绘制的图素将不受构图深度与构图平面的限制，可在绘图区直接进行三维图形的绘制。

`屏幕视角`（Gview）：用于选择和定义图形视角。

`刀具平面`（Planes）：用于选择或定义图素的构图平面。

`Z: 0.51`：用于定义构图平面的 Z 轴深度，可以单击 `Z` 按钮进入绘图区选择某点或者直接在文本框中输入数值来定义。

`159 ▼`：用于选取或定义当前的构图颜色，执行时单击颜色块 `159` 按钮并在弹出的颜色设置对话框中进行选择即可。如果右键单击颜色块按钮，则可以更改已有图素的颜色属性。

`层别: 2 ▼`（Level）：用于图层的选择、创建以及关闭等操作。执行时单击 层别 按钮，系统将弹出图层设置对话框。

`属性`（Attributes）：用于定义图素的颜色及点线的类型等。

`* ▼`：单击下拉列表，用于指定当前的点型。

`——— ▼`：单击下拉列表，用于指定当前的线型。

`——— ▼`：单击下拉列表，用于设置当前的线宽。

`WCS`：用于设置或调整当前系统的工作坐标系。

`群组`（Groups）：用于进行群组的创建、添加、删除等操作，以便在复杂的工作环境中提高工作效率。

1.2.6　操作管理器

Mastercam X3 通过操作管理器控制着整个工作流程，其中包括刀具路径管理器、实体管理和浮雕 3 个选项卡，如图 1.9 所示，可分别对各操作步骤进行快速的编辑、修改和重新生成计算等。选择【视图】（View）/【切换操作管理】（Toggle Operations Manager）命令可切换操作管理器的显示与隐藏。

图1.9　操作管理器

 # Mastercam X3 的基本操作方式

1.3.1　图素的选取

在 Mastercam 系统中，对图素进行编辑时，必须要选取欲编辑的对象。Mastercam X3 提供了多

种选择图素的方法，被选中的图素将会高亮显示。

1. 利用选择工具栏进行选择

如图 1.10 所示，单击选择工具栏的 全部… 或 单一… 按钮，可以在弹出的条件设置对话框中设置图素的一些属性，以选择符合条件的图素。单击 全部… 按钮，系统将自动选出所有符合条件的图素；单击 单一… 按钮，则仅能在鼠标选取的对象中选择符合指定条件的图素。

图1.10　选择工具栏

2. 利用鼠标进行选择

在 Mastercam 系统中，最常用的图素选择方式是利用鼠标在图形窗口中进行选择。单击选择工具栏的 视窗内 下拉列表，将弹出如图 1.11 所示的窗口选择方式，用于设定窗选时对象选取的范围。执行窗选时，对象选取的具体效果如图 1.12 所示。

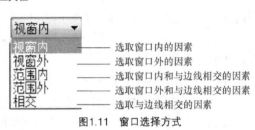

图1.11　窗口选择方式

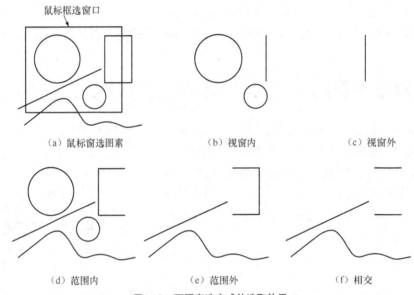

（a）鼠标窗选图素　　　（b）视窗内　　　（c）视窗外

（d）范围内　　　（e）范围外　　　（f）相交

图1.12　不同窗选方式的选取效果

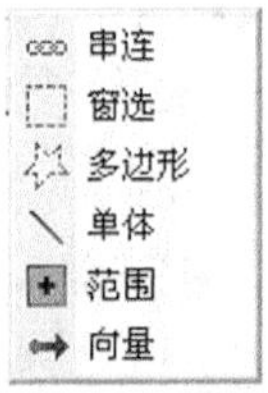

单击 下拉按钮，将弹出如图 1.13 所示的鼠标选择方式。设定鼠标选择方式时，如果是单击鼠标右键进行选择，则该选择方式将一直保持不变，直至再次修改选择方式；如果是单击鼠标左键进行选择，则该选择方式只在下一次选择中有效，之后将自动恢复至系统默认的选择方式。

在选择工具栏中，系统还提供了三维实体选择的功能，如图 1.14 所示。如果选择的图素存在重合现象，可以单击 按钮进行验证。此时，系统会打开如图 1.15 所示的验证对话框，通过单击 ◀ 或 ▶ 按钮可以在重合的图素间进行循环查找，以选取所需的图素。

图1.13　鼠标选择方式

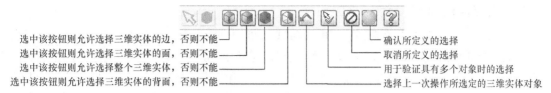

选中该按钮则允许选择三维实体的边，否则不能——
选中该按钮则允许选择三维实体的面，否则不能——
选中该按钮则允许选择整个三维实体，否则不能——
选中该按钮则允许选择三维实体的背面，否则不能——

——确认所定义的选择
——取消所定义的选择
——用于验证具有多个对象时的选择
——选择上一次操作所选定的三维实体对象

图1.14　三维实体选择功能

图1.15　选择验证对话框

1.3.2　点的输入

1. 定义点工具栏

点的输入是 Mastercam 系统中最基本的指令，也是绘图时用得最多的操作。每当系统提示定义点时，即会显示定义点的 Ribbon 工具栏，如图 1.16 所示。此时允许用户直接输入 X、Y 和 Z 坐标值来定义点，或者利用鼠标直接捕捉一些特殊点。在文本框中输入坐标值时，单击工具栏的 ⊠、 ⊻ 或 ⊡ 按钮，系统将锁定相应的坐标值，即后续绘制的点在该坐标轴上具有相同的坐标值，再次单击该按钮即可解除锁定。

单击 ⊞ 按钮，将会显示如图 1.17 所示的快速点输入工具栏，可以在文本框中直接输入点的 X、Y 和 Z 坐标值并以回车确认，或者按【Esc】键取消。输入坐标值时，X、Y 和 Z 值之间用逗号隔开或者直接用 X、Y、Z 来标识，且允许接受四则运算和代数符号等，如输入 "X25.54−11.4Y0.0Z（6×3−4）/4−1.6"。

图1.16　定义点工具栏　　　　　　　　　　图1.17　快速点输入工具栏

单击 ⚠ 按钮，可以设置光标自动捕捉的特殊点类型，如图 1.18 所示。选项前有 "√" 标记时，表示已启动该类特殊点的光标自动抓取功能。单击 ⊠ 图标的下拉按钮，可以弹出如图 1.19 所示的特殊点类型菜单，以指定当前操作所要捕捉的特殊点类型。此时，系统所设置的光标自动抓点功能将被终止，直至当前操作结束后才会重新启用。

图1.18　光标自动抓点设置

图1.19　特殊点类型菜单

2．光标自动抓点设置

Mastercam 自 7.0 版后具有对特殊点的自动抓取功能，即将光标移到屏幕上特殊点的附近，系统会自动捕捉到相应的点。使用光标自动抓点功能时，移动鼠标至屏幕图形，系统会自动检测和捕获点，同时在捕捉点上显示一个方块和特殊点类型的标识符号，如图 1.20 所示。

图 1.20　光标自动抓点

在 Mastercam X3 中，单击定义点工具栏的 按钮或 图标的下拉按钮，都可以对特殊点的捕捉进行设置。只是前者设置的功能在整个操作中都会起作用，而后者设置的功能仅在当前操作中有效。Mastercam X3 允许捕捉的特殊点类型有 12 种，具体说明如下。

【原点】（Origin）：捕捉当前刀具平面的原点（0,0,0），作为当前输入的点。

【圆心点】（Arc Center）：捕捉所选取的圆或圆弧的圆心，作为输入的点。

【端点】（Endpoint）：在所选图素（如线、圆弧等）离鼠标选取点较近的端点处定义一个点。如选择的是一个曲面体，则在离选取点较近的曲面角点处定义一点。

【交点】（Intersection）：通过选取两个相交的图素，在其交点处定义一个点。

【中点】（Midpoint）：在所选取的线、圆弧或 Spline 曲线的中点处定义一个点。

【点】（Point）：选择一个已存在的点作为定义点。

【四等分点】（Quadrant）：在所选圆或圆弧的 0°（360°）、90°、180° 或 270° 象限点处定义一个点。

【向前】（Along）：相对某图素选取点的最近端，输入距离值来定义一个图素上的点。

【接近点】（Nearest）：在鼠标选取点与所选图素的最近处定义一个点。

【相对点】（Relative）：相对某一个已知点来定义一个新。使用 Relative 模式时，系统会显示如图 1.21 所示的相对点定义工具栏，用于定义一个相对坐标或距离值，并相对所选取的已知点位置产生一个新点。

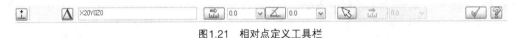

图 1.21　相对点定义工具栏

定义相对坐标或距离时，可以采用直角坐标或极坐标方式。如采用直角坐标方式，则需以已知点为基准，在 文本框中输入相对的 X、Y 坐标值，以产生一个新点。如输入坐标值为 "40,30" 或 "X40Y30"，则所定义相对点的位置如图 1.22 所示。

如采用极坐标方式，则需在 文本框中输入相对的距离和角度值，从而相对已知点产生一个新点。如图 1.23 所示，表示在相对已知点距离为 90、角度为 30° 的位置上产生一个新点。

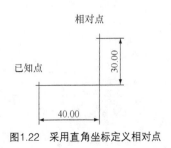

图 1.22　采用直角坐标定义相对点

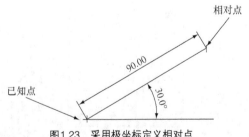

图 1.23　采用极坐标定义相对点

【相切】（Tangent）：在与所选圆弧相切的位置定义一个点。

【垂直】（Perpendicular）：在与所选图素相垂直的交点位置定义一个点。

1.3.3　图层管理

图层是管理图形的一个重要工具。一个 Mastercam 图形文件可以包含线框、曲面、实体、尺寸标注、刀具路径等对象，把不同的对象放在不同的图层中可以分别控制其可见性，以便帮助设计者高效、快速地组织和管理设计过程中的各项工作。在 Mastercam 系统中，可以设置 1～255 之间的任何一层为当前构图层，也允许隐藏图层、给图层命名等。执行时，单击状态栏的 层别 按钮，会弹出如图 1.24 所示的【层别管理】对话框，以设置当前构图层和图层对象的显示等。

（1）打开图层对话框

单击状态栏的 层别 按钮或按【Alt＋Z】组合键，即可打开【层别管理】对话框。

（2）设定当前构图层

图1.24　图层管理对话框

当前构图层是指现在工作的图层，绘制的任何图素都放在当前构图层。系统一次只能设置一个当前构图层，在图层对话框中当前构图层以黄色标记。设定当前构图层时，只需在某图层号上单击，则在主层别（Main Level）栏内会显示当前构图层的编号及名称，之后单击 ☑ 按钮确定即可。

（3）图层对象的显示控制

在图层对话框中，单击某图层的突显（Visible）栏，可切换该图层对象的显示与否，带有 × 标记时设定为可见。

1.3.4　图形对象观察

在设计过程中，往往需要对图形对象的某一部分进行放大或缩小。此时，可以选择如图 1.25 所示的【视图】（View）菜单命令，或者单击如图 1.26 所示的工具栏按钮来实现。其中，各命令和按钮的主要功能说明如下。

图1.25　【视图】菜单

图1.26　【视角管理】工具栏

【切换操作管理】（Toggle Operations Manager）：切换操作管理器的显示与隐藏。

【多重视角】（Viewpoints）：选择不同的视角组合以实现视图窗口的分割，如图 1.27 所示。此时，各个视图窗口的构图平面是一致的。

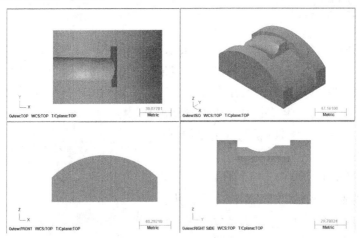

图 1.27　多视窗显示的效果

【适度化】（Fit）：将所有图形对象全屏显示，该命令功能与 ⊕ 按钮等同。

【重画】（Repaint）：执行重新生成运算，刷新当前屏幕图形。该命令功能与 ▨ 按钮等同。

【平移】（Pan）：平移当前的图形视窗，此时需按住鼠标左键并拖移鼠标。

【视窗放大】（Zoom Window）：利用鼠标左键框选一个矩形窗口，并全屏显示窗口中的图形。该命令功能与 ▨ 按钮等同。

【目标放大】（Zoom Target）：利用鼠标指定矩形观察窗口的中心，并通过拖移鼠标来设定观察窗口的大小，系统将对窗口内的图形对象全屏显示。该命令功能与 ▨ 按钮等同。

【缩小】（Unzoom Previous/0.5）：将当前视图恢复至系统前一次存储的视图状态。如果系统未能有存储的视图，则将图形对象显示缩小至当前的 0.5 倍。该命令功能与 ▨ 按钮等同。

【缩小 0.8 倍】（Unzoom 0.8）：将当前的图形对象显示缩小至当前的 0.8 倍。该命令功能与 ▨ 按钮等同。

【动态缩放】（Zoom In/Out）：利用鼠标在图形窗口中指定一个中心，通过拖移鼠标来放大或缩小图形对象的显示。

【指定缩放】（Zoom Selected）：按照所选图素来调整视图的显示。该命令功能与 ▨ 按钮等同。

【标准视角】（Standard Views）：采用所定义的标准视图来显示当前的图形对象。

【定方位】（Orient）：采用所定义的方式来设定视图的显示，其包含有多个子菜单选项，如图 1.28 所示。

图 1.28　【定方位】子菜单命令

1.3.5　Mastercam X3 的功能键

Mastercam X3 是利用鼠标与键盘输入来操作的。鼠标的左键一般用于选择菜单命令或工具按钮来执行相关的命令，而右键随命令的不同有不同的功能。Mastercam 系统定义了一些特殊的功能键，通过该类功能键可快捷地执行某些操作，如【Alt+F1】组合键为显示全图，【F1】键为局部窗口放大，【Alt+F2】组合键为将图形显示缩放 0.8 倍。系统允许修改或重定义快捷键的功能，可单击【设置】（Settings）/【定义快捷键】（Key Mapping）命令来实现。Mastercam X3 系统的常用功能键及其含义见表 1.1。

表 1.1　　　　　　　　　　　Mastercam X3 系统的常用功能键及其含义

常用功能键	功能键的含义
F1（Zoom Window）	用鼠标在屏幕中框选一矩形区域，并将区域内的图形进行显示放大
F2（Un-Zoom Previous/0.5）	几何图形显示缩小
F3（Repaint）	对屏幕上的几何图形进行重绘
F4（Analyze）	执行分析功能
F5（Delete）	执行删除功能
F9	显示或隐藏坐标系的坐标轴
Esc	中断或取消当前命令
Page down	将当前的图形对象显示缩小 5%
Page up	将当前的图形对象显示放大 5%
Alt+1（Gview-Top）	采用俯视图的视角显示当前图形
Alt+2（Gview-Front）	采用前视图的视角显示当前图形
Alt+3（Gview-Back）	采用后视图的视角显示当前图形
Alt+4（Gview-Bottom）	采用仰视图的视角显示当前图形
Alt+5（Gview-Right side）	采用右侧视图的视角显示当前图形
Alt+6（Gview-Left side）	采用左侧视图的视角显示当前图形
Alt+7（Gview-Isometric）	采用等角视图的视角显示当前图形
Alt+F1（Fit）	将全部的几何图形显示于屏幕上，即图形适度化
Alt+F2（Unzoom 0.8）	将屏幕上的图形显示缩小 0.8 倍
Alt+F4（Exit）	退出 Mastercam 系统
Alt+F8	打开系统配置对话框
Alt+F9	显示当前工作视角的坐标轴（左下角）、刀具平面的坐标轴（左上角）和工作坐标系的坐标轴（屏幕中心）等所有的坐标轴
Alt+A	打开自动存档对话框
Alt+C	运行用户定义的 C-Hooks 或 NET-Hooks 程序
Alt+D	打开尺寸标注的参数设定对话框
Alt+E	显示或隐藏所选取的图素
Alt+G	打开网格设置对话框
Alt+H	打开系统的帮助信息窗口
Alt+O	显示或隐藏操作管理器
Alt+P	切换至前一次的视角显示状态
Alt+S	打开或关闭曲面着色显示功能
Alt+T	显示或隐藏刀具切削路径
Alt+U（Undo）	取消上一次操作

续表

常用功能键	功能键的含义
Alt+Z	打开图层管理对话框
Alt+V	显示 Mastercam 的版本号、用户号等信息
Alt+X	选取某图素以设定当前的颜色、图层、线型、线宽等属性
Alt+Z	图层管理设置
Alt+←↑→↓	通过旋转调整当前屏幕上图形的显示
←↑→↓	通过平移调整当前屏幕上图形的显示
Ctrl+A	选取所有图素
Ctrl+C	执行复制功能
Ctrl+F1	以指定的目标点为中心执行图形缩放
Ctrl+V	执行粘贴功能
Ctrl+X	执行剪切功能

1.4　文件的基本操作

Mastercam X3 提供了丰富的文件管理功能，其支持的文件类型很多，主要有.MCX（Mastercam X 图形文件）、.MO9（Mastercam V9 版图形文件）、NC（数控程序文件）、.NCI（刀具路径文件）、.IGES（图形数据交换文件）、.DWG（AutoCAD 图形文件）、.PRT（Pro/E 图形文件）等。选择菜单栏的【文件】（File）命令，将显示如图 1.29 所示的菜单。

1. 新建文件

【新建文件】（New）用于打开新的图形文件并初始化 Mastercam，即清除屏幕上的图形、所有 Mastercam 操作指令以及图形的数据，并返回到所有的默认设置值。该命令功能与工具栏的 ▢ 按钮等同。如果屏幕上存在图形，系统会提示是否要保存当前文件，如图 1.30 所示。注意，【文件】菜单的新建不同于刀具路径操作中的新建，前者将清除所有的图形和操作，而后者仅清除刀具路径操作，不清除图形。

2. 打开文件

【打开文件】（Open）用于读取指定的 Mastercam 图形文件。选择该命令或单击工具栏的 ▢ 按钮，

右侧菜单列表：

N 新建文件
O 打开文件
F 合并文件
E 编辑/打开外部
S 保存
A 另存文件
V 部分保存
P 打印文件
V 打印预览
项目管理...
M 输入目录...
R 输出目录...
更改识别...
T 追踪

1　C:\Users\ADMINI~1\AppData\Local\Temp\Rar$DIa0.639\SAMPLE1-1.MCX
2　C:\Users\ADMINI~1\AppData\Local\Temp\Rar$DIa0.596\SAMPLE1-1.MCX
3　C:\Users\ADMINI~1\AppData\Local\Temp\Rar$DIa0.861\SAMPLE1-1.MCX
4　C:\Users\ADMINI~1\AppData\Local\Temp\Rar$DIa0.521\FINISH3-7.MCX
5　C:\Users\ADMINI~1\AppData\Local\Temp\Rar$DIa0.736\FINISH3-5.MCX
6　C:\Users\ADMINI~1\AppData\Local\Temp\Rar$DIa0.841\FINISH3-3.MCX
7　C:\Users\ADMINI~1\AppData\Local\Temp\Rar$DIa0.938\FINISH3-2.MCX
8　C:\Users\ADMINI~1\AppData\Local\Temp\Rar$DIa0.571\FINISH3-1.MCX
9　C:\Users\ADMINI~1\AppData\Local\Temp\Rar$DIa0.629\FINISH4-1.MCX
10　C:\Users\ADMINI~1\AppData\Local\Temp\Rar$DIa0.849\FINISH3-4.MCX

信息内容
X 退出　　　　　　　Alt+F4

图1.29　【文件】菜单

将显示如图 1.31 所示的文件读取对话框，可指定文件的路径、文件类型和文件名，之后单击  按钮执行。如选中对话框右上角的【预览】（Preview）复选框，可预览指定文件中的图形。

　　如果现有的图形文件未保存，系统将提示是否进行保存。在 Mastercam X3 中，系统允许读取的文件类型有许多种，除了 MC8、MC9 或 MCX 等 Mastercam 格式的图形文件，还支持其他格式的图形文件，例如 DXF、STL、IGES、STEP、VDA、DWG 文件等，如图 1.32 所示。该命令功能与 Mastercam X3 先前版本的文件转换命令相同。

图1.30　提示信息

图1.31　文件读取对话框

3. 合并文件

【合并文件】（File Merge/Pattern）用于将已有的图形文件合并到当前的图形文件，两个文件中的图形对象将合并在一起。系统在调入所选取的合并文件时，会显示如图 1.33 所示的合并文件工具栏，用于对合并的图形进行位置、缩放、旋转和镜像等设置。

4. 保存文件

文件的存储分为【保存】（Save）、【另存文件】（Save As）和【部分保存】（Save Some）3 种形式。其中，【保存】（Save）用于将当前进程的文件以原文件名直接存储至原有的路径，如果是新建文件，则需重新命名并指定文件存储路径，

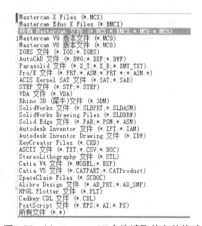

图1.32　Mastercam X3允许读取的文件格式

系统默认的文件扩展名为.MCX；【另存文件】（Save As）用于重新指定文件名或存储路径，以保存当前进程的文件；【部分保存】（Save Some）用于在当前进程文件的绘图区选取所有或部分的图形，存储至指定的目录，此时系统会提示"选取要保存的图素"。

图1.33　合并文件工具栏

5. 目录转换

选择【输入目录】（Import Directory）或【输出目录】（Export Directory）命令，系统将显示如图 1.34 和图 1.35 所示的目录转换对话框，以对系统文件及其他 CAD/CAM 软件（如 AutoCAD、Pro/E、CATIA 等）文件进行批量转换管理。其中，【输入目录】（Import Directory）用于将指定路径的指定格式文件批量转换成.MCX 文件；【输出目录】（Export Directory）用于将指定路径的.MCX 文件批量转换成指定格式的文件。

图1.34　【输入目录】对话框

图1.35　【输出目录】对话框

6. 项目管理

【项目管理】（Project Manager）用于将项目中的.MCX 文件以及 NC 代码、刀具路径、刀具库等其他文件一起保存在指定的文件路径中。此时，需指定一个用于存储项目文件的路径。

7. 文件对比和文件追踪

文件对比功能用于比较当前设计与原有类似设计之间的区别。比较后，系统会自动列出两者之间的不同以及受到影响的操作。用户可以方便地利用这一功能，在原有设计的基础上，生成当前设计的刀具路径，以缩短设计时间。

文件追踪功能用于根据用户设置的条件，寻找相同设计的不同版本。系统提供了"检查目前文件（Check Current File）"、"查找所有追踪的文件（Check All Tracked File）"和"追踪选项（Tracked Hooker）"3 种操作。

1.5　屏幕环境设置

单击菜单栏的【屏幕】（Screen）命令，将显示如图 1.36 所示的菜单，用于设置屏幕的显示状态。

1. 图形显示设置

在【屏幕】菜单中，有 4 个命令用于图形的显示设置。

【清除颜色】（Clear Colors）：用于清除 Mastercam 系统所定义的组群图素的颜色，恢复其本身的颜色，并将其从组群中删除。该命令功能与工具按钮 等同。

【显示图素端点】（Display Entity Endpoints）：用于显示所选图素的端点。该命令功能与工具按钮等同。

　　【图形着色设置】（Shade Settings）：用于设置三维模型的着色效果，在如图 1.37 所示的【着色设置】对话框中可进行相关参数的设置。该命令功能与工具按钮⬤等同。

图1.36　【屏幕】菜单

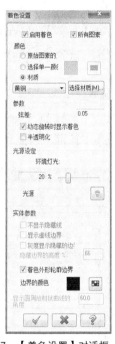

图1.37　【着色设置】对话框

　　【切换自动突显】（Toggle Auto Highlighting）：用于取消或开启图素选取时的高亮显示功能。该命令功能与工具按钮⬚等同。

2. 屏幕统计

　　单击菜单命令【屏幕】（Screen）/【屏幕统计】（Screen Statistics）或工具按钮🔢，系统将自动统计并显示图形窗口中所有类型的图素数量，如直线、圆弧、曲线、曲面、尺寸等，如图 1.38 所示。

3. 图素隐藏与恢复

　　单击菜单命令【屏幕】（Screen）/【隐藏图素】（Blank Entity）或【隐藏图素】（Hide Entity），然后选择指定的图素，均可实现图素的隐藏，即将选取的图素从屏幕中暂时移除，不予显示。执行图素隐藏时，Blank Entity 和 Hide Entity 的区别

图1.38　屏幕统计

在于，前者是将选取的图素隐藏，而后者是将未选取的图素隐藏。

　　图素被隐藏后，可以单击菜单命令【屏幕】（Screen）/【恢复隐藏的图素】（Un-Blank Entity）或【隐藏部分】（Unhide Some），然后选取被暂时隐藏的图素，将其显示出来。

4. 网格设置

　　单击菜单命令【屏幕】（Screen）/【网格设置】（Screen Grid Settings），系统会弹出如图 1.39 所示的【网格设置】对话框，用于设置与栅格相关的各项参数。通过在屏幕中设置栅格，可以实现系统对栅格点的自动捕捉，实现绘图时的精确定位。

5. 重新创建显示列表

单击菜单命令【屏幕】（Screen）/【重新创建显示列表】（Regenerate Display List），系统将更新当前图形窗口中的显示列表，以便提高显示的速度和性能。

6. 合并视角

单击菜单命令【屏幕】（Screen）/【合并视角】（Combine Views），系统将自动把一组平行的视图合并成一个视图，并将平行视图中的圆弧移至单一视图内，以减少视图的数量，便于数据转换时的有效输出。

7. 图素属性

单击菜单命令【屏幕】（Screen）/【图素属性】（Geometry Attributes），系统会显示如图 1.40 所示的【属性设置】对话框，以便对图素的颜色、线型、图层、线宽等几何属性进行设置。

图1.39　【网格设置】对话框

图1.40　【属性设置】对话框

8. 抓取当前屏幕

单击菜单命令【屏幕】（Screen）/【抓取当前屏幕图像到剪贴板】（Copy Screen Image to Clipboard），可以在图形窗口中选取一个矩形区域并将所框选的图形以位图形式复制到系统剪贴板。

 # 系统配置

初次启动 Mastercam X3 系统时，应先进行系统配置。系统配置是指设置 Mastercam X3 系统的默认值，并将其储存在一个设置文件（*.config）中，该文件可以是 mcamx.config（英制）或 mcamxm.config（公制）。通常情况下采用系统的默认设置，当然也允许用户改变系统的默认设置。

选择菜单命令【设置】（Settings）/【系统配置】（Configuration），显示如图 1.41 所示的【系统配置】对话框，用户可根据需要，对系统默认的参数选项进行更改。其中包含有 21 个设置选项可供

选择，这里主要介绍常用的 7 个设置选项。

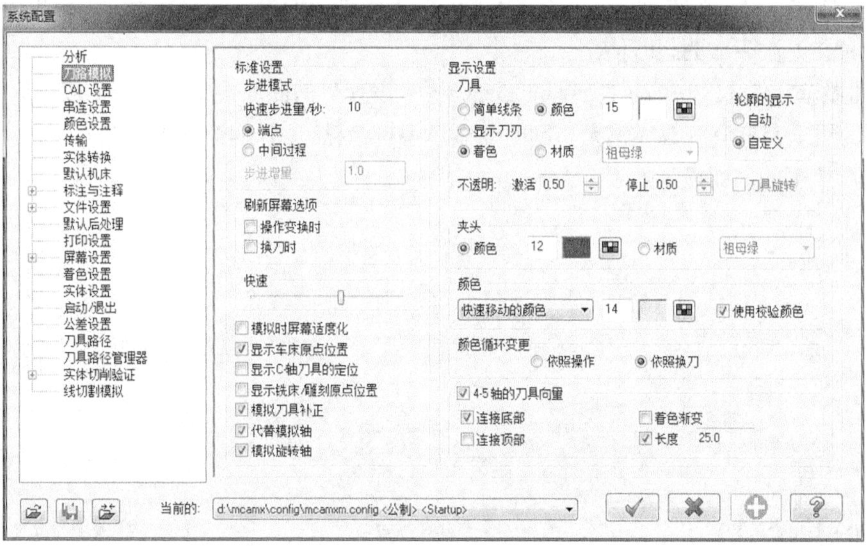

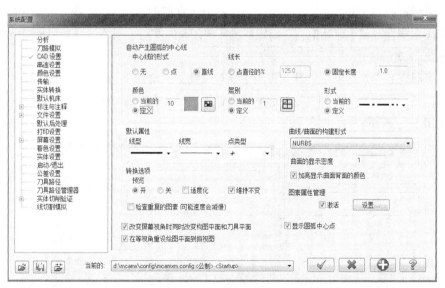

图1.41　【系统配置】对话框

1．CAD 设置

选择【系统配置】对话框中主题列表的【CAD 设置】（CAD Settings），可设置与绘图有关的各项参数，如图 1.42 所示。其中，各主要选项的含义如下。

图1.42　CAD设置

【自动产生圆弧的中心线】（Automatic Center Lines）：自动绘制圆弧的中心标记，设置中心标记的样式、颜色、所属图层、线型及其尺寸大小等。

【默认属性】（Default Attributes）：设置图素的默认线型、线宽和点型。

【转换选项】（Xform）：用于图素转换设置。

【曲线/曲面的构建形式】（Spline/Surface Creation Type）：设置样条曲线或曲面的生成类型。系统提供了 Parametric、NURBS、Curve-generated or Parametric 和 Curve-generated or NURBS 4 种类型，其中，后 2 种在无法生成曲线时使用。

【曲面的显示密度】（Surface Drawing Density）：设置当前曲面显示的线框密度。系统允许输入 1～15 之间的线框密度值。数值越大，则曲面显示得越细腻。图 1.43（a）～图 1.43（c）所示分别是在不同密度值下的曲面显示效果。

  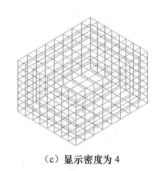

（a）显示密度为 1　　　　　　　（b）显示密度为 2　　　　　　　（c）显示密度为 4

图1.43　不同显示密度的曲面显示效果

【加亮显示曲面背面的颜色】（Draw Highlight on Back of Surfaces）：设置曲面背面线框的显示颜色。勾选该选项的复选框时，曲面背面线框的颜色为设置的曲面背面颜色，否则，曲面背面线框采用与前面线框相同的颜色显示。

【图素属性管理】（Entity Attribute Manager）：勾选【激活】（Active）复选框后，单击 设置... 按钮可打开【图素属性管理】对话框，以指定各种几何图素的图层、颜色、样式和线宽等属性。

2. 颜色设置

选择【系统配置】对话框中主题列表的【颜色设置】（Colors），可进行与颜色相关的设置，如图 1.44 所示。用户可以在下拉列表框中选取欲设置颜色的对象，然后在右边的颜色色盘中选取所需的颜色并单击 ✓ 按钮即可。

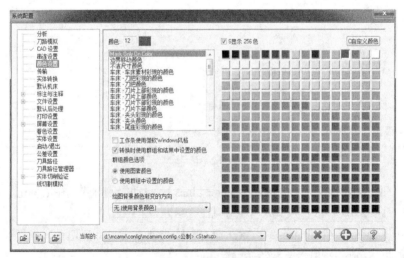

图1.44　颜色设置

3．传输设置

选择【系统配置】对话框中主题列表的【传输】（Communications），可设置 Mastercam X3 系统与其他设备，如 CNC 机床、绘图机等外围设备之间进行通信、传输的相关参数。

4．实体转换设置

选择【系统配置】对话框中主题列表的【实体转换】（Converters），系统将显示实体转换参数的设置选项。这些选项主要用于对文件数据转换时的格式参数进行调整。

5．文件管理设置

选择【系统配置】对话框中主题列表的【文件设置】（File），可以指定 Mastercam X3 系统的文件类型及其对应的存储路径，如图 1.45 所示。其中，数据路径（Data Paths）列表用于设定不同文件类型的默认存储路径；而文件用法（File Usage）列表用于设定 Mastercam 系统启动时所调取的文件类型。

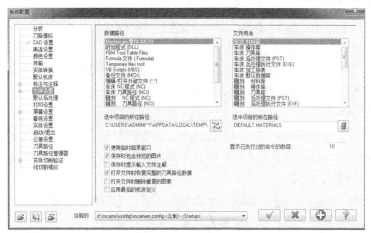

图1.45　文件管理设置

6．公差设置

选择主题列表的【公差设置】（Tolerance）选项，将打开图 1.46 所示的【公差设置】对话框，用于设置 Mastercam 的系统、串连、曲线、曲面等默认公差值，以控制系统操作的精度。公差值越小，则精度越高，文件越大。其中各项参数的含义如下。

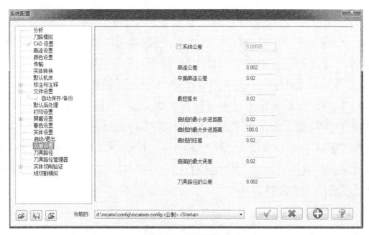

图1.46　公差设置

【系统公差】（System Tolerance）：设置系统公差，即系统可区分的两点之间的最小距离。当两点间的距离小于这一设定值时，系统会认为它们是重合的。

【串连公差】（Chaining Tolerance）：设置串连公差，即系统允许的两图素端点可分离且仍能进行串连的最大距离。当两个图素间的距离小于这一值时，才能进行串连操作。

【平面串连公差】（Planar Chaining Tolerance）：设置平面串连公差值。

【最短弧长】（Minimum Arc Length）：设置系统允许创建的最小弧长，以避免内腔挖槽或倒圆角时构建很小的圆弧段。

【曲线的最小步进距离】（Curve Minimum Step Size）：设置沿着曲线创建刀具路径或者将曲线打断为圆弧时，系统允许在曲线上的最小步长。步长越小，曲线越光滑。

【曲线的最大步进距离】（Curve Maximum Step Size）：设置沿着曲线创建刀具路径或者将曲线打断为圆弧时，系统允许在曲线上的最大步长。

【曲线的弦差】（Curve Chordal Deviation）：设置曲线弦差值，即用直线段来代替曲线时两者之间的最大偏差值。弦差越小，曲线越光滑。

【曲面的最大误差】（Maximum Surface Deviation）：设置由曲线创建曲面时允许的最大偏差值。

【刀具路径的公差】（Toolpath Tolerance）：设置刀具路径的公差。

7. 刀具路径设置

选择主题列表的【刀具路径】（Toolpaths）选项，系统将显示【刀具路径设置】对话框。该对话框用于对加工报表、刀具路径显示方式与曲面选取方式等刀具路径特性参数进行设置。

8. 刀具路径模式设置

选择主题列表的【刀路模拟】（Backplot）选项，将显示【刀具路径模式设置】对话框，可以设置路径模拟加工时的刀具显示方式、步进模式及颜色置换等参数。

从设计到制造的一般流程

使用 Mastercam X3 系统的最终目的是生成 CNC 控制器可以解读的数控加工程序（NC 代码）。数控编程就是指从零件设计得到合格的数控加工程序的全过程，其主要任务是通过计算得到加工走刀中的刀位点，即获得刀具运动的路径。对于多轴加工，还要给出刀轴的矢量。

对于复杂零件，其刀位点的确定通过人工计算很难完成。而利用 CAD 软件设计的零件产品，其包含了零件完整的表面信息，为采用 CAM 软件获取零件设计信息并进行数控编程提供了基础。NC 代码的生成一般需要以下 3 个步骤：计算机辅助零件设计（CAD），建立被加工零件的几何模型；计算机辅助制造（CAM），生成通用的刀具路径数据文件（NCI 文件）；后置处理，将 NCI 文件转换为 CNC 控制器可以解读的 NC 代码。

1. 工件几何模型的建立

利用 CAD/CAM 软件对具有复杂形状的零件进行数控编程加工，其首要环节便是建立被加工零件的几何模型。在 Mastercam 系统中，目前常用以下 3 种方法来建立零件的几何模型。

① CAD 设计：利用系统本身的 CAD 造型功能，精确地绘制出零件的几何模型。

② 三维测量或扫描：利用三坐标测量机或扫描仪产生出零件模型的 X、Y、Z 三维坐标数据，之后，由系统提供的图形转换接口将测得的实物数据转换成 Mastercam 系统的图形文件。

③ 图形文件导入：通过系统提供的 DXF、IGES、CADL、VDA、STL、STEP、DWG 等标准图形转换接口，把其他 CAD 软件建立的图形或模型转换成 Mastercam 系统的图形文件，实现图形的交换与共享。对 Mastercam 系统而言，可以读取 Unigraphics、Solidworks、Pro/E、SolidEdge 等 CAD 系统所建立的实体模型，或直接编辑由 IGES、STEP 导入的曲面模型成为实体模型。

2. 产生刀具路径和 NC 程序

零件模型建立后，数控加工的效率与质量有赖于加工方案与加工参数的合理设置。因此，数控编程加工之前必须对零件进行加工工艺分析、规划。加工工艺分析和规划的主要内容包括零件加工方案的确定、加工区域规划、加工工艺路线的制定、加工工序与工步的设计、刀具和加工余量的选择等。加工工艺分析和规划的目的在于确定合理、高效的数控加工工艺，即在满足加工要求且机床正常运行的前提下，尽可能地提高加工效率。

利用 Mastercam 的 CAM 功能编制零件数控加工程序时，可以根据不同的加工工艺与精度要求，通过人机交互合理设置刀具、加工形式和加工参数，如进刀/退刀方式、切削用量、刀具形式与大小、加工顺序等，从而自动生成刀具轨迹，即刀具的切削路径，并将路径数据及刀具参数存储在 NCI 文件中。Mastercam 系统可以通过刀具路径模拟（Backplot）和实体切削校验（Verify）来验证刀具路径的精度并进行过切、欠切和碰撞等干涉检查，用图形方式检验加工代码的正确性。为满足特殊的需要，Mastercam 系统也允许对已生成的刀具路径进行编辑。

刀具路径生成后，必须通过后置处理程序转译为符合某种 CNC 控制器需要和使用者习惯的 NC 加工程序。Mastercam 系统可通过计算机的串口或并口与数控机床连接，将生成的数控加工 NC 代码由系统自带的通信（Communication）功能传到数控机床，或通过专用传输软件将数控加工 NC 代码传输给数控机床。

3. 从设计到制造的范例

下面以底盘零件为例，简要说明 Mastercam X3 系统从设计零件模型到生成刀具路径、NC 代码的一般流程。

① 建立零件的几何模型，如图 1.47 所示。

② 工艺分析，进行加工规划。

假设工件外廓形状已加工到位，这里仅考虑型腔的粗加工。选用 ϕ8mm 圆鼻铣刀，采用挖槽加工高速铣削，螺旋下刀，加工曲面余量为 0.5。

③ 编制挖槽加工的各项参数并生成刀具切削路径，如图 1.48 和图 1.49 所示。

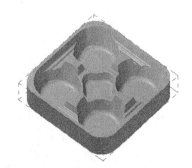

图1.47　零件的几何模型

图1.48　编制挖槽加工的参数

④ 模拟实体切削，如图 1.50 所示。

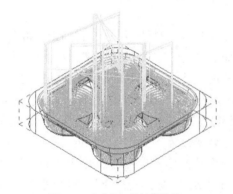

图1.49　生成的刀具切削路径

图1.50　实体切削模拟的效果

⑤ 执行后置处理，产生 NC 程序，如图 1.51 所示。

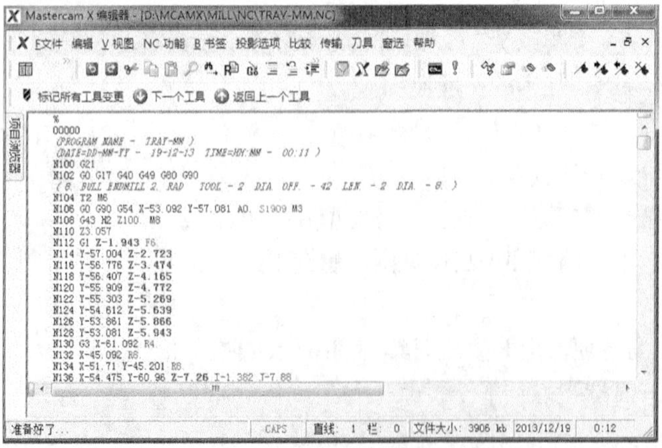

图1.51　后置处理产生的NC程序

1. Mastercam X3 系统的工作界面由哪几部分组成?

2. Mastercam X3 所提供的自动抓点功能可以自动捕捉哪些点? 如何打开和关闭自动抓点功能?

3. 在系统状态栏上执行以下设置: 屏幕视角为等角视图(ISO), 刀具平面为右视角(Right Side), 工作深度 Z 为−50, 当前层为 3, 颜色为红色, 线型为点画线。

Chapter 2

第2章

| 二维图形的绘制与编辑 |

Mastercam X3 具有强大的二维绘图和三维造型功能。掌握各种二维绘图与编辑命令是学习三维曲面造型和实体造型的基础。本章将详细介绍常用的二维图形绘制与编辑命令，简要介绍图形标注命令，并以一个综合实例来说明绘制二维图形的一般思路与方法。

二维图形的绘制

完整的二维绘图功能是 Mastercam X3 的重要特色之一，包括绘制点、直线、圆、圆弧、矩形、椭圆、正多边形、样条曲线、倒圆角、倒角和文字等命令。这些命令可以从图 2.1 所示的【绘图】（Create）菜单或图 2.2 所示的【基础绘图】（Sketcher）工具栏中调用。在本章中，屏幕视角、构图面和工作深度（Z）均采用 Mastercam X3 初始化时的默认设置，即分别设定为俯视图（TOP）、俯视角（TOP）和 0。

图2.1 【绘图】菜单

图2.2 【基础绘图】工具栏

2.1.1　点

点可以代表三维坐标系中的一个位置，或者一种有形的几何图素。而点的形状可以通过单击状态栏的  下拉列表来设定，如图 2.3 所示。设定点的形状后，选择菜单栏的【绘图】（Create）/【绘点】（Point）命令，或者单击【基础绘图】（Sketcher）工具栏的 按钮，即可从弹出的子菜单或下拉列表中选择合适的命令，绘制所需的点，如图 2.4 所示。

　　　　　　　　　　　　　（a）【绘点】子菜单　　　　（b）【绘点】下拉列表

　　图2.3　点型的选择　　　　　　　图2.4　绘制点的命令类型

1. 绘点

该命令用于在所定义的任意位置产生点。具体操作步骤如下。

① 选择【绘图】（Create）/【绘点】（Point）/【绘点】（Create Point Position）命令，或者单击【基础绘图】（Sketcher）工具栏的 按钮。

② 单击绘图工作区的任意位置，或者捕捉已有图素的特殊点，或者如图 2.5 所示，在定义点工具栏的 X、Y、Z 坐标文本框中分别输入相应的坐标值，并回车确认。

图2.5　定义点工具栏

③ 指定下一个位置继续绘制点，或者单击图 2.6 所示【绘点】工具栏的 按钮修改所绘点的位置，否则，单击工具栏的 按钮结束当前命令。

图2.6　【绘点】工具栏

2. 动态绘点

该命令用于沿所选取的直线、圆弧、曲线或曲面等已有几何图素产生一个或多个任意位置点。其操作步骤如下。

① 选择【绘图】（Create）/【绘点】（Point）/【动态绘点】（Create Point Dynamic）命令，或者单击【基础绘图】（Sketcher）工具栏的 按钮。

② 选取直线、圆弧、曲线或曲面等参考图素，显示如图 2.7 所示的【动态绘点】工具栏，沿参考图素拖移鼠标，使动态箭头移至所需位置，单击鼠标，即可在参考图素或其延长线上绘制点。

图2.7 【动态绘点】工具栏

③ 若要在参考图素的特定位置绘制点，可以在工具栏的 ⟶ 50.0 ⌄ 文本框中定义所需的距离值，之后回车确认。此时，距离值是指所绘点与测量起点（参考图素上鼠标选取点的最近端）之间沿着参考图素或其延长线测定的距离。

④ 若要在参考图素某位置的法向偏移距离处绘制点，可以在工具栏的 ⊫ 10.0 ⌄ 文本框中定义所需的偏距值。此时，偏距值是指所绘点沿参考图素的法向与参考图素之间的偏置距离，而偏距的法向取决于鼠标相对于参考图素的所在位置。

⑤ 单击工具栏的 ⊕ 按钮绘制所定义的点，并允许选择其他参考图素继续绘制点。否则，单击工具栏的 ✓ 按钮结束命令。

⊕ 和 ✓ 按钮的功能区别：⊕ 按钮用于执行当前的绘制或设置等操作，不关闭工具栏或对话框，且可以继续使用当前的命令执行其他操作；✓ 按钮用于完成当前的绘制、设置等操作，关闭工具栏或对话框并结束当前的命令。

例 2.1 根据已有直线绘制如图 2.8 所示 P_1、P_2、P_3 和 P_4 点。

① 单击状态栏的 ✛· 按钮，在下拉列表中选择点的型式为 □。

② 单击【基础绘图】（Sketcher）工具栏的 ✎ 按钮，并靠近直线的左端点选取已有直线。

③ 在【动态绘点】工具栏中输入距离值 20 并回车确认，绘制出 P_1 点。

④ 输入距离值 40 并回车确认，绘制出 P_2 点。

⑤ 输入距离值−20 并回车确认，绘制出 P_3 点。

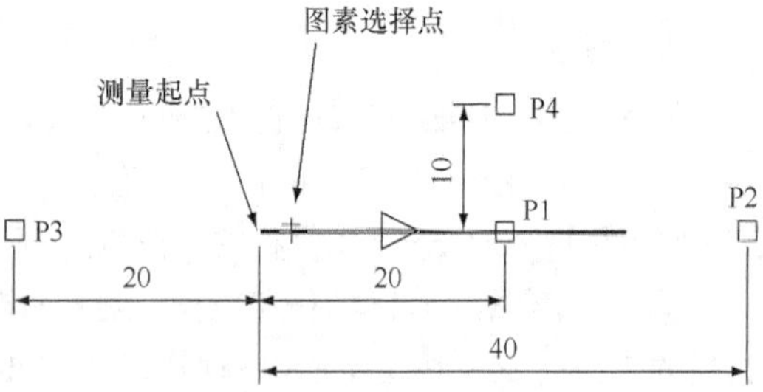

图2.8 绘点示例

⑥ 输入距离值 20、偏距值 10，然后移动鼠标至已有直线的上方，单击鼠标，绘制出 P_4 点。

⑦ 单击工具栏的 ✓ 按钮，或者按 2 次【Esc】键结束命令。

3. 绘制等分点

该命令用于在指定图素上绘制定距等分点或定数等分点。其操作步骤如下。

① 选择【绘图】（Create）/【绘点】（Point）/【绘制等分点】（Create Point Segment）命令，或者单击【基础绘图】（Sketcher）工具栏的 ⢺ 按钮。

② 选择一个已有图素，并在【绘制等分点】工具栏中定义所需的等距值或等分点个数，如图2.9 所示，之后回车确认，即可显示等分点的预览效果。此时，⟶ 15.0 ⌄ 文本框用于定义等距值，⊞ 20 ⌄ 文本框用于定义等分点个数。

图2.9 【绘制等分点】工具栏

③ 单击 ⊕ 或 ✓ 按钮，绘制出所需的等分点，如图 2.10 所示。

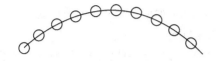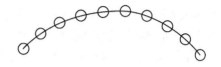

（a）定距等分点（等距值=5）　　　　　　　　　（b）定数等分点（等分数=10）

图2.10　绘制等分点

通过定义等距值绘制等分点时，第 1 个点将绘制在测量起点（离鼠标选取点最近的图素端点），后续各点按设定的距离依次排列，长度小于设定距离值的最后部分不产生点。

通过定义等分数绘制等分点时，系统将在所选图素的两端各绘制一个等分点，其他等分点等间距地排列在图素的两端点之间。

在圆、椭圆、封闭曲线等封闭图素上绘制定数等分点时，由于其起始点和终止点重合，所以产生的等分点数会比工具栏中定义的等分点数少 1 个，如图 2.11 所示。

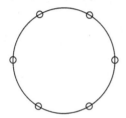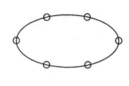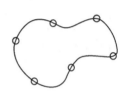

图2.11　在封闭图素上绘制定数等分点（等分数=7）

2.1.2　直线

选择【绘图】（Create）/【直线】（Line）命令，或者单击【基础绘图】（Sketcher）工具栏的下拉列表，可以选择合适的命令，绘制各种类型的直线，如图 2.12 所示。

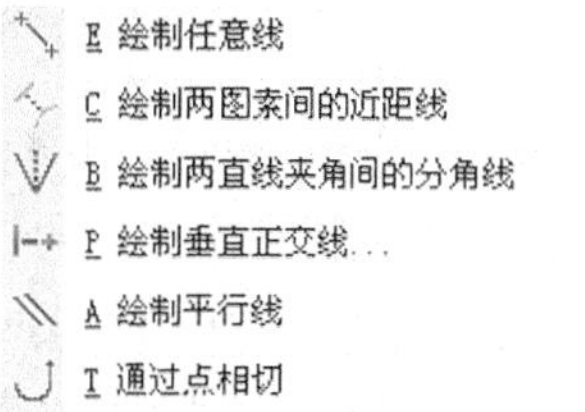

E	绘制任意线
C	绘制两图素间的近距线
B	绘制两直线夹角间的分角线
P	绘制垂直正交线...
A	绘制平行线
I	通过点相切

图2.12　绘制直线的命令

1．绘制任意线

该命令用于定义两个端点或者定义长度和角度来绘制直线。绘制任意线时，系统会显示如图 2.13 所示的【绘制任意线】工具栏，其中各选项的含义说明如下。

图2.13　【绘制任意线】工具栏

或按钮：用于修改直线的第 1 个或第 2 个端点。

按钮：用于一次绘出首尾相接的多条直线段。

按钮：用于绘制垂直线，即坐标系 Y 轴的平行线。绘制垂直线时，可以在文本框中输入 X 坐标为其定位，否则默认当前位置。

按钮：用于绘制水平线，即坐标系 X 轴的平行线。绘制水平线时，可以在文本框中输入 Y 坐标为其定位，否则默认当前位置。

按钮：用于绘制圆、圆弧、椭圆或曲线等图素的切线。比如，过圆外一点绘制与圆相切的直线时，先定义圆外的一点，然后选中 🖉 按钮并选择相切圆即可；如要绘制两圆的公切线，如图 2.14 所示，需先选中 🖉 按钮，然后依次在两圆的相切位置处选取即可。

在【绘制任意线】工具栏中，可以对按钮进行组合锁定，以绘制一些特殊几何关系的直线。

① 共同锁定 🖾 和 🔝 按钮，即单击选中这两个按钮，可以绘制等长线段的折线，如图 2.15 所示。

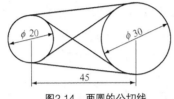

图2.14 两圆的公切线

图2.15 等长的折线

② 共同锁定 🔝 和 🖉 按钮，即单击选中这两个按钮，可以绘制一系列等长度的切线，如图 2.16 所示。

③ 共同锁定 🔝、◿ 和 🖉 按钮，即单击选中这 3 个按钮，可以绘制多条等长度、等角度的切线，如图 2.17 所示。

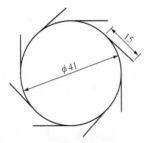

图2.16 等长度的切线

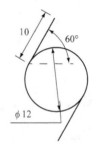

图2.17 等长度、等角度的切线

绘制任意线时，其具体操作步骤如下。

① 选择【绘图】（Create）/【直线】（Line）/【绘制任意线】（Create Line Endpoint）命令，或者单击【基础绘图】（Sketcher）工具栏的 ↘ 按钮。

② 显示【绘制任意线】工具栏，依次定义直线的第 1 个端点和第 2 个端点，或者指定第 1 个端点后，通过给定直线的长度和角度来绘制直线。

③ 若要绘制一条连续线，需先选中 🖾 按钮，然后依次定义连续线的各个端点。

④ 单击工具栏的 ➕ 或 ✔ 按钮，绘制所需的直线。

2. 近距线

选择【绘图】（Create）/【直线】（Line）/【绘制两图素间的近距线】（Create Line Closest）命令，或者单击【基础绘图】（Sketcher）工具栏的 ↘ 按钮，然后依次选取两条已有线段，即可在两者之间的最近处绘出一条直线段，如图 2.18 所示。若被选取的两线段相交，则在其交点处绘出一个点。

3. 分角线

该命令用于在两条相交直线间绘制其角平分线，具体

图2.18 绘制近距线

操作步骤如下。

① 选择【绘图】(Create)/【直线】(Line)/【绘制两直线夹角间的分角线】(Create Line Bisect)命令，或者单击【基础绘图】(Sketcher)工具栏的 $\vee$ 按钮。

② 显示【角平分线】工具栏，如图 2.19 所示，然后依次选取两条相交直线。

图2.19　【角平分线】工具栏

③ 显示 4 条角平分线的预览效果，如图 2.20 所示，在工具栏的文本框中定义角平分线的长度并锁定，然后选取要保留的那条角平分线并单击 $\checkmark$ 按钮结束。

4. 法线

该命令用于绘制与已有直线正交的线段，如图 2.21 所示，具体操作步骤如下。

图2.20　绘制角平分线　　　　　　　　　　　　　图2.21　绘制法线

① 选择【绘图】(Create)/【直线】(Line)/【绘制垂直正交线】(Create Line Perpendicular)命令，或者单击【基础绘图】(Sketcher)工具栏的 $\vdash$ 按钮。

② 显示【垂直正交线】工具栏，如图 2.22 所示，然后选取一条已有直线、圆弧或曲线。

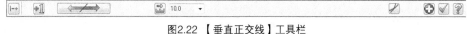

图2.22　【垂直正交线】工具栏

③ 在工具栏的文本框中定义法线的长度并锁定，然后移动鼠标至所需位置后单击，即可绘出一条与所选线段垂直的直线。而法线产生的方向则取决于鼠标相对于已有线段的位置，图标 ◁───▷ 也可以用来改变产生线段的方向。

④ 如果选中 ☑ 按钮，可以绘制出既垂直于已有线段又相切于指定圆弧的直线，如图 2.23 所示。

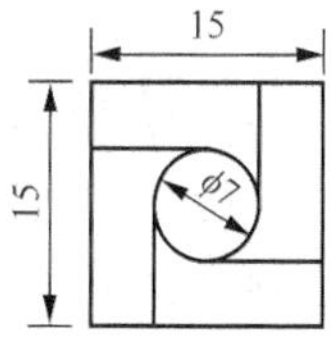

⑤ 单击 +1 按钮修改法线的垂足点，否则，单击 $\checkmark$ 按钮结束命令。

图2.23　绘制相切
圆弧的法线

5. 平行线

该命令用于绘制与已有线段平行的直线，具体操作步骤如下。

① 选择【绘图】(Create)/【直线】(Line)/【绘制平行线】(Create Line Parallel)命令，或者单击【基础绘图】(Sketcher)工具栏的 ╲ 按钮。

② 显示如图 2.24 所示的【平行线】工具栏，在 10.0 文本框中定义平行线的长度并锁定。

图2.24　【平行线】工具栏

③ 选取一条已有直线，并指定平行线的偏置方向。如果选中 📐 按钮，则需选取相切的圆弧，以绘制与已有直线平行且相切于指定圆弧的直线段。

④ 显示平行线的预览效果，单击 ⟵──⟶ 按钮切换平行线的偏置方向和数量，之后单击 ✓ 按钮，绘制出所需的平行线，如图 2.25 所示。

6. 切线

该命令用于绘制与已有圆弧或曲线相切的直线，具体操作步骤如下。

① 选择【绘图】（Create）/【直线】（Line）/【通过点相切】（Line Tangent through Point）命令，或者单击【基础绘图】（Sketcher）工具栏的 ⌣ 按钮。

② 显示 ⌣ ▨ •1 2 🖾 10.0 ▾ ✦ ✓ ? 工具栏，在 🖾 10.0 ▾ 文本框中定义直线的长度并锁定，再单击选择圆弧或曲线，并在圆弧或曲线上选取切点。

③ 单击 ▨ 图标，可以重新定义图素和切点位置，之后单击 ✓ 按钮，绘制出所需的切线。

2.1.3 圆弧

选择【绘图】（Create）/【圆弧】（Arc）命令，或者单击【基础绘图】（Sketcher）工具栏的 ⊙▾ 下拉列表，如图 2.26 所示，可以根据不同的几何条件选择不同的命令绘制圆弧。

图2.25 绘制与圆弧相切的平行线

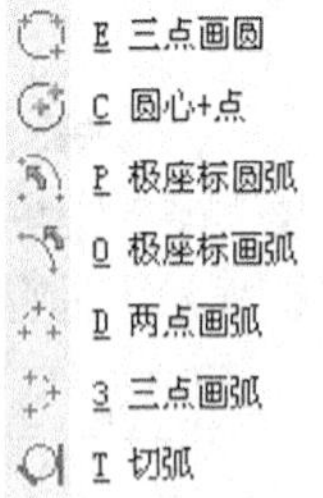

图2.26 绘制圆弧的命令

1. 圆心+点

该命令通过定义一个圆心点和圆周点，或者定义圆心和半径或直径值，或者利用鼠标选取直接确定圆周的尺寸来绘制圆。具体操作步骤如下。

① 选择【绘图】（Create）/【圆弧】（Arc）/【圆心+点】（Create Circle Center Point）命令，或者单击【基础绘图】（Sketcher）工具栏的 ⊙ 按钮。

② 定义圆心点位置。

③ 在【圆心和点画圆】工具栏中定义圆弧的半径或直径值并回车确认，如图 2.27 所示，或者利用鼠标直接在绘图区指定圆弧的圆周点。如果选中 📐 按钮，可选取欲相切的直线或圆弧绘制出与之相切的圆，如图 2.28 所示。

图2.27 【圆心和点画圆】工具栏

④ 单击 ✓ 按钮结束命令，并绘制出所定义的圆。

2. 极坐标圆弧

该命令通过定义圆心点和两个圆弧端点，或者定义圆心点和圆弧半径或直径、起始角度、终止角度来绘制圆弧，如图 2.29 所示。其具体操作步骤如下。

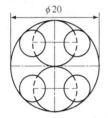

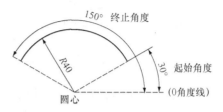

图2.28　指定圆心和相切图素画圆　　　　图2.29　极坐标圆弧

① 选择【绘图】（Create）/【圆弧】（Arc）/【极坐标圆弧】（Create Arc Polar）命令，或者单击【基础绘图】（Sketcher）工具栏的 按钮。

② 定义圆心点位置。

③ 显示如图 2.30 所示的【极坐标圆弧】工具栏，依次定义圆弧的半径或直径、起始角度、终止角度并回车确认，或者利用鼠标直接指定圆弧的两个端点。对于圆和椭圆，Mastercam 将其当作角度为 360° 的圆弧和椭圆弧，即起始角度为 0° ，终止角度为 360° ，起点和终点是两个位置重合的点。

图2.30　【极坐标圆弧】工具栏

④ 如果选中 按钮，可以绘制与指定图素相切的圆弧，且圆弧起点自动定位于切点处。其操作顺序为：指定圆心位置，选取已有直线或圆弧，指定圆弧终止点或者输入终止角度值。

⑤ 显示圆弧的预览效果，根据需要可以单击 按钮使当前绘制的圆弧反向，如图 2.31 所示。

⑥ 单击 按钮结束命令，并绘制出所定义的圆弧。

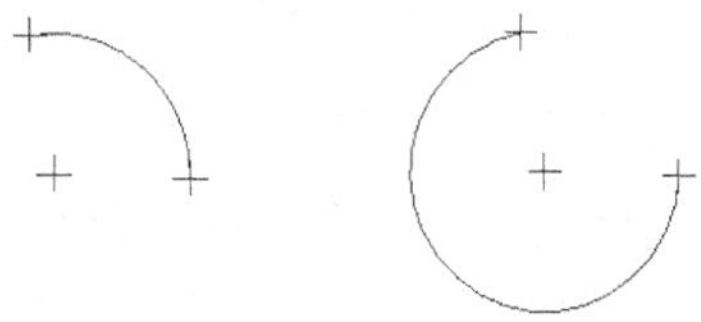

图2.31　切换圆弧的方向

3. 三点画圆

选择【绘图】（Create）/【圆弧】（Arc）/【三点画圆】（Create Circle Edge Point）命令，或者单击【基础绘图】（Sketcher）工具栏的 按钮，显示如图 2.32 所示的【三点画圆】工具栏。在工具栏中选取 按钮，然后依次定义圆周经过的 3 个点，即可绘出所需的圆，如图 2.33（a）所示。

图2.32　【三点画圆】工具栏

如果在工具栏中选取 按钮，则只需定义两个点即可画圆，此时两点间距决定圆周的直径值，如图 2.33（b）所示。如果同时选取 与 按钮，并输入半径或直径值，则可以绘制与两个已有图素（直线或圆弧）相切的圆，如图 2.33（c）所示。如果同时选取 与 按钮，则可以绘制与 3 个已有图素（直线或圆弧）相切的圆，如图 2.33（d）所示。

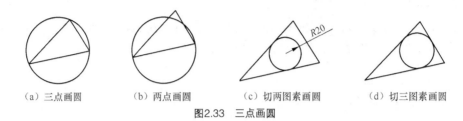

（a）三点画圆　　　　（b）两点画圆　　　　（c）切两图素画圆　　　　（d）切三图素画圆

图2.33　三点画圆

4. 两点画弧

选择【绘图】（Create）/【圆弧】（Arc）/【两点画弧】（Create Arc Endpoints）命令，或者单击【基础绘图】（Sketcher）工具栏的 按钮，显示如图 2.34 所示的【两点画弧】工具栏。此时，依次定义圆弧的第 1 个端点、第 2 个端点以及圆周点（第 3 点），即可绘出所需的圆弧，如图 2.35 所示。

图2.34　【两点画弧】工具栏

如果指定圆弧的两个端点后，不指定圆弧的圆周点，而是在工具栏中定义圆弧的半径或直径值，则系统会显示 4 段满足条件的圆弧，从中选取欲保留的圆弧即可，如图 2.36 所示。

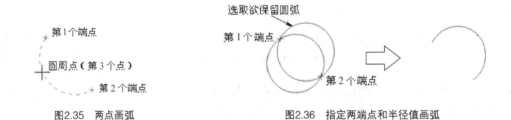

图2.35　两点画弧　　　　　　　　　图2.36　指定两端点和半径值画弧

5. 三点画弧

选择【绘图】（Create）/【圆弧】（Arc）/【三点画弧】（Create Arc 3 Points）命令，或者单击【基础绘图】（Sketcher）工具栏的 按钮，显示如图 2.37 所示的【三点画弧】工具栏，然后依次定义圆弧的第 1 个端点、圆周点和第 2 个端点，即可绘出所需的圆弧，如图 2.38 所示。如果同时选取 按钮，可以绘制出与 3 个指定图素（直线或圆弧）相切的圆弧，如图 2.39 所示，此时需依次选取欲相切的 3 个图素。

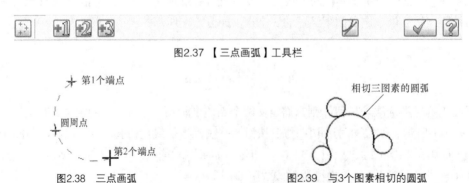

图2.37　【三点画弧】工具栏

图2.38　三点画弧　　　　　　　　　图2.39　与3个图素相切的圆弧

6. 极坐标画弧

该命令可利用已有的圆弧起始点或终止点来绘制极坐标圆弧。其具体操作步骤如下。

① 选择【绘图】（Create）/【圆弧】（Arc）/【极坐标画弧】（Create Arc Polar Endpoints）命令，或者单击【基础绘图】（Sketcher）工具栏的 按钮。

② 显示如图 2.40 所示的【极坐标画弧】工具栏，从中选取 或 按钮，并指定圆弧的起始点或终止点。系统一般会默认选取 按钮，则所定义的点被当作圆弧起始点；如果所定义的点是圆弧终止点，则需在工具栏中选取 按钮。起始点和终止点按逆时针顺序判定。

图2.40　【极坐标画弧】工具栏

③ 在工具栏中依次定义圆弧的半径或直径值，以及起始角度、终止角度，并回车确认。

④ 单击 按钮结束命令，并绘制出所定义的圆弧，如图 2.41 所示。

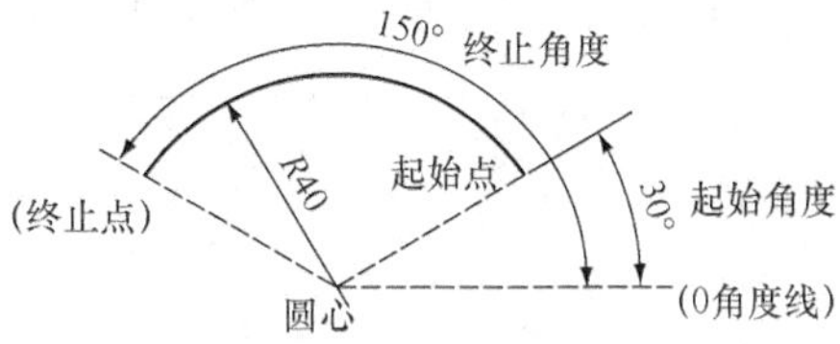

图2.41　极坐标画弧

7. 切弧

该命令用于绘制与一条或多条线、圆弧等相切的圆弧。执行时，选择【绘图】（Create）/【圆弧】（Arc）/【切弧】（Create Arc Tangent）命令，或者单击【基础绘图】（Sketcher）工具栏的 按钮，系统将显示如图 2.42 所示的【切弧】工具栏。

图2.42　【切弧】工具栏

在【切弧】工具栏中，系统提供了切弧的 7 种相切方式，如图 2.43 所示。这里对各种不同的相切方式说明如下。

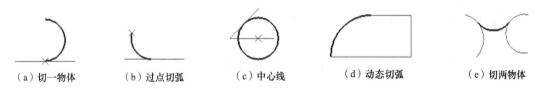

（a）切一物体　　　　（b）过点切弧　　　　（c）中心线　　　　（d）动态切弧　　　　（e）切两物体

图2.43　切弧的不同相切方式

按钮：表示与一个图素相切，如图 2.43（a）所示。此时，需要选取所要相切的一个图素，并指定切点和半径，构建相切的 180º 圆弧。系统将会显示 4 段圆弧，需用鼠标选取欲保留的圆弧段。

按钮：表示按给定半径绘制一个经过圆外指定点，并且与已有线或圆弧相切的圆弧，如图 2.43（b）所示。此时，系统会产生 4 段圆弧，需用鼠标选取欲保留的圆弧段。

按钮：表示按给定半径构建一个与已有直线相切，且圆心位于指定中心线上的圆弧，如图 2.43（c）所示。

按钮：表示动态绘弧，即选取要相切的图素并在其上任意指定相切点，然后动态地改变半径及圆弧长度而构建出一个小于或等于 180°的圆弧，如图 2.43（d）所示。

按钮：表示按给定半径，构建与两个已有图素（直线、圆弧等）相切的圆弧，如图 2.43（e）所示。

按钮：表示构建与 3 个所选图素相切的圆弧，其开始于第 1 个图素，结束于第 3 个图素，如图 2.44 所示。

图2.44　切三物体

按钮：表示构建与 3 个所选图素相切的圆周，如图 2.45 所示。

图2.45　三物体切圆

2.1.4　矩形

1. 绘制常规矩形

具体操作步骤如下。

① 选择【绘图】（Create）/【矩形】（Create Rectangle）命令，或者单击【基础绘图】（Sketcher）工具栏的 按钮。

② 显示如图 2.46 所示的【矩形】工具栏，直接定义矩形的两个对角点，或者在 文本框中分别设置矩形的长度、宽度，然后指定矩形的定位基准点。

图2.46　【矩形】工具栏

③ 如果选中 按钮，表示采用矩形中心作为定位的基准点，否则默认矩形的左下角为定位基准点；如果选中 按钮，表示在创建矩形的同时生成以矩形为边界的平整曲面。

④ 单击 按钮绘制出所需的矩形，如图 2.47 所示。

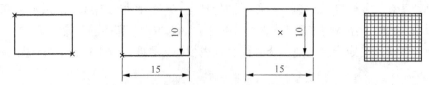

（a）指定两个角点　　（b）指定角点和长度、宽度　　（c）指定中心和长度、宽度　　（d）创建曲面

图2.47　矩形的绘制

2. 绘制其他形状矩形

矩形的其他形状包括圆角形、普通键形、D 形、双 D 形、旋转形等，如图 2.48 所示。图中，W 表示矩形的长度（对应于坐标系 X 轴），H 表示矩形的宽度（对应于坐标系 Y 轴），R 表示圆角半径，A 表示旋转角度。

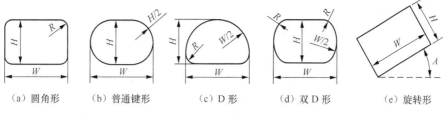

|（a）圆角形|（b）普通键形|（c）D 形|（d）双 D 形|（e）旋转形|

图2.48　矩形的其他形状

2.1.5　多边形

绘制多边形的具体操作步骤如下。

① 选择【绘图】（Create）/【画多边形】（Create Polygon）命令，或者单击【基础绘图】（Sketcher）工具栏的 ⬡ 按钮。

② 显示如图 2.49 所示的【多边形选项】对话框，设置半径值的测量方式为【内接】（Corner）或【外切】（Flat）。其中，【内接】表示给定的半径值是多边形中心到顶点的距离，即多边形内接于给定的圆周，如图 2.50 所示；而【外切】表示给定的半径值是多边形中心到边界中点的距离，即多边形外切于给定的圆周，如图 2.51 所示。

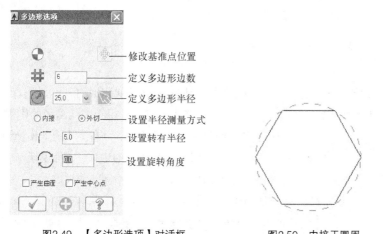

图2.49　【多边形选项】对话框　　　　　图2.50　内接于圆周　　　　图2.51　外切于圆周

③ 根据需要依次设定多边形的边数、圆周半径、转角半径、旋转角度等。

④ 指定多边形中心点的位置，即可显示多边形的预览效果。

⑤ 单击 ⊕ 或 ✓ 按钮，绘制出所需的多边形。

2.1.6 椭圆

选择【绘图】（Create）/【画椭圆】（Create Ellipse）命令，或者单击【基础绘图】（Sketcher）工具栏的 ○ 按钮，显示如图 2.52 所示的【椭圆】对话框，然后进行相关参数的设置并指定椭圆的中心点，即可绘制出所需的椭圆，如图 2.53 所示。

图2.52 【椭圆】对话框

（a）正椭圆　　　（b）旋转角度=30°　（c）起始角度=30°，终止角度=270°　（d）产生曲面

图2.53 绘制椭圆

2.1.7 绘制文字

在 Mastercam X3 中，图形文字不同于标注文字。图形文字是由直线、圆弧和样条曲线组合而成的复合图素，可以对其每一个笔画进行独立编辑，也可以在数控加工编程时用于刀具路径的生成；

图2.54 【绘制文字】对话框

而标注文字是非几何信息要素，不能对其笔画进行独立编辑，也不能用于刀具路径的生成。绘制图形文字的具体操作步骤如下。

① 选择【绘图】（Create）/【绘制文字】（Create Letters）命令，或者单击【基础绘图】（Sketcher）工具栏的 L 按钮。

② 显示如图 2.54 所示的【绘制文字】对话框，设定字型和文字对齐方式，然后定义文字的高度、圆弧半径、间距等并输入文字内容。

③ 单击 ✓ 按钮并在绘图区指定文字放置点，

即可按照所定义的对齐方式绘出所需文字，如图 2.55 所示。

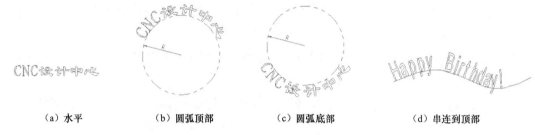

（a）水平　　　　　　（b）圆弧顶部　　　　　（c）圆弧底部　　　　　（d）串连到顶部

图2.55　文字的对齐方式

2.1.8　倒圆角

选择【绘图】（Create）/【倒圆角】（Fillet）命令，或者单击【基础绘图】（Sketcher）工具栏的 按钮，即可进行两相交图素或者多个串连图素的倒圆角操作。

1．两相交图素倒圆角

① 选择【绘图】（Create）/【倒圆角】（Fillet）/【倒圆角】（Fillet Entities）命令，或者单击【基础绘图】（Sketcher）工具栏的 按钮。

② 显示如图 2.56 所示的【倒圆角】工具栏，从中定义圆角的半径，并设定倒圆角类型、修剪模式（修剪延伸或不修剪）。

图2.56　【倒圆角】工具栏

③ 选择需要倒圆角的两个相交图素（圆弧或直线）。

④ 单击 按钮，创建所需的倒圆角。

在 2 个圆弧之间倒圆角时，所有符合条件的圆角都会显现出来，此时需要选取欲保留的倒圆角，如图 2.57 所示。

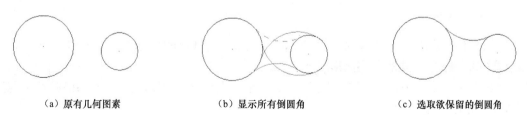

（a）原有几何图素　　　　　（b）显示所有倒圆角　　　　　（c）选取欲保留的倒圆角

图2.57　在两个圆弧间倒圆角

2．串连外形倒圆角

该方式用于对多边形或连续线，以串连方式一次倒出多个圆角。其具体操作步骤如下。

① 选择【绘图】（Create）/【倒圆角】（Fillet）/【串连倒角】（Fillet Chains）命令，或者单击【基础绘图】（Sketcher）工具栏的 按钮。

② 显示【外形串连】对话框，从中选择适当的串连方式并定义欲倒圆角的串连外形，之后单击 按钮结束串连。

③ 显示如图 2.58 所示的【串连倒角】工具栏，依次设定倒圆角的半径、转角方向、圆角类型、修剪模式等。

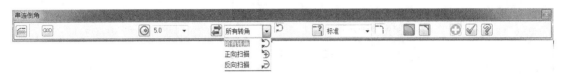

图2.58 【串连倒角】工具栏

在倒圆角的转角方向设定中，系统提供了 3 个选项：【所有转角】表示在沿曲线串连的所有转角处都产生圆角，如图 2.59（b）所示；【正向扫描】表示仅在串连曲线的内角处或相对于串连方向的逆时针转角处产生圆角，如图 2.59（c）所示；【反向扫描】表示仅在串连曲线的外角处或相对于串连方向的顺时针转角处产生圆角，如图 2.59（d）所示。

④ 单击 按钮结束命令，并绘制所定义的倒圆角。

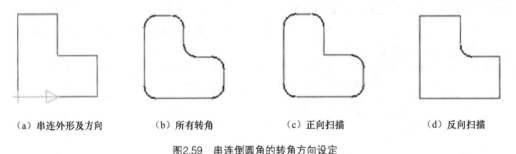

（a）串连外形及方向　　　（b）所有转角　　　（c）正向扫描　　　（d）反向扫描

图2.59 串连倒圆角的转角方向设定

2.1.9 倒角

选择【绘图】（Create）/【倒角】（Chamfer）命令，或者单击【基础绘图】（Sketcher）工具栏的 或 按钮，即可进行两相交图素或者多个串连图素的倒角操作。

1. 两相交图素倒角

① 选择【绘图】（Create）/【倒角】（Chamfer）/【倒角】（Chamfer Entities）命令，或者单击【基础绘图】（Sketcher）工具栏的 按钮。

② 显示如图 2.60 所示的【倒角】工具栏，单击下拉列表设定倒角方式，然后根据需要设置倒角的距离、角度和修剪模式等。

图2.60 【倒角】工具栏

在【倒角】工具栏中，系统提供了 4 种倒角方式：单一距离（1 Distance）、不同距离（2 Distances）、距离/角度（Distance/Angle）和线宽（Length），如图 2.61 所示。其中，"单一距离"用于在选取的两条边上产生等距离的倒角，此时只需定义一个距离值；"不同距离"用于在选取的两条边上产生不等距离的倒角，此时距离 1 和距离 2 分别对应着第 1 条和第 2 条边的倒角尺寸，如图 2.62 所示；"距离/角度"用于以一个倒角距离和角度来产生不等距离的倒角，此时第 1 条边的倒角尺寸为距离 1，而第 1 条边与倒角边之间的夹角为角度值，如图 2.63 所示；"线宽"用于在选取的两条边上产生等距离的倒角，且倒角边的宽度等于设定的距离 1。

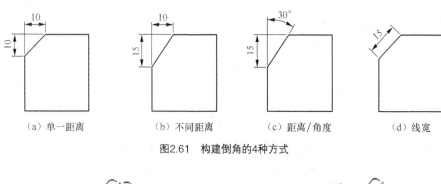

（a）单一距离　　　　（b）不同距离　　　　（c）距离/角度　　　　（d）线宽

图2.61　构建倒角的4种方式

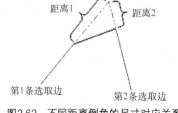

图2.62　不同距离倒角的尺寸对应关系

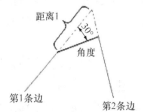

图2.63　距离/角度的对应关系

③ 依次选取需要倒角的两个图素（直线或圆弧）。

④ 单击 ✓ 按钮结束命令，并绘制出所定义的倒角。

2. 串连外形倒角

选择【绘图】（Create）/【倒角】（Chamfer）/【串连倒角】（Chamfer Chains）命令，或者单击【基础绘图】（Sketcher）工具栏的 按钮，然后定义要倒角的串连外形，并在如图 2.64 所示的【串连倒角】工具栏中进行相关设置，之后单击 ✓ 按钮绘制出所定义的倒角，如图 2.65 所示。

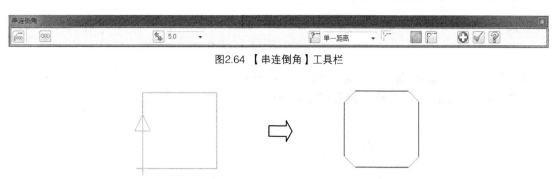

图2.64　【串连倒角】工具栏

图2.65　串连外形倒角

2.1.10　样条曲线

Mastercam X3 提供了参数式和NURBS 两种类型的样条曲线。参数式样条曲线的形状由节点决定，曲线经过每一个节点，如图 2.66（a）所示；而 NURBS 样条曲线（非均匀有理 B 样条曲线）的形状由控制点决定，曲线经过第 1 个和最后 1 个控制点，不一定经过中间的控制点，但会尽量逼近这些控制点，如图 2.66（b）所示。

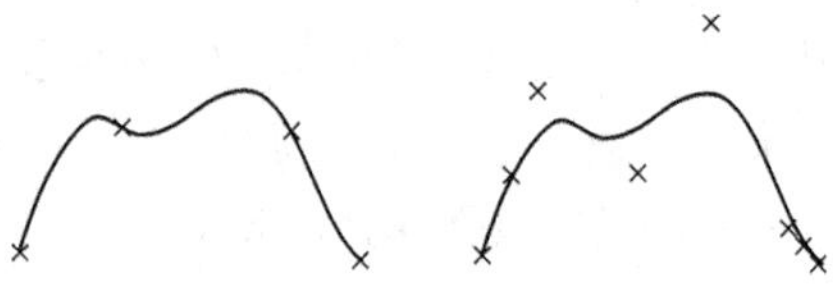

（a）参数式曲线　（b）NURBS 曲线

图2.66　样条曲线的类型

选择菜单栏的【设置】（Settings）/【系统配置】（Configuration）命令，打开【系统配置】（System Configuration）对话框并选取【CAD 设置】（CAD Settings）选项，然后在【曲线/曲面的构建形式】（Spline/Surface Creation Type）下拉列表中，设置所要绘制的样条曲线类型。

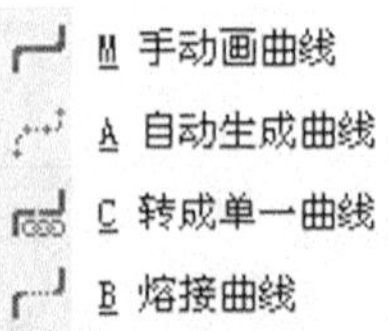

图2.67　绘制样条曲线的命令

选择【绘图】（Create）/【曲线】（Spline）命令，或者单击【基础绘图】（Sketcher）工具栏的╱下拉列表，可以选择不同的命令来绘制样条曲线，如图 2.67 所示。这里仅介绍最常用的手动绘制样条曲线，具体操作步骤如下。

① 选择【绘图】（Create）/【曲线】（Spline）/【手动画曲线】（Create Manual Spline）命令，或者单击【基础绘图】（Sketcher）工具栏的╱按钮。

② 显示如图 2.68 所示的【样条曲线】工具栏，依次指定样条曲线要经过的每一个点，之后回车结束。定义节点时，可以单击 +1 按钮撤销上一个节点，以便重新定义。

图2.68　【样条曲线】工具栏

③ 如果在定义节点时选中【样条曲线】工具栏的╈按钮，则节点定义结束后，系统将打开【曲线端点状态】工具栏，如图 2.69 所示，用于编辑样条曲线起点和终点的切线方向，从而改变样条曲线的形状。

| | | 角度 | ∨ | 60.0 | ∨ | ←→ | | | 角度 | ∨ | 30.0 | ∨ | ←→ | | ⊕ | ✓ | ? |

图2.69　【曲线端点状态】工具栏

④ 单击 ✓ 按钮结束命令，绘制出所定义的样条曲线。如果第 1 个和最后 1 个节点定义在同一个位置，系统将绘制出一条闭合曲线，如图 2.70 所示。

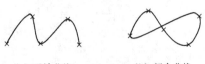

（a）开放曲线　　　（b）闭合曲线

图2.70　绘制样条曲线

2.2　二维图形的编辑

图形的编辑就是对已有图形进行删除、修剪、延伸、打断、分割、连接、分解等修整操作，或者进行平移、镜像、旋转、比例缩放、补正、阵列、投影等转换操作。它有利于减少绘图工作量，提高设计的效率。编辑图形时，Mastercam 系统允许先启动编辑命令再选取图素，或者先选取图素再启动编辑命令。

Mastercam X3 的图形编辑命令主要集中在【编辑】（Edit）和【转换】（Xform）菜单中，系统也允许单击相应的工具按钮来实现图形编辑功能，如图 2.71 所示。

图2.71　图形编辑命令的工具按钮

2.2.1　图素的删除与恢复删除

1．删除图素

执行图素删除时，选择【编辑】（Edit）/【删除】（Delete）/【删除图素】（Delete Entities）命令，或者单击工具栏的 按钮，然后选取所需删除的图素并回车确认即可。系统也允许先选取所需删除的图素，然后单击 按钮或者按键盘的【Delete】键执行删除操作。

执行删除操作时，如果所选图素带有尺寸标注等关联对象，系统会显示如图 2.72 所示的【警告】对话框，以便根据实际情况进行相应的设定。

2．删除重复图素

重复图素是指与某一个图素的位置完全重叠的图素。由于重复图素会额外增加文件的存储空间，并且会影响串连，所以有必要将其删除。

选择【编辑】（Edit）/【删除】（Delete）/【删除重复图素】（Delete Duplicates）命令，或者单击工具栏的 按钮，系统将会显示如图 2.73 所示的【删除重复图素】信息框，用于显示系统自动找出并已删除的重复图素信息。

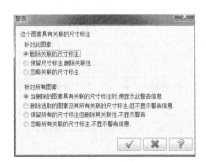

图2.72　【警告】对话框

图2.73　【删除重复图素】信息框

3. 恢复删除

在 Mastercam 系统中，可以采用 3 种方法恢复已删除的图素。

（1）恢复最后 1 个已删除图素

选择【编辑】（Edit）/【删除】（Delete）/【恢复删除】（Undelete Entity）命令，或者单击工具栏的 按钮，即可恢复系统中最后被删除的一个图素。

图2.74　输入恢复删除的图素数量

（2）恢复指定数量的已删除图素

选择【编辑】（Edit）/【删除】（Delete）/【恢复删除指定数量的图素】（Undelete # of Entities）命令，或者单击工具栏的 按钮，系统会显示如图 2.74 所示的对话框，用于输入待恢复图素的个数，之后单击 按钮即可恢复系统中最近删除的指定数量的图素。

（3）恢复限定的已删除图素

选择【编辑】（Edit）/【删除】（Delete）/【恢复删除限定的图素】（Undelete Entities by Mask）命令，或者单击工具栏的 按钮，系统会显示【限定选择】对话框，用于设置恢复图素的限定条件，之后系统会自动把符合限定条件的已删除图素予以恢复。

2.2.2　图素的修整

修整是指对已有图素进行长度、形状、法向等编辑，具体包括修剪、打断、延伸、分割、连接、分解等。在菜单栏的【编辑】（Edit）菜单中选择如图 2.75 所示的命令，或者单击【修剪/打断】工具栏及其下拉列表中的按钮，如图 2.76 所示，即可对图素进行相应的修整操作。

图2.75　【编辑】菜单的修整命令

图2.76　修整图素的工具按钮

1. 修剪/打断/延伸

该命令用于修剪 1 个、2 个或 3 个被选图素，使其修整到与另一指定图素的相交处，或者修剪、延伸被选图素至指定长度，或者在相交点处分割图素等。选择【编辑】（Edit）/【修剪/打断】（Trim/Break）/【修剪/打断/延伸】（Trim/Break/Extend）命令，或者单击工具栏的 按钮，系统会显示如图 2.77 所示的【修剪/打断】工具栏。

图2.77　【修剪/打断】工具栏

其中各选项的含义说明如下。

田按钮：表示修剪单一物体，即以选取的第 2 个图素为边界修剪所选的第 1 个图素，而第 2 个图素不作修剪，如图 2.78 所示。此时，第 1 个图素的选取位置须位于欲保留的那一侧。

图2.78　修剪单一物体

田按钮：表示修剪 2 个物体，即将选取的 2 个图素都修剪或延伸至其相交处，如图 2.79 所示。

图2.79　修剪2个物体

田按钮：表示修剪 3 个物体，即同时修剪第 1、2 个图素至第 3 个图素，然后以前两个图素为边界修剪第 3 个图素。执行时，系统依次提示：选取修剪或延伸第 1 个图素（注意：要选在图素欲保留的那一侧）；选取修剪或延伸第 2 个图素；选取修剪或延伸到的图素，之后系统自动执行修剪。该选项常用于修剪两线至一圆，而该圆正切于两条线的情况，如图 2.80 所示。

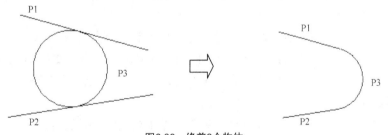

图2.80　修剪3个物体

田按钮：表示分割物体，即剪除所选图素位于两分割点之间的部分，如图 2.81 所示。执行时，系统会自动搜寻所有图素间的相交点，之后只需选取欲剪除的图素段即可。

图2.81　分割物体

按钮：表示修剪至点，即将选取的图素修剪或延伸到指定点位置或点至曲线的法向投影位置，如图 2.82 所示。

图2.82　修剪至点

按钮：表示按指定长度修剪或延伸所选图素。此时，必须在 ⊞ 10.0 ▾ 文本框中定义修剪或延伸的长度，并且只对图素选取点最近的那端执行修剪或延伸。如果输入的长度为正值，表示延伸图素；如果输入的长度为负值，表示修剪图素。

按钮：设定为修剪/延伸模式，即按照所定义的修剪类型（⊞、⊟、⊞、⊞、◥或⊞），对选取的图素执行修剪。

按钮：设定为打断模式，即按照所定义的修剪类型（⊞、⊟、⊞、⊞、◥或⊞），在相交点或指定位置将选取的图素进行打断，而不执行修剪。

若在修剪/延伸模式下没有指定修剪类型，"修剪单一物体"和"修剪两个物体"默认为激活状态。此时，如果分别单击选取两个相交图素，则第 1 个图素将被修剪或延伸至与第 2 个图素的相交点处；如果先单击选取第 1 个图素，然后双击选取第 2 个图素，则两个图素将同时修剪或延伸至它们的相交处。

2. 两点打断

该命令用于将选取的直线、圆弧或样条曲线等在指定点打断成两段。选择【编辑】（Edit）/【修剪/打断】（Trim/Break）/【两点打断】（Break Two Pieces）命令，或者单击工具栏的 ✳ 按钮，然后选取欲打断的图素并指定打断点位置，即可将图素在指定点一分为二。

3. 在交点处打断

该命令用于将选取的直线、圆弧或样条曲线，在其实际相交处进行打断。选择【编辑】（Edit）/【修剪/打断】（Trim/Break）/【在交点处打断】（Break at Intersection）命令，或者单击工具栏的 ✖ 按钮，然后选取两个或多个相交图素并回车确认，系统即会将所有相交图素在交点处打断。

4. 分解图素

该命令用于将选取的尺寸标注、剖面线或复合资料打断成点、线段、圆弧或 NURBS 曲线等，以便对注解文字的单个字符或者剖面线的线段等进行局部编辑。选择【编辑】（Edit）/【修剪/打断】（Trim/Break）/【依指定长度】（Break Drafting into Lines）命令，或者单击工具栏的 ✖ 按钮，然后选取尺寸标注、注释文本、图案填充等复合图素，之后回车确认即可执行分解。

5. 连接图素

该命令用于将两条共线的直线段、两个同心且等径的圆弧或者两段被打断的 Spline 曲线连接成一个图素。如果是 NURBS 曲线或两线段不共线、两圆弧不同心，或图素不在相同构图面内，则不能进行连接。该功能常用于连接被打断或修剪过的图素。

选择【编辑】（Edit）/【连接图素】（Join Entities）命令，或者单击工具栏的 ✐ 按钮，然后选取需要连接的图素并回车确认，即可将两个或多个图素连接成一个图素。

6. 转成 NURBS

该命令用于将选取的直线、圆弧、参数式曲线或曲面转换成 NURBS 曲线或曲面。选择【编辑】（Edit）/【转成 NURBS】（Convert NURBS）命令，或者单击工具栏的  按钮，然后选取直线、圆弧、参数式样条曲线或曲面并回车确认，即可将它们转换成 NURBS 样条曲线或曲面。图素转换后其外形或许不会发生变化，但是通过【分析】（Analyze）/【图素属性】（Analyze Entity Properties）命令可以查询该图素数据的变化情况。图 2.83 所示为一个圆弧转成 NURBS 曲线后的图形属性对比。

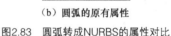

（a）圆弧　　　　　　（b）圆弧的原有属性　　　　　（c）转成 NURBS 曲线后的属性

图2.83　圆弧转成NURBS的属性对比

2.2.3　图素的转换

转换（Xform）是指用镜像、旋转、比例、补正、平移等方法来编辑几何图形，如图 2.84 所示，在执行转换功能时，系统会自动产生组群（Group）和结果（Result）的设定。

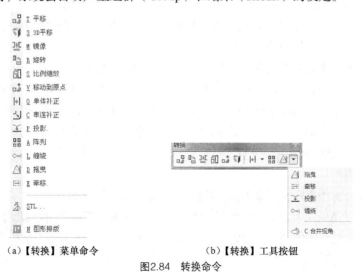

（a）【转换】菜单命令　　　　　　　　（b）【转换】工具按钮

图2.84　转换命令

1. 平移

平移是指将选取的图形平移或复制至一个新的位置，该操作仅改变其坐标位置而不改变其大小，如图 2.85 所示。执行平移时，系统会显示如图 2.86 所示的【平移】对话框，用于指定平移的转换方式，并定义平移次数以及平移方向等。

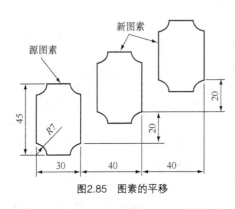

图2.85　图素的平移　　　　　　　　　图2.86　【平移】对话框

在对话框中，各选项的含义说明如下。

（1）设定平移的转换方式

【移动】（Move）：将已选图素移至一个新位置，而原位置图素消失。

【复制】（Copy）：将已选图素复制至一个新位置，并保留原位置图素。

【连接】（Join）：将原有图素的端点和结果图素的端点，用直线对应连接起来。

（2）指定平移距离的应用类型

该选项仅在平移次数大于 1 时有效，系统提供了两种应用类型。

【两点间的距离】（Distance Between）：将所定义的平移距离作为平移转换中相邻两图素之间的距离，即每次操作的步距。如图 2.85 所示，可以看作步距为（40，20）的平移操作。

【全程距离】（Total Distance）：将所定义的平移距离作为平移转换中首尾两图素之间的距离，即平移的总距离。如图 2.85 所示，可以看作总距离为（80，40）的平移操作。

（3）定义平移方向

系统提供了 4 种方法来定义平移方向，执行时只需选用其中一种即可。

直角坐标：以直角坐标来定义图形的平移方向，即通过输入新图素相对源图素的直角坐标增量（ΔX，ΔY，ΔZ）来定义平移向量。如设定 $\Delta X =0$、$\Delta Y =0$、$\Delta Z =10$，表示沿当前构图面的 Z 轴向上平移 10 个单位。

两点间：依次指定平移的起点和目标点，以其间相连的直线矢量作为平移的方向。此时，可以单击 🔲1 和 🔲2 按钮，分别指定平移的起点和目标点。

指定直线：通过选取一条已有直线来定义平移方向。此时，必须单击 按钮选择参考直线。

极坐标：以极坐标方式，即采用一个线性距离和角度来定义平移的方向。此时，必须在 和 文本框中定义平移向量的线性距离和角度方向。

执行平移操作时，其具体步骤如下。

① 选择【转换】（Xform）/【平移】（Xform Translate）命令，或者单击工具栏的 按钮。

② 选取欲平移的源图素，之后单击 按钮或者回车确认。

③ 显示【平移选项】对话框，指定平移的转换方式（移动、复制或连接），并定义平移次数、平移方向等。

④ 如果需要可以单击 按钮，切换平移方向或进行双向平移。如果选中【使用新的图素属性】（Use New Attributes）复选框，则可以为转换的结果图素指定新的图层、颜色等属性；否则采用与原有图素相同的构图属性。

⑤ 单击 或 按钮，完成所定义的平移操作。此时，系统会自动将源图素设定为群组（红色标记），而将新图素设定为结果（紫色标记）。选择【屏幕】（Screen）/【清除颜色】（Clear Colors）命令，或者单击工具栏的 按钮，可以恢复它们原有的颜色属性。

2. 3D 平移

3D 平移是指按照指定的平移向量将选取的图形由源构图面平移到指定的目标平面，如图 2.87 所示。

3D 平移的具体操作步骤如下。

① 选择【转换】（Xform）/【3D 平移】（Xform Translate 3D）命令，或者单击工具栏的 按钮。

② 选取源图素并回车结束。

③ 显示如图 2.88 所示的【3D 平移选项】对话框，从中定义平移的转换方式以及平移的源视图、目标视图和平移向量。

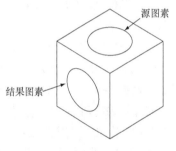

图 2.87　3D 平移示例

在【3D 平移选项】对话框中，系统提供了两种方式来定义平移方向。

【视角】：单击 或 按钮，显示如图 2.89 所示的【平面选择】对话框，可以依次指定平移的源视角平面、平移起点，以及目标视角平面、平移终点，来定义平移方向。

图2.88　【3D平移选项】对话框

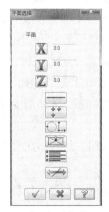

图2.89　【平面选择】对话框

【点】：单击⬚⬚、⬚或⬚按钮，采用 3 点（XY 平面的原点、X 轴上一点和 Y 轴上一点）或 1 条线与 1 点（XY 平面的 X 轴及 Y 轴上的一点）的方式依次定义源视角平面、目标视角平面和平移的向量。

④ 单击对话框的⬚或⬚按钮，执行所定义的平移操作。

3. 镜像

镜像是指相对于当前构图面的 X 轴、Y 轴或任一直线，生成所选图素的轴对称几何图形，如图 2.90 所示。如所定义的镜像轴线不在构图面上，系统会将其自动投影到当前的构图平面。

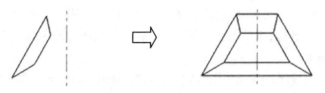

图2.90　图素的镜像

镜像操作的具体步骤如下。

① 选择【转换】（Xform）/【镜像】（Xform Mirror）命令，或者单击工具栏的⬚按钮。

② 选择欲镜像的一个或多个图素，之后单击⬚按钮或回车结束。

③ 显示如图 2.91 所示的【镜像】对话框，设定镜像的转换方式（移动、复制或连接），并从中选取一种方式定义所需的镜像轴。

在【镜像】对话框中，系统提供了 5 种定义镜像轴的方式。

图2.91　【镜像】对话框

X 轴：定义一条虚拟的水平线（与 X 轴平行）为镜像轴。此时，必须单击⬚按钮返回绘图区指定水平镜像轴的定位点，或者直接在对应的文本框中输入水平线的定位 Y 坐标值。

Y 轴：定义一条虚拟的铅垂线（与 Y 轴平行）为镜像轴。此时，必须单击⬚按钮返回绘图区指定铅垂镜像轴的定位点，或者直接在对应的文本框中输入铅垂线的定位 X 坐标值。

极轴：定义一条与 X 轴正向成一定夹角且经过指定定位点的虚拟斜线作为镜像轴。此时，必须单击⬚按钮返回绘图区指定其定位点，并在文本框中输入镜像轴与 X 轴正向的夹角。

直线：选取某已知直线作为镜像轴，执行时单击⬚按钮返回绘图区进行选取。

两点：选取两点并定义其虚拟的连线作为镜像轴，执行时单击⬚按钮返回绘图区指定两个点。

④ 单击⬚按钮，执行所定义的镜像操作。

4. 旋转

旋转是指将选取的图形绕指定的基点旋转一定的角度，生成大小、形状都与源图素相同的新图素，如图 2.92 所示。

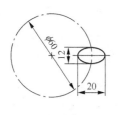
（a）源图素

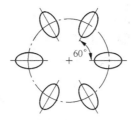
（b）朝向设定为旋转　　　　（c）朝向设定为平移

图2.92　图素的旋转

执行旋转操作的具体步骤如下。

① 选择【转换】（Xform）/【旋转】（Xform Rotate）命令，或者单击工具栏的 按钮。

② 选取欲旋转的图形，之后单击 按钮或回车结束。

③ 显示如图 2.93 所示的【旋转】对话框，单击 按钮返回绘图区指定旋转的基点。

④ 设定旋转的转换方式（移动、复制或连接），并定义旋转的次数、角度的应用类型、旋转角度值以及新图素的朝向（旋转或平移）等。

其中，角度的应用类型有单次旋转角度和总旋转角度 2 种设定。单次旋转角度表示所定义的角度值是旋转操作中相邻两图素的夹角值，即旋转操作的步距，如图 2.94（a）所示；总旋转角度表示所定义的角度值是旋转操作中所有图素涵盖的夹角，如图 2.94（b）所示。

⑤ 如果需要，可以单击 按钮切换旋转方向，或者单击 按钮选择若干新图素并将其剔除，而单击 按钮则可以恢复被剔除的新图素。

⑥ 单击 按钮，或者按【Esc】键结束命令。

图2.93　【旋转】对话框

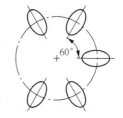
（a）单次旋转角度 =60°

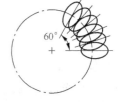
（b）总旋转角度 =60°

图2.94　旋转角度的设定

5. 比例缩放

比例缩放是指将选取的图形相对缩放基准点，按照设定的比例系数在 X、Y、Z 3 个方向上进行尺寸的放大或缩小，从而生成新的图素。执行比例缩放的具体操作步骤如下。

① 选择【转换】（Xform）/【比例缩放】（Xform Scale）命令，或者单击工具栏的 按钮。

② 选取欲缩放的源图素，之后单击 按钮或回车结束。

③ 显示如图 2.95 所示的【缩放】对话框，单击 按钮返回绘图区指定缩放的基准点。

（a）等比例缩放　　　　　　　　　　　　　（b）不等比例缩放

图2.95　【缩放】对话框

④ 设定比例缩放的转换方式（移动、复制或连接）以及缩放的次数、比例系数等。

系统提供了 2 种定义缩放比例的方式：等比例（Uniform Scale），表示在 X、Y 和 Z 方向设定相同的缩放比例，此时只需定义一个比例系数值；XYZ（XYZ Scale），表示在 X、Y 和 Z 方向分别定义不相同的缩放比例。

⑤ 单击 按钮结束命令，执行所定义的比例缩放操作，如图 2.96 所示。

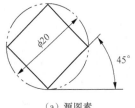

（a）源图素　　　　　　　　（b）等比例：0.5　　　　（c）不等比例：X=1，Y=0.5，Z=1

图2.96　图素的比例缩放

6. 单体补正

单体补正是指将一条线、圆弧或聚合线等，沿其法线方向偏置指定的距离，偏置得到的图素与源图素位于相同的构图面和工作深度上，如图 2.97 所示。

单体补正的具体操作步骤如下。

① 选择【转换】（Xform）/【单体补正】（Xform Offset）命令，或者单击工具栏的 按钮。

② 显示如图 2.98 所示的【补正】对话框，设定补正的转换方式（移动或复制）以及补正的次数、偏置距离等。

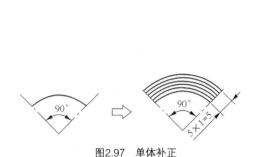

图2.97　单体补正　　　　　　　　图2.98　【补正】对话框

③ 选取欲偏置的直线、圆弧或曲线，此时一次只能选取单一的线或圆弧等。

④ 指定欲偏置的法线方向，即用鼠标左键相对源图素在欲偏置的一侧单击。如果需要，可以单击 按钮切换偏置方向。

⑤ 单击 按钮，生成所定义的偏置线或圆弧等。

7. 串连补正

串连补正是指将直线、圆弧或曲线等多个图素组成的串连外形，一起沿其法线方向侧偏置指定的距离和深度，如图2.99所示。

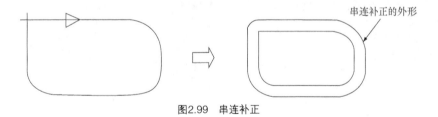

图2.99　串连补正

串连补正的具体操作步骤如下。

① 选择【转换】（Xform）/【串连补正】（Xform Offset Contour）命令，或者单击工具栏的 按钮。

② 显示【外形串连】对话框，定义欲偏置的串连外形并单击 按钮结束。

③ 显示如图2.100所示的【串连补正】对话框，设定补正的转换方式（移动或复制）以及补正的次数、偏置距离、偏置深度或锥度和外形转角的连接方式等。

设定偏置深度时，系统提供了绝对值（Absolute）和增量值（Incremental）2种定义方式：绝对值是相对当前构图面 $Z=0$ 的位置来定义的，此时无论源图素为2D还是3D外形，偏置得到的外形一定是位于指定深度上的2D外形，如图2.101（a）所示；增量值是相对于原有串连外形所在的深度位置来定义的，即相对于原有的串连外形沿 Z 轴正向偏移指定的增量距离，如图2.101（b）所示。

④ 如果需要可以单击 按钮切换偏置方向，之后单击 按钮结束命令。

图2.100　【串连补正】对话框

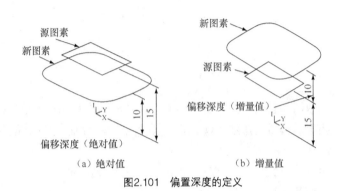

（a）绝对值　　　　　　　　　（b）增量值

图2.101　偏置深度的定义

8. 投影

投影是指将选取的图形投影到当前构图面的指定深度，或者投影到指定的平面或曲面上，以生成新的图素，如图 2.102 所示。执行投影操作的一般步骤如下。

（a）投影到构图面的指定深度　　　　　（b）投影到指定平面　　　　　（c）投影到指定曲面

图2.102　图素的投影

① 选择【转换】（Xform）/【投影】（Xform Project）命令，或者单击工具栏的 按钮。

② 选取欲进行投影的源图素，之后单击 按钮或回车结束。

③ 显示如图 2.103 所示【投影选项】对话框，设定投影的转换方式（移动、复制或连接），并选取一种投影方式进行相应的定义。

在【投影选项】对话框中，系统提供了 3 种投影方式。

投影到构图面：单击 按钮返回绘图区指定构图深度，或者在文本框中直接输入构图深度值，则源图素将被投影到当前构图面的指定工作深度。

投影到平面：单击 按钮定义所需的投影平面，则源图素将被投影到该平面上。

投影到曲面：单击 按钮返回绘图区选取所需的投影曲面，则源图素将被投影到该曲面上。此时，对话框中的曲面投影选项将被激活，用于指定投影的方式。其中，"构图平面"表示沿着当前构图平面的法向投影，"曲面法向"表示沿着曲面的法向投影；"最大距离"用于设置产生投影的最大距离，以避免在大于该距离的曲面上产生不必要的投影，该复选框仅在"曲面法向"单选钮选中时有效。

④ 单击  按钮，执行所定义的投影操作。

9. 阵列

阵列是指将选取的源图素按照设定的次数、间距，沿指定的一个或 2 个方向进行复制，生成规则排列的新图素。执行阵列的操作步骤如下。

① 选择【转换】（Xform）/【阵列】（Xform Rectangular Array）命令，或者单击工具栏的 ⊞ 按钮。

② 选取欲进行阵列的源图素，之后单击 ▣ 按钮或回车结束。

③ 显示如图 2.104 所示的【阵列选项】对话框，分别定义方向 1 和方向 2 的阵列次数（含源图素）、距离和角度。其中，方向 1 的角度是相对于当前坐标系的 X 轴正向而言的，其值可正可负；而方向 2 的角度是相对于方向 1 而言的，其值只能是介于 0°～180° 之间的正值。

④ 如果需要，可以单击 ⇄ 按钮切换阵列方向 1 和方向 2。

⑤ 单击 ✓ 按钮结束命令，执行所定义的阵列操作，如图 2.105 所示。

图2.103　【投影选项】对话框

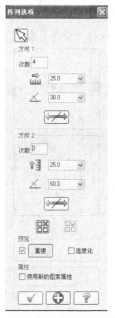

图2.104　【阵列选项】对话框

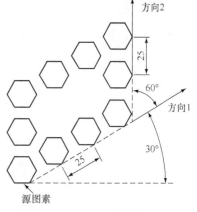

图2.105　图素的阵列

2.3　图形标注

图形标注是一张完整工程图样的重要组成部分，包括尺寸标注、引线标注、注解文字标注，以及标注的设置和编辑等。选择菜单栏的【绘图】（Create）/【尺寸标注】（Drafting）命令，如图 2.106 所示，或者单击【Drafting】工具栏的相应按钮，即可进行图形的标注。

2.3.1 标注设置

在 Mastercam X3 初始化时，系统会载入默认的标注设置，但允许对这些默认设置进行修改，即重新进行标注属性设置、标注文本设置、尺寸标注设置、注解文本设置和引导线/延伸线设置。系统支持 2 种标注设置的方式。

① 选择【设置】（Settings）/【系统规划】（Configuration）命令，打开【系统配置】（System Configuration）对话框并选取【标注与注释】（Dimensions and Notes）选项，即可对有关标注设置进行修改。按照这种方法进行的修改，可以保存到系统配置文件，因而对当前文件、新建文件和打开的文件都有效。

图 2.106　图形标注的菜单命令

② 选择【绘图】（Create）/【尺寸标注】（Drafting）/【选项】（Drafting Options）命令或者【Drafting】工具栏的 ⚡ 按钮，打开图 2.107 所示的【尺寸标注设置】对话框，从中选取相应的标注设置主题即可进行修改。按照这种方法进行的修改，只对当前文件的后续标注和 Mastercam X3 重新初始化之前打开的文件有效。

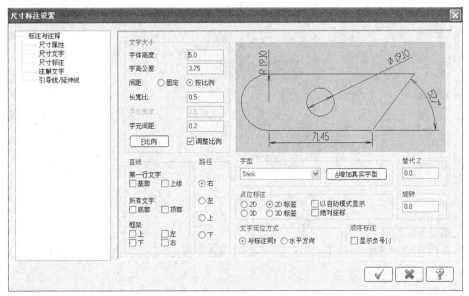

图 2.107　【尺寸标注设置】对话框

2.3.2 尺寸标注

工程图样的常用标注有尺寸标注、引线标注、注解文字标注等，常用的尺寸标注有水平标注、垂直标注、平行标注、角度标注、圆弧标注（半径和直径标注）、基准标注、串连标注等。下面对各种常用的尺寸标注进行简要介绍。

1. 水平标注

水平标注用于标注两点之间的水平距离，如图 2.108 所示。

水平标注的具体操作步骤如下。

① 选择【绘图】（Create）/【尺寸标注】（Drafting）/【标注尺寸】（Dimension）/【水平标注】（HoriZontal Dimension）命令，或者单击工具栏的 按钮。

② 选择一条直线或指定尺寸标注的起点和终点。

③ 显示尺寸标注的预览效果和图 2.109 所示的【尺寸标注】工具栏，根据需要修改相关的标注属性，如箭头方向、尺寸文本的位置、标注直径或半径等。

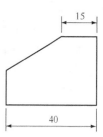

图2.108　水平标注

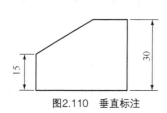

图2.109　【尺寸标注】工具栏

④ 在绘图区适当位置单击鼠标左键，指定尺寸标注的放置位置。

⑤ 完成标注之后，单击 按钮结束命令。

2. 垂直标注

垂直标注用于标注两点之间的垂直距离，如图 2.110 所示。选择【绘图】（Create）/【尺寸标注】（Drafting）/【标注尺寸】（Dimension）/【垂直标注】（Vertical Dimension）命令，或者单击工具栏的 按钮，然后参照水平标注的操作步骤即可完成所需的垂直标注。

3. 平行标注

平行标注用于标注两点之间的直线距离，如图 2.111 所示。选择【绘图】（Create）/【尺寸标注】（Drafting）/【标注尺寸】（Dimension）/【平行标注】（Parallel Dimension）命令，或者单击【Drafting】工具栏的 按钮，然后参照水平标注的操作步骤即可完成所需的平行标注。

图2.110　垂直标注

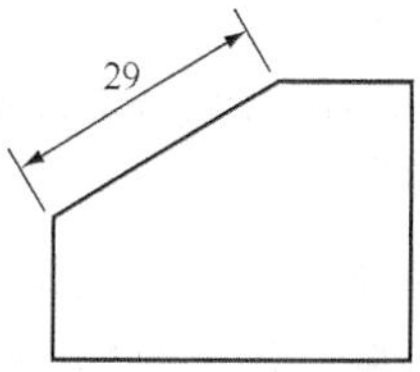

图2.111　平行标注

4. 基准标注

基准标注用于标注与一个已有线性标注（水平标注、垂直标注、平行标注）具有相同测量起点的多个相互平行的线性尺寸，如图 2.112 所示。

具体操作步骤如下。

① 选择【绘图】（Create）/【尺寸标注】（Drafting）/【标注尺寸】（Dimension）/【基准标注】（Baseline Dimension）命令，或者单击 Drafting 工具栏的 按钮。

② 选取一个已有的线性标注。

③ 依次指定每一个基准标注的测量终点。

④ 按一次【Esc】键，可以选取另一个已有线性尺寸进行另一组基准标注，否则连续按 2 次【Esc】键结束命令。

5. 串连标注

串连标注用于标注与一个已有线性标注串接成链的多个线性尺寸，如图 2.113 所示。选择【绘图】（Create）/【尺寸标注】（Drafting）/【标注尺寸】（Dimension）/【串连标注】（Chained Dimension）命令，或者单击【Drafting】工具栏的 按钮，然后参照基准标注的操作步骤即可完成所需的串连标注。

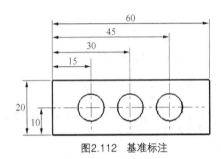

图2.112　基准标注

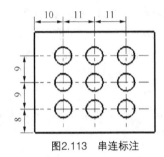

图2.113　串连标注

6. 角度标注

角度标注用于标注两条相交直线的夹角、圆弧的圆心角，以及 3 个点（顶点、起点、终点）定义的夹角，如图 2.114 所示。

图2.114　角度标注

执行角度标注时，选择【绘图】（Create）/【尺寸标注】（Drafting）/【标注尺寸】（Dimension）/【角度标注】（Angular Dimension）命令，或者单击【Drafting】工具栏的 按钮，然后选取两条相交直线标注它们的夹角，或者选取一条圆弧标注其圆心角，或者依次指定 3 个点标注其所定义的夹角，其中第 1 点为角的顶点，第 2 点为角的起点，第 3 点为角的终点。

7. 圆弧标注

圆弧标注用于标注圆、圆弧的直径或半径，如图 2.115 所示。选择【绘图】（Create）/【尺寸标注】（Drafting）/【标注尺寸】（Dimension）/【圆弧标注】（Circular Dimension）命令，或者单击【Drafting】工具栏的 按钮，然后选取圆弧或圆，并在绘图工作区的适当位置单击即可。标注时可以单击【尺寸标注】工具栏的 或 按钮来切换直径标注或半径标注。

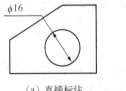

（a）直接标注

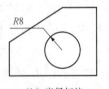

（b）半径标注

图2.115　圆弧标注

8. 正交标注

正交标注用于标注点到直线或 2 条平行线之间的距离，如图 2.116 所示。选择【绘图】（Create）/【尺寸标注】（Drafting）/【标注尺寸】（Dimension）/【正交标注】（Perpendicular Dimension）命令，或者单击【Drafting】工具栏的 ⊥ 按钮，然后选取一条直线，再选取与其平行的另一条直线或指定一个点，系统将自动测量出两平行线之间或点与直线之间的距离，最后在适当位置单击即可标注出所需的尺寸。

图2.116 正交标注

9. 相切标注

相切标注用于标注一个圆或圆弧与某直线或圆弧的切线距离，如图 2.117 所示。选择【绘图】（Create）/【尺寸标注】（Drafting）/【标注尺寸】（Dimension）/【相切标注】（Tangent Dimension）命令，或者单击【Drafting】工具栏的 按钮，然后选取一个圆或圆弧，再选取另一条直线或圆弧，移动鼠标调整标注的切线距离至所需位置后单击即可。

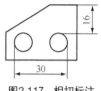

图2.117 相切标注

10. 点位标注

点位标注用于标注指定点相对于坐标系原点的位置，用坐标形式显示，如图 2.118 所示。选择【绘图】（Create）/【尺寸标注】（Drafting）/【标注尺寸】（Dimension）/【点位标注】（Point Dimension）命令，或者单击【Drafting】工具栏的 按钮，然后选取需要标注的点，再在绘图工作区的适当位置单击即可。点位标注有 4 种显示形式，可以在【尺寸标注设置】对话框的标注文本设置中予以设定。

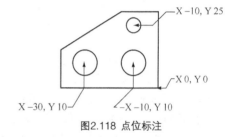

图2.118 点位标注

2.3.3 标注的编辑

除利用快速标注命令可以编辑所选的尺寸标注外，利用多重编辑命令也可以进行标注的编辑。执行此操作时，选择【绘图】（Create）/【尺寸标注】（Drafting）/【多重编辑】（Dimension Multi Edit）命令，或者单击【Drafting】工具栏的 按钮，然后选取欲编辑的标注并回车确认，即可在【尺寸标注设置】对话框中修改所选尺寸标注的相关属性。

二维绘图综合实例

本节将通过一个综合实例来说明二维图形绘制的一般思路和方法。

例 **2.2** 构建如图 2.119 所示腔体零件的二维图形并标注尺寸。

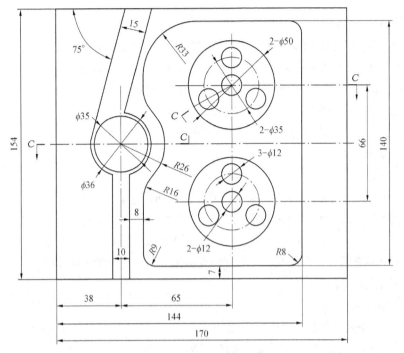

图2.119　腔体零件的二维图形

步骤 1　新建文件并建立图层。

① 选择【文件】（File）/【新建文件】（New）命令，或者单击 🗋 按钮新建文件。

② 选择【文件】（File）/【保存文件】（Save）命令，或者单击 🖫 按钮将文件保存为 "sample2-1.mcx"。

③ 在状态栏中单击 层别 按钮，然后按照图 2.120 所示建立 3 个图层，并将图层 1 设置为当前层，之后单击 ✓ 按钮关闭对话框。

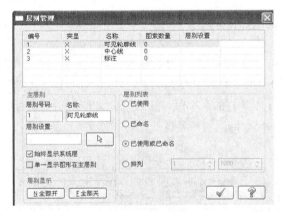

图2.120　建立图层

步骤 2　绘制基准线。

① 在状态栏中设置当前的构图属性：颜色为黑色，线型为实线，线宽为中粗。

② 单击【基础绘图】（Sketcher）工具栏的 ╲ 按钮，在【绘制任意线】工具栏中选取 ⊟ 按钮，然后依次指定水平线的起点和终点，且设定其 Y 坐标值为 0，并回车确认，如图 2.121 所示，之后

单击 按钮，即可绘出一条过坐标原点的水平线 L_1。

③ 继续选取 按钮，依次指定垂直线的起点和终点，且输入其 X 坐标值为 0，并回车确认，之后单击 按钮，即可绘出一条过坐标原点的垂直线 L_2，如图 2.122 所示。

图2.121 【绘制任意线】工具栏

步骤 3 绘制外轮廓。

① 单击【转换】（Xform）工具栏的 按钮，在【补正】对话框中设置转换方式为复制、次数为 1、距离为 77，如图 2.123 所示，选取直线 L_1 并使其向两侧双向补正，然后单击 按钮绘出上下 2 条外轮廓线 L_3、L_4，如图 2.124 所示。

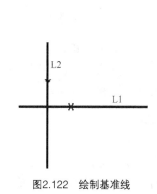

图2.122 绘制基准线

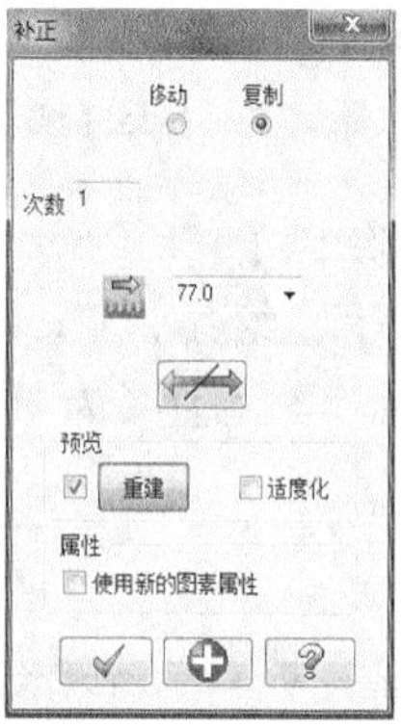

图2.123 【补正】对话框

② 在【补正】对话框中将距离值改为 38，选取直线 L_2 并使其向左侧补正，然后单击 按钮，绘出左边的外轮廓线 L_5。

③ 将补正距离值改为 170，选取直线 L_5 并使其向右侧补正，然后单击 按钮，绘出右边的外轮廓线 L_6，如图 2.125 所示。

④ 单击【修剪/打断】（Trim/Break）工具栏的 按钮，在【修剪/打断/延伸】工具栏中选取 和 按钮，如图 2.126 所示，然后选取直线 L_3 和 L_5（注意选在线段欲保留部分的一侧），将两者修剪到其相交点处。

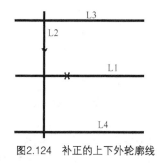

图2.124 补正的上下外轮廓线

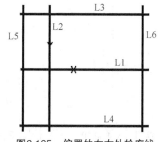

图2.125 偏置的左右外轮廓线

图2.126 【修剪/打断/延伸】工具栏

⑤ 采用同样的方法，对直线 L_5 与 L_4、L_4 与 L_6、L_6 与 L_3 分别进行修剪，结果如图 2.127 所示。

步骤 4 绘制直槽和斜槽。

① 单击【转换】（Xform）工具栏的 按钮，在【补正】对话框中设置转换方式为复制、次数为 1、距离为 5，选取直线 L_2 并单击 按钮，使其双向补正，之后单击 按钮得到两条直槽外形线 L_7、L_8，如图 2.128 所示。

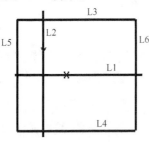

图2.127　修剪外轮廓

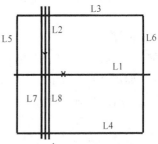

图2.128　直槽外形线

② 单击【基础绘图】（Sketcher）工具栏的 按钮，捕捉直线 L_1 和 L_2 的交点作为圆心，在如图 2.129 所示的【圆心和点绘圆】工具栏中，输入直径为 35，并回车确认，绘制出阶梯小孔 C_1；接着捕捉同一点作为圆心，输入直径为 36，并单击 按钮结束，绘制出阶梯大孔 C_2，如图 2.130 所示。

图2.129　【圆心和点绘圆】工具栏

③ 单击【修剪/打断】（Trim/Break）工具栏的 按钮，并选取 和 按钮，然后依次选取欲修剪的直线 L_7（注意选在欲保留部分的一侧）和修剪边界圆弧 C_2，将 L_7 的上部剪去，继续选取直线 L_8 和修剪边界圆弧 C_2，将 L_8 的上部剪去。采用同样的方法，依次选择 L_7 和 L_4、L_8 和 L_4 完成直线 L_7 和 L_8 下部的修剪，之后单击 按钮，得到如图 2.131 所示的结果。

④ 单击【基础绘图】（Sketcher）工具栏的 按钮，在【绘制任意线】工具栏中选取 按钮，输入长度为 50、角度为 75°，并回车确认，然后在左上侧选取 C_2 圆，并从产生的 2 条切线中选取 L_9 予以保留，如图 2.132 所示，之后单击 按钮结束。

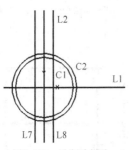

图2.130　绘制阶梯孔

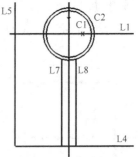

图2.131　修剪直槽外形线

⑤ 单击【转换】（Xform）工具栏的 按钮，在【补正】对话框中设置转换方式为复制、次数为 1、距离为 15，然后选取直线 L_9，并使其向右侧补正，单击 按钮，得到直线 L_{10}，如图 2.133 所示。

⑥ 单击【修剪/打断】（Trim/Break）工具栏的 按钮，在【修剪/延伸/打断】工具栏中选取 和 按钮，然后依次选取直线 L_{10}（注意选在欲保留的一侧）和修剪边界圆弧 C_2，将圆弧内的直线段

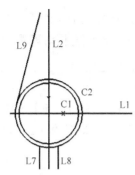

图2.132　绘制阶梯大孔的切线

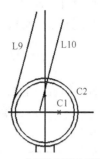

图2.133　偏置的斜槽外形线

剪掉。采用同样的方法，依次选取直线 L_9 和 L_3、L_{10} 和 L_3，将直线 L_9 和 L_{10} 延伸至修剪边界 L_3，结果如图 2.134 所示。

⑦　继续在【修剪/打断/延伸】工具栏选取 按钮，分别单击 C_2 圆上需要剪除的 4 段圆弧，之后单击 按钮结束命令，结果如图 2.135 所示。

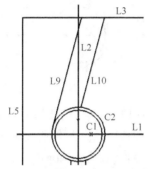

图2.134　修剪/延伸斜槽外形线

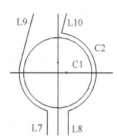

图2.135　修剪阶梯大孔

步骤 5　绘制型腔的外形轮廓。

①　单击【转换】（Xform）工具栏的 按钮，按照图形的尺寸要求分别设定相应的偏距值为 8、7、144 和 140，依次对直线 L_8、L_4、L_5 和 L_{12} 进行偏置，得到直线 L_{11}、L_{12}、L_{14} 和 L_{13}，如图 2.136 所示。

②　单击【基础绘图】（Sketcher）工具栏的 按钮，绘制一个与 C_2 圆同心、半径为 26 的圆 C_3，如图 2.137 所示。

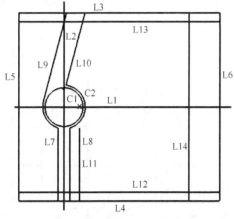

图2.136　偏置型腔的外形轮廓线

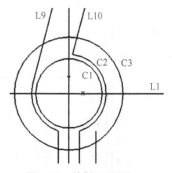

图2.137　绘制R26圆弧

③ 单击【基础绘图】（Sketcher）工具栏的 按钮，在如图 2.138 所示的【切弧】工具栏中选取 按钮，输入半径为 33，并回车确认，然后选取直线 L_{13} 和圆 C_3，绘制出相切圆弧 C_4，如图 2.139 所示。

图2.138　【切弧】工具栏

④ 单击【修剪/打断】（Trim/Break）工具栏的 按钮，在【修剪/延伸】工具栏中选取 和 按钮，然后依次在 P_1、P_2 和 P_3 点处单击，即依次选取直线 L_{13}、圆弧 C_3 和 C_4，以同时修剪这 3 个图素，结果如图 2.140 所示。

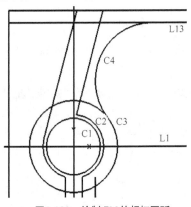

图2.139　绘制 R33 的相切圆弧

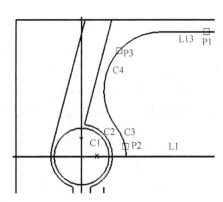

图2.140　修剪三图素

⑤ 单击【基础绘图】（Sketcher）工具栏的 按钮，在如图 2.141 所示的【倒圆角】工具栏中，输入圆角半径为 16，并回车确认，然后分别选取圆弧 C_3 和直线 L_{11}，以绘制圆角 F_1，之后单击 按钮执行。采用同样的方法，分别绘制半径为 9 的圆角 F_2 和半径为 8 的圆角 F_3、F_4，如图 2.142 所示，之后单击 按钮结束命令。

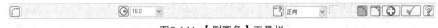

图2.141　【倒圆角】工具栏

步骤 6　绘制型腔内的岛屿和圆孔。

① 单击【转换】（Xform）工具栏的 按钮，将偏距值设定为 65，并选取直线 L_2，向右偏置得到直线 L_{15}。将偏距值设定为 33，然后选取直线 L_1 并分别向上、向下偏置，得到直线 L_{16} 和 L_{17}，如图 2.143 所示。

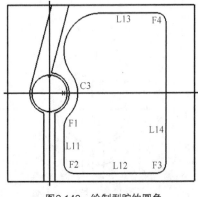

图2.142　绘制型腔的圆角

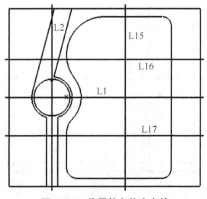

图2.143　偏置的岛屿中心线

② 单击【基础绘图】（Sketcher）工具栏的 ⊙ 按钮，捕捉直线 L_{15} 和 L_{16} 的交点为圆心，分别绘制直径为 $\phi12$、$\phi32$ 和 $\phi50$ 的 3 个圆 C_5、C_6 和 C_7，如图 2.144 所示。

③ 单击【基础绘图】（Sketcher）工具栏的 ╲ 按钮，捕捉 C_7 的圆心为起点，在【绘制任意线】工具栏中输入线段长度为 28、角度为 210°，并回车确认，然后单击 ⬚ 按钮，绘制出直线 L_{18}。采用同样的方法，以极坐标方式定义线段长度为 28、角度为 330°，绘制出直线 L_{19}，单击 ✓ 按钮，得到如图 2.145 所示的结果。

④ 单击【基础绘图】（Sketcher）工具栏的 ⊙ 按钮，捕捉直线 L_{18} 和圆 C_6 的交点，将其定为圆心，绘制直径为 $\phi12$ 的圆 C_8，如图 2.146 所示。

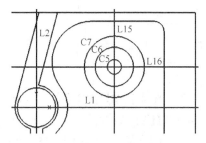

图2.144　绘制岛屿圆

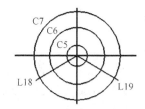

图2.145　绘制岛屿圆孔的定位线

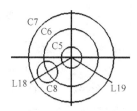

图2.146　绘制岛屿圆孔

⑤ 单击【转换】（Xform）工具栏的 🔄 按钮，选取 C_8 圆并回车结束，然后在【旋转】对话框中单击 ⊕ 按钮，捕捉圆 C_7 的圆心作为旋转基点，并设置旋转次数为 2、角度为 120°，如图 2.147 所示。之后单击 ✓ 按钮结束命令，绘制出如图 2.148 所示的圆 C_9 和 C_{10}。

图2.147　【旋转】对话框的设定

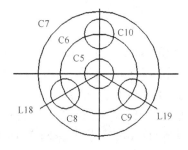

图2.148　旋转的结果

⑥ 单击【转换】（Xform）工具栏的 🔳 按钮，用窗口框选岛屿部位的 6 个圆、2 条定位中心线，并回车确认，显示如图 2.149 所示的【镜像】对话框，设置转换方式为复制，然后单击 ↦ 按钮返回绘图区，选取直线 L_1 作为镜像轴，之后单击 ✓ 按钮完成如图 2.150 所示的镜像操作。

图2.149 【镜像】对话框

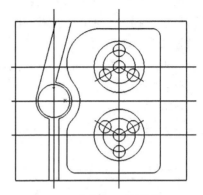

图2.150 岛屿和圆孔的镜像

步骤 7 整理图形并标注尺寸。

① 单击【工具】（Utilities）工具栏的 按钮，清除镜像操作中群组图素和结果图素所标记的颜色。

② 单击状态栏的 属性 按钮，依次选取欲更改属性的各基准线和定位中心线并回车确认，然后按照图 2.151 所示内容设定其颜色、线型、层别等属性，并单击 按钮结束，结果如图 2.152 所示。

图2.151 【设定属性】对话框

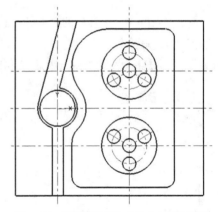

图2.152 更改基准线和定位中心线的属性

③ 单击【修剪/打断】（Trim/Break）工具栏的 按钮，在【修剪/延伸】工具栏中选取 和 按钮，然后选取直线 L_2（选在欲保留的一侧）并在 P_4 处单击，以修剪 L_2 的多余部分。按照同样的方法，依次将其他几条中心线分别修剪至 P_5、P_6、P_7、P_8、P_9 和 P_{10} 位置，如图 2.153 所示。

④ 在状态栏中设置当前构图属性：层别为 3，颜色为紫色，线型为实线，线宽为细。

⑤ 选择【绘图】（Create）/【尺寸标注】（Drafting）/【选项】（Drafting Options）命令，打开【尺寸标注设置】对话框，分别设置尺寸文本的小数位数为 0、字高为 5、间距为按比例、长宽比为 0.67，且文字定位为与标注同向、引导线形式为选取实体、尺寸箭头的线型为三角形并填充，其他各项保持默认设置。

⑥ 依次选择【绘图】（Create）/【尺寸标注】（Drafting）/【标注尺寸】（Dimension）子菜单中相应的命令，然后选取相应的图素或点位完成如图 2.154 所示的尺寸标注。

⑦ 单击【文件】工具栏的 按钮，将当前文件保存为 "sample2-1.mcx"。

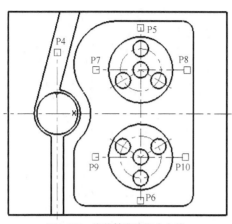

图2.153　修剪基准线和中心线

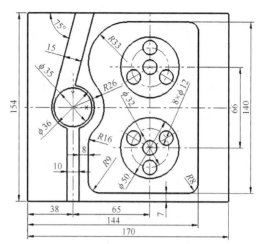

图2.154　尺寸标注

按照尺寸构建如图 2.155 ~ 图 2.171 所示的二维图形，并标注尺寸。

图2.155　练习1

图2.156　练习2

图2.157　练习3

图2.158　练习4

图2.159　练习5

图2.160　练习6

图2.161　练习7

图2.162　练习8

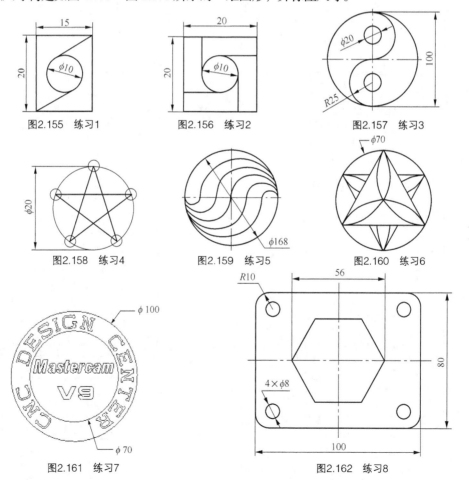

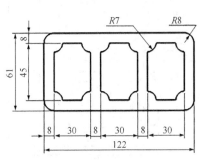

图2.163　练习9

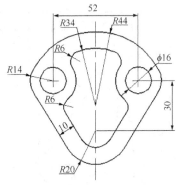

图2.164　练习10

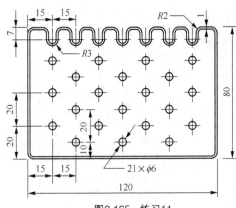

图2.165　练习11

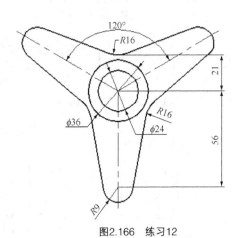

图2.166　练习12

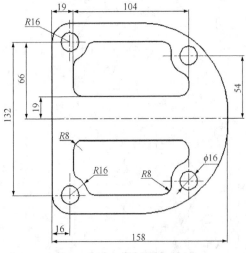

图2.167　练习13

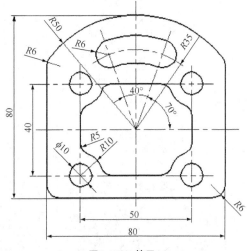

图2.168　练习14

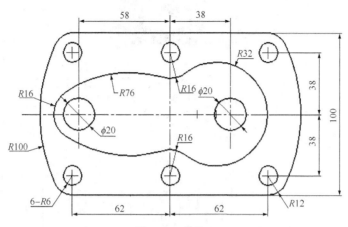

图2.169　练习15

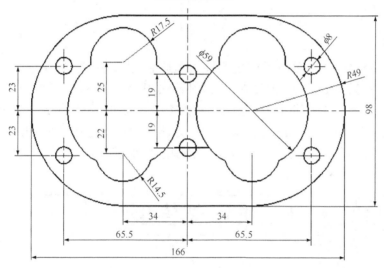

图2.170　练习16

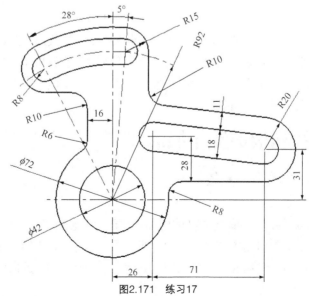

图2.171　练习17

Chapter 3

第3章

| 三维曲面造型 |

目前CAD/CAM软件采用的造型方法主要有线框造型、曲面造型、实体造型、特征造型等。三维曲面设计功能一直是Mastercam的强项，且深入人心。利用Mastercam系统的曲面造型功能可完成各类复杂曲面的构建，并且能方便地进行曲面的修整及曲面间的平滑连接，同时也可导入外部其他格式的图形文件至本系统中。曲面造型功能被广泛地用于绘制复杂的工件外形，如轮船、飞机、汽车、摩托车等的外形设计，以及各种金属模、塑料模的型腔设计。

3.1 三维线架模型

构建曲面尤其是自由曲面时，往往需要先建立一个三维空间的线形框架。线形框架代表的是一个曲面的关键部分，是曲面的骨架，它用来定义一个曲面的边界或截断面的特征。故而，这里有必要先介绍坐标系统设置、刀具平面设定以及屏幕视角的使用，以使读者掌握三维线框构架的思路，以便能快速、准确地实现三维曲面造型。

| 3.1.1 3D 线框构架的基本概念 |

1. Mastercam X3 的坐标系统

（1）原始坐标系

原始坐标系是Mastercam X3中固定不变的坐标系，显示于绘图区左下角。其坐标原点（0,0,0）也是固定且不可改变的。它符合笛卡尔右手定则，即大拇指、食指、中指相互垂直且相交于坐标原点，而大拇指指向X轴正向，食指指向Y轴正向，中指指向Z轴正向，反向则为各轴的负方向，如图3.1所示。

（2）工作坐标系

工作坐标系是用户为简化工作而暂时定义的坐标系。它影响着刀具平面的设定，即刀具平面的设定是相对于当前工作坐标系而言的。比如，工作坐标系 WCS 设置为前视角（Front），刀具平面（Cplane）设置为俯视角（Top），则实际构图所在的平面即为前平面，如图 3.2 所示。

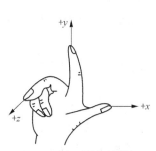

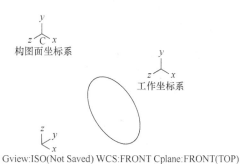

Gview:ISO(Not Saved) WCS:FRONT Cplane:FRONT(TOP)

图3.1 坐标系的各轴指向 　　　　图3.2 刀具平面设定与工作坐标系的关系

单击状态栏的 wcs 按钮，可通过弹出的菜单设置当前的工作坐标系，如图 3.3 所示。单击菜单中的【打开视角管理器】（View Manager）命令，将显示如图 3.4 所示的【视角管理器】对话框。可选取列表中某视角平面来定义当前的工作坐标系及其原点。

图3.3 【工作坐标系设置】菜单 　　　　图3.4 【视角管理器】对话框

2. 刀具平面

刀具平面（Cplane）是指当前绘图所在的一个二维平面（XY 平面），可相对于工作坐标系定义在三维空间的任何位置，如图 3.5 所示。在 Mastercam X3 系统中建立三维线架结构，首要的工作就是设置刀具平面及工作深度，之后所绘制的图形必将产生在平行于刀具平面的指定工作深度上。单击状态栏的 刀具平面 按钮，将弹出如图 3.6 所示的【刀具平面】菜单，从中可定义所需的刀具平面位置。这里针对几个常用菜单选项予以说明。

【俯视图（WCS）】（Top）：相对于当前工作坐标系 WCS，设定 XY 平面（即顶平面）为当前刀具平面，与 ⬚ 按钮功能等同。此时，在刀具平面内仅能定义点的 X、Y 坐标，其 Z 坐标将固定为当前的工作深度。

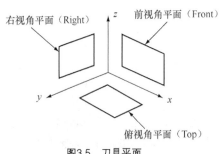

图3.5　刀具平面

图3.6　【刀具平面】菜单

【前视图（WCS）】（Front）：相对于当前工作坐标系 WCS，设定 ZX 平面（即前平面）为当前刀具平面，与 ⬙ 按钮功能等同。

【右视图（WCS）】（Right）：相对于当前工作坐标系 WCS，设定 YZ 平面（即右侧平面）为当前刀具平面，与 ⬙ 按钮功能等同。

【等角视图（WCS）】（Isometric）：该项允许在不限定的三维空间内构建几何图形，而二维刀具平面要求所绘图形的所有点必须限定在刀具平面上，其功能与 ⬙ 按钮功能等同。如果在三维空间绘制图形时未定义图形所在的平面，系统将默认为 Top 平面。

【指定视角】（Named Views）：直接从视角选择对话框中选择某已有视角平面作为当前刀具平面。系统提供了 7 种标准视角平面，包括俯视图（Top）、前视图（Front）、后视图（Back）、底视图（Bottom）、右视图（Right Side）、左视图（Left Side）和等角视图（Isometric）。

【按图形定面】（Planes by Geometry）：选择绘图区某已有图素来定义刀具平面，并允许指定刀具平面的原点位置。图素的选取分为 3 种情况。

① 单一平面上的二维几何，如二维 Spline 线、圆弧等，此时几何所在的平面为刀具平面的 XY 平面。

② 2 条共面而不重合的直线，此时选取的第 1 条线决定着 X 轴正向，而第 2 条线决定着 Y 轴正向，XY 平面即为两直线组成的平面。

③ 共面且不重合的三点，此时 XY 平面位于三点所在的平面。

【按实体面定面】（Planes by Solid Face）：选择绘图区某实体表面，并将其定义为刀具平面的 XY 平面。

【旋转定面】（Rotate Planes）：将当前刀具平面绕指定的坐标轴旋转一个给定的角度，来设置新的刀具平面。注意，输入的角度为正值时表示逆时针方向旋转，为负值时表示顺时针方向旋转。

【最后使用的绘图面】（Last Planes）：直接调取上一次定义的刀具平面作为当前的刀具平面。

【法向定面】（Planes by Normal）：选取一条直线作为刀具平面的法线方向，以此设定当前的刀具平面。此时，所定义刀具平面的 XY 平面垂直于选取直线，且刀具平面的原点可以设定在直线的端点。

【绘图面等于屏幕视角】（Planes=Gview）：采用与屏幕视角相匹配的刀具平面设定。

【绘图面等于 WCS】（Planes=WCS）：采用与工作坐标系 WCS 相一致的刀具平面设定，此时 WCS 设定的改变将会导致刀具平面的自动更新，并且刀具平面的其他设定功能将失效。

相对于所定义的刀具平面而言，当前刀具平面的坐标轴向为：水平向右一定是 X 轴正向，垂直向上一定是 Y 轴正向，而 Z 轴正向总是垂直于 X 轴与 Y 轴并朝向当前刀具平面的外侧。按【Alt+F9】组合键可显示当前刀具平面、工作坐标系和原始坐标系的各轴轴向。默认的构图原点是与系统原点（0,0,0）相同的，但允许重新设置当前刀具平面的原点。

单击状态栏的 刀具平面 按钮，选取【构图平面和刀具平面原点】（Cplane and Tplane Origin）命令可以定义一点作为当前的构图原点，此时按【F9】键可查看所定义的构图原点在绘图区的相对位置。

3. 工作深度

工作深度（Z）是相对于当前刀具平面的图形绘制深度，换言之，就是定义刀具平面沿 Z 轴方向的相对坐标位置。其值是相对于构图原点（X0,Y0,Z0）来计算的。Mastercam X3 所绘制的图形必定产生在平行于当前刀具平面的平面内，配合工作深度的设置，可以将图形精确定位。因此，绘制三维图形时一定要先设置刀具平面，再设置工作深度。

设定工作深度时，只需在状态栏的工作深度 Z 的文本框内输入相应的数值，或者右键单击文本框，然后利用如图 3.7 所示的快捷菜单选取某图素对象，系统将自动提取相应的坐标或数值作为当前工作深度。如图 3.8 所示，2 个 ϕ50 和 1 个 ϕ40 的圆分别位于 Top 平面的 Z=0、Z=100 和 Z=120 的位置，而另一个 ϕ40 和 ϕ20 的圆分别位于 45° 斜线的法向刀具平面内，两者的构图深度分别为 Z=100 和 Z=120。

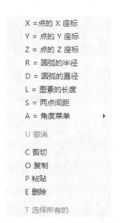

图3.7　工作深度的右键菜单

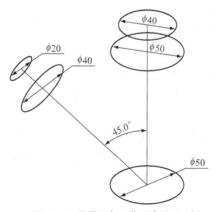

图3.8　刀具平面与工作深度关系示例

4. 屏幕视角

屏幕视角（Gview）是设置观察屏幕图形的视角位置或角度的。单击状态栏的 屏幕视角 按钮，显示如图 3.9 所示的【屏幕视角】菜单，从中可设置所需的屏幕视角，也允许单击工具栏 按钮来实现屏幕视角的设定。

屏幕视角表示的是当前屏幕上图形的观察角度，即当前三维图形的投影视图方向，如图 3.10 所示。比如，屏幕视角设为【俯视图】（Top），表示从上往下投影，则当前屏幕显示的是三维图形的俯视图。几何图形的绘制受当前刀具平面及工作深度的影响，而不受屏幕视角的影响，屏幕视角的作用只是为了方便观察。

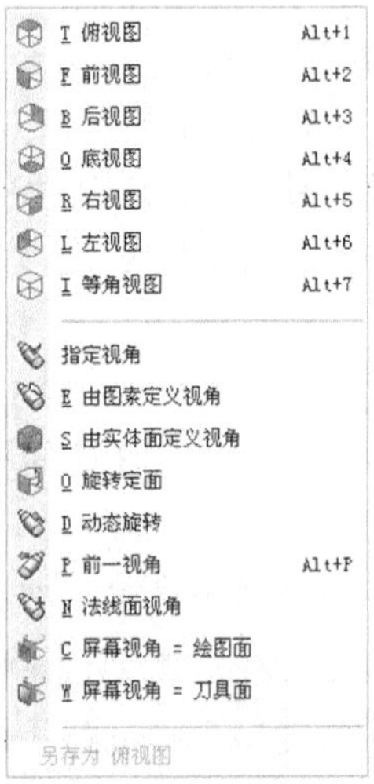

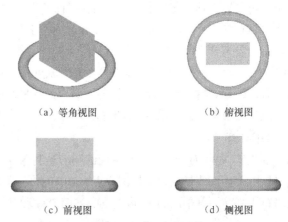

I 俯视图	Alt+1
F 前视图	Alt+2
B 后视图	Alt+3
O 底视图	Alt+4
R 右视图	Alt+5
L 左视图	Alt+6
I 等角视图	Alt+7
指定视角	
E 由图素定义视角	
S 由实体面定义视角	
O 旋转定面	
D 动态旋转	
P 前一视角	Alt+P
N 法线面视角	
C 屏幕视角 ＝ 绘图面	
V 屏幕视角 ＝ 刀具面	
另存为 俯视图	

图3.9　【屏幕视角】菜单

（a）等角视图　　　　（b）俯视图

（c）前视图　　　　（d）侧视图

图3.10　屏幕视角的设定

3.1.2　曲面曲线

选择菜单栏的【绘图】（Create）/【曲面曲线】（Curve）命令，显示如图 3.11 所示的【曲面曲线】菜单，可在曲面或实体上建立空间曲线，并可实现曲线对曲面的修剪。

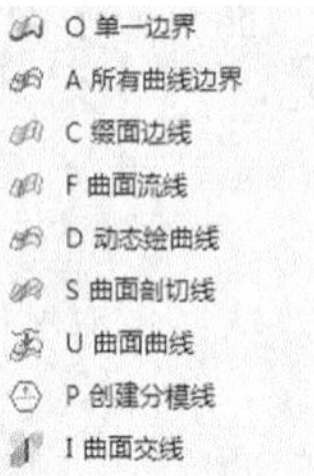

【单一边界】（Create Curve on One Edge）：在曲面或实体的指定边界位置，绘制单条的曲面边界线。

【所有曲线边界】（Create Curve on All Edge）：在曲面或实体的所有边界位置，一次性绘制出其所有的边界线。

| O 单一边界 |
| A 所有曲线边界 |
| C 缀面边线 |
| F 曲面流线 |
| D 动态绘曲线 |
| S 曲面剖切线 |
| U 曲面曲线 |
| P 创建分模线 |
| I 曲面交线 |

图3.11　【曲面曲线】菜单

【缀面边线】（Create Constant Parameter Curve）：在曲面的选取位置，沿其切削方向或截断方向绘制出一条常参数曲线，如图 3.12 所示。对于 NURBS 或参数式曲面，其产生的参数式曲线是精确的；而对于其他类型的曲面，则需设定弦高等精度控制参数，以产生一条误差范围内的曲线。

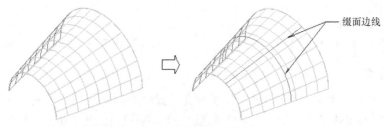

缀面边线

图3.12　绘制缀面边线

【曲面流线】（Create Flowine Curve）：在选取的曲面上，沿其指定的流线方向（Along 方向或 Across 方向）绘制出多条流线，如图 3.13 所示。此时，会显示如图 3.14 所示的【曲面流线】工具栏，从中可以设置曲线控制精度和曲线的数量。在 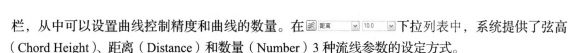 下拉列表中，系统提供了弦高（Chord Height）、距离（Distance）和数量（Number）3 种流线参数的设定方式。

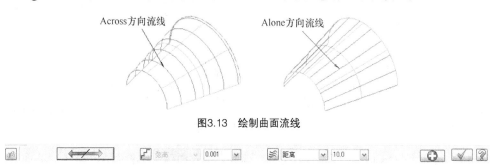

图3.13　绘制曲面流线

图3.14　【曲面流线】工具栏

【动态绘曲线】（Create Dynamic Curve）：利用鼠标动态地选取曲面上的多个位置点，并将其依次连接成光滑曲线，如图 3.15 所示。

图3.15　动态绘曲线

【曲面剖切线】（Create Curve Slice）：定义一个剖切面，并在其与指定曲面或实体表面的相交处建立一条或多条相偏距的曲线，如图 3.16 所示。此时，系统会显示如图 3.17 所示的【剖切线】工具栏，在 5.0 中可以设置欲生成的剖切线沿曲面间的距离，而在 0.0 中可以设置剖切曲线相对于曲面的偏置量。

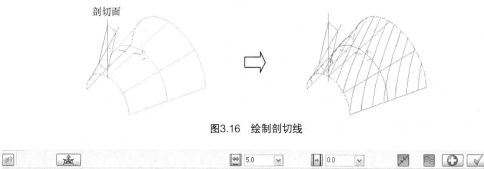

图3.16　绘制剖切线

图3.17　【剖切线】工具栏

【曲面曲线】（Curve Surface Curve）：在指定的曲面上生成所选曲线的投影线。

【创建分模线】（Create Part Line Curve）：在指定的曲面或实体表面上，依照设定的刀具平面方向沿其最大外廓位置产生分模曲线，如图 3.18 所示。此时，系统会显示如图 3.19 所示的【分模线】工具栏。其中，弦高 0.02 用于设置分模线的精度参数；45.0 用于设置分模线所在的角度（−90°～90°）。

图3.18　绘制分模线

图3.19　【分模线】工具栏

【曲面交线】（Create Curve at Intersection）：选取 2 组曲面或实体表面，在第 1 组曲面与第 2 组每个曲面的相交处建立曲线，如图 3.20 所示。此时，系统会显示如图 3.21 所示的【交线】工具栏。其中，[弦高]用于设置交线的精度；[0.0] 和 [0.0] 分别用于设置交线沿第 1 组曲面和第 2 组曲面的偏移量；单击 [↕¹] 或 [↕²] 按钮，可以重新选择第 1 组曲面或第 2 组曲面；单击 [↕] 按钮用于手动指定交线的位置。

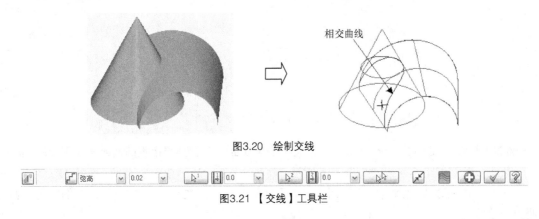

图3.20　绘制交线

图3.21　【交线】工具栏

例 3.1　按如图 3.22 所示的尺寸要求，建立三维线架模型。

步骤 1　单击工具栏的 □ 按钮新建文件，然后单击状态栏的 屏幕视角 按钮将视角设置为 ⬡（Isometric Gview）。单击 刀具平面 按钮将刀具平面设置为 🔲（Right）。单击 WCS 按钮将工作坐标系设置为 🔲（Top），并分别设置当前层别为 1，线型为实线，颜色为黑色（0），工作深度为 0，如图 3.23所示。

步骤 2　绘制左侧面的线架结构。

① 选择【绘图】（Create）/【矩形】（Create Rectangle）命令或单击工具栏的 🔲 按钮，然后利用 🔲 按钮依次输入矩形的两个对角点（0,0）和（80,135），绘出所需的矩形。单击工具栏的 ✛ 按钮，使绘制的图形全部显示，如图 3.24 所示。

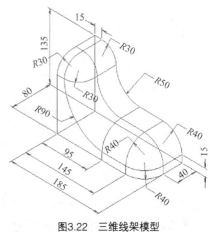

图3.22　三维线架模型

图3.23　绘图环境的设置

② 选择【绘图】（Create）/【倒圆角】（Fillet）/【倒圆角】（Fillet Entities）命令或单击工具栏的⌐按钮，在【倒圆角】工具栏中设置圆角半径为30，并选中┐按钮以启用修剪功能，然后选取两矩形边绘制出 R30 的圆角，如图 3.25 所示。

③ 选择【转换】（Xform）/【平移】（Xform Translate）命令或单击工具栏的⊡按钮，选取圆角及相接的上端直线并单击⊞确认，然后按照图 3.26 所示内容设置平移对话框的各项参数（平移方向可通过⟷按钮切换），单击✓按钮，即可得到如图 3.27 所示的效果。

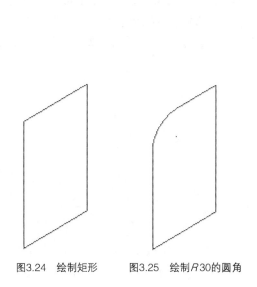

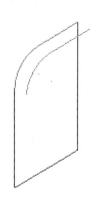

图3.24　绘制矩形　　　图3.25　绘制 R30 的圆角　　　图3.26　设置平移参数　　　图3.27　平移后的图形

步骤 3　绘制底面的线架结构。

① 单击状态栏的 刀具平面 按钮，设置刀具平面为▦（Top）。

② 选择【绘图】（Create）/【直线】（Line）/【绘制任意线】（Create Line Endpoints）命令，或单击工具栏的╲按钮，然后选取【绘制任意线】工具栏中的▨按钮以绘制连续线，并利用▦方式依次输入连续线各端点的坐标（0,0）、（185,0）、（185,80）、（0,80），之后单击▨按钮结束命令，绘制的图形如图 3.28 所示。

③ 选择【绘图】（Create）/【倒圆角】（Fillet）/【倒圆角】（Fillet Entities）命令或单击⌐按钮，在【倒圆角】工具栏中设置圆角半径为40，并选中┐按钮，然后选取两矩形边绘制出 R40 的圆角，如图 3.29 所示。

④ 选择【转换】（Xform）/【平移】（Xform Translate）命令或单击⊡按钮，选取圆弧及相接的短直线，按照步骤 2 的方法定义平移向量为ΔZ=15、采用连接（Join）方式、平移次数为 1，得到如图 3.30 所示的效果。

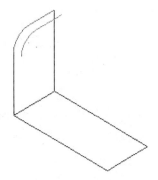

图3.28　绘制底面矩形

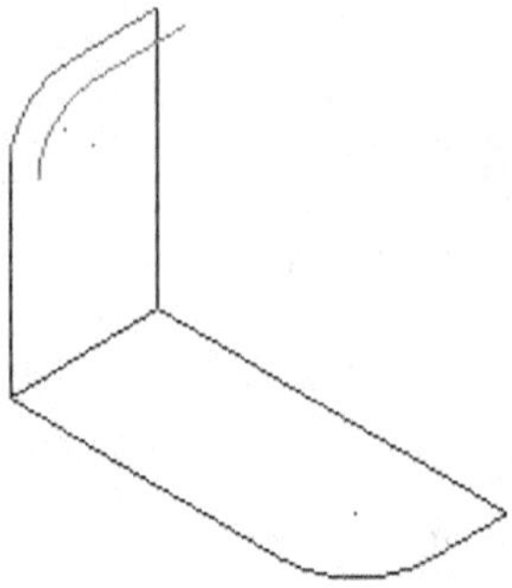

图3.29　绘制 R 40 的圆角

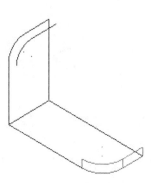

图3.30　平移圆弧及直线

步骤 4　绘制前平面上的线架结构。

① 单击状态栏的 刀具平面 按钮，设置刀具平面为 （Front）。单击 Z 按钮，并捕捉侧面矩形的右下角点以获取工作深度值，此时显示为 Z-80.0 。

② 选择【绘图】（Create）/【圆弧】（Arc）/【极坐标画弧】（Create Arc Polar Endpoints）命令，或单击工具栏的 按钮，在【极坐标画弧】工具栏中选中 按钮，并捕捉端点 P_1 作为圆弧的起点，然后依次定义半径为 40、起始角度为 0°、终止角度为 90°，如图 3.31 所示，单击 按钮，绘制出如图 3.32 所示的圆弧 R 40。

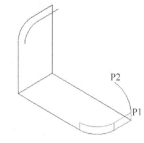

图3.32　绘制圆弧 R 40

图3.31　设定极坐标画弧的参数

③ 选择【绘图】（Create）/【直线】（Line）/【绘制任意线】（Create Line Endpoints）命令或单击 按钮，捕捉圆弧端点 P_2，然后在【绘制任意线】工具栏中依次定义长度为 50、角度为 180°，如图 3.33 所示，单击 按钮，绘制出如图 3.34 所示的线段。

图3.33　设定绘制直线的参数

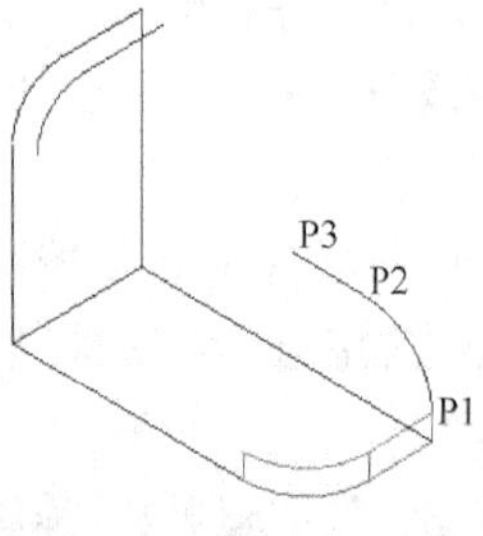

图3.34　绘制的线段

④ 选择【绘图】（Create）/【圆弧】（Arc）/【极坐标画弧】（Create Arc Polar Endpoints）命令或单击 按钮，在【极坐标画弧】工具栏中选中 按钮，并捕捉直线端点 P_3 作为圆弧的终点，然后按图 3.35 所示，依次定义半径为 50、起始角度为 180°、终止角度为 270°。单击 按钮，绘出如图 3.36 所示的圆弧 R 50，并继续执行绘圆弧命令。

⑤ 在显示的【极坐标画弧】工具栏中，选中 按钮并捕捉圆弧端点 P_4 作为起点，然后依次定义半径为 30、起始角度为 0°、终止角度为 90°，单击 按钮绘出如图 3.37 所示的圆弧 R 30。

图3.35　设定极坐标画弧的参数

⑥ 选择【转换】（Xform）/【平移】（Xform Translate）命令或单击□□按钮，选取后侧面的 3 段圆弧及相接的直线段，之后在平移对话框中选中复制（Copy）方式、定义平移向量为ΔZ=40，执行平移后得到如图 3.38 所示的效果。

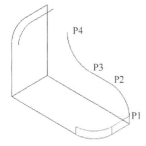

图3.36　绘制圆弧 R 50

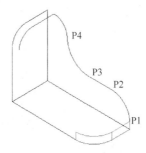

图3.37　绘制圆弧 R 30

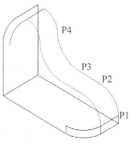

图3.38　平移圆弧及线段

⑦ 单击 Z 按钮并捕捉侧面左下角点，以获取工作深度值，此时显示为 Z 0.0 。

⑧ 选择【绘图】（Create）/【直线】（Line）/【绘制任意线】（Create Line Endpoints）命令或单击 ↘ 按钮，捕捉圆弧端点 P_5，然后在【绘制任意线】工具栏中按图 3.39 所示定义长度为 50、角度为 180°，单击☑按钮绘出如图 3.40 所示的直线段。

图3.39　设定绘直线的参数

⑨ 选择【绘图】（Create）/【圆弧】（Arc）/【两点画弧】（Create Arc Endpoints）命令或单击工具栏的 ⊕ 按钮，捕捉端点 P_6 和 P_7，并在【两点画弧】工具栏中定义半径值为 90，然后选取欲保留的圆弧段，并单击☑按钮结束。此时所绘出的圆弧如图 3.41 所示。

步骤 5　绘制侧面的直线或圆弧。

① 单击 刀具平面 按钮，设置刀具平面为 ⊞（Right）。单击 Z 按钮并捕捉端点 P_1，以获取工作深度值。此时显示为 Z 145.0 。

② 选择【绘图】（Create）/【圆弧】（Arc）/【两点画弧】（Create Arc Endpoints）命令或单击 ⊕ 按钮，捕捉端点 P_5 和 N_1，并在【两点画弧】工具栏中定义半径值为 40，然后选取欲保留的圆弧段，并单击☑按钮结束。结果如图 3.42 所示。

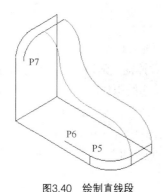

图3.40　绘制直线段

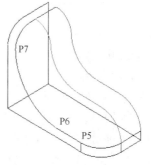

图3.41　绘制圆弧 R 90

③ 选择【绘图】（Create）/【直线】（Line）/【绘制任意线】（Create Line Endpoints）命令或单击 \ 按钮，捕捉端点 N_1 和 M_1，绘制出如图 3.43 所示的连线。

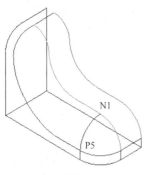

图3.42　绘制圆弧 $R40$

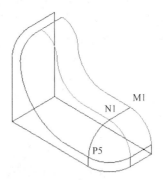

图3.43　绘制连线

④ 选择【转换】（Xform）/【平移】（Xform Translate）命令或单击 按钮，选取刚绘制的圆弧 $R40$ 及相接的两线段，然后在平移对话框中选中复制方式，定义平移向量为 $\Delta Z=-50$，单击 ☑ 按钮，平移得到如图 3.44 所示的图形。

步骤 6　绘制水平面的圆弧及连线。

① 单击 刀具平面 按钮，设置刀具平面为 （Top）。单击 Z 按钮并捕捉端点 E_1，以获取工作深度值，如图 3.45 所示。此时显示为 Z 105.0 。

② 选择【绘图】（Create）/【直线】（Line）/【绘制任意线】（Create Line Endpoints）命令或单击 按钮，捕捉端点 E_1 和 E_2，绘制出如图 3.46 所示的连线。

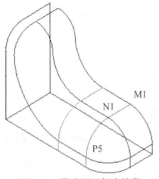

图3.44　平移圆弧与直线段

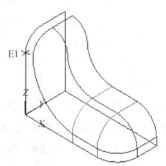

图3.45　获取工作深度值

③ 选择【绘图】（Create）/【圆弧】（Arc）/【极坐标画弧】（Create Arc Polar Endpoints）命令或单击 按钮，在【极坐标画弧】工具栏中选中 按钮，并捕捉圆弧端点 E_2 为起点，然后依次定义半径为 30、起始角度为 $-90°$、终止角度为 $0°$，单击 ☑ 按钮绘出如图 3.47 所示的圆弧 $R30$。

④ 单击 Z 按钮，捕捉左侧面矩形的右上角点以获取工作深度值。此时显示为 Z 135.0 。

⑤ 选择【绘图】（Create）/【直线】（Line）/【绘制任意线】（Create Line Endpoints）命令或单击 \ 按钮，选取左侧面矩形的顶边并捕捉圆弧与直线的交点，如图 3.48 所示。然后默认法线的长度并单击 ☑ 按钮结束，即可得到所需的连线。

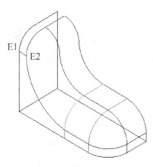

图3.46　绘制水平连线

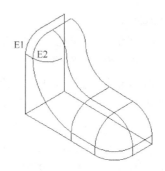

图3.47　绘制圆弧R30

⑥ 单击 刀具平面 按钮，设置刀具平面为 ⬡（Isometric）。

⑦ 选择【绘图】（Create）/【直线】（Line）【绘制任意线】（Create Line Endpoints）命令或单击 ↖ 按钮，依次捕捉对应端点，绘制出其余的连线，即可得到所需的三维线架模型，如图 3.49 所示。

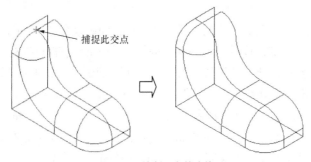

捕捉此交点

图3.48　绘制正交的连线

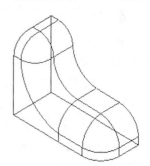

图3.49　绘制的三维线架模型

三维曲面的绘制

3.2.1　曲面的基本概念

曲面（Surface）是指用数学方程式以网状表层的方式形象地表现物体的外形。一个物体可由多个曲面组成，一个曲面里可包含许多断面或缀面。这些缀面熔接在一起形成一个曲面，最后由多个曲面形成任何形状物体的外形。

1.　曲面类型

利用 Mastercam X3 的曲面功能可绘制多种不同类型的曲面，还可转换其他软件中产生的各种曲面。曲面类型的不同，反映着系统计算和存储曲面数据方式的不同。在 Mastercam X3 系统中，一般支持 3 种曲面类型：参数式曲面、NURBS 曲面和曲线成形曲面。但是，对于网状、扫描和混合曲面，其仅支持参数式和 NURBS 曲面类型。

（1）参数式曲面

参数式曲面（Parametric）是由一组位于曲面上的阵列点，沿着 Along 方向（切削方向）和 Across 方向（截断面方向）产生 Spline 曲线而形成的。参数式曲面的兼容性好，可支持 IGES 和 VDA 的数据转换格式，但其描述曲面的数据资料最多，需要较大的存储空间。

（2）离散数据曲面

离散数据曲面（NURBS）是由一组位于曲面上的阵列点，沿着 Along 方向和 Across 方向产生 NURBS 曲线，经这些 NURBS 曲线计算而形成的。NURBS 曲面兼容 IGES 的转换格式，但个别情况下不能使用 VDA 的转换格式。其描述曲面的数据资料较参数式曲面要少，所需存储容量较小。

（3）曲线成形曲面

曲线成形曲面（Curve-generated）是由 2 组或多组几何曲线外形平滑连接而成的曲面，其与源曲线之间具有组织关系。曲线成形曲面是一个真实的曲面，而不是近似的曲面。其所需的存储空间比参数式或 NURBS 曲面小，但数据转换的兼容性最差，不支持 IGES 和 VDA 转换格式。

2. 曲面组织

每一种曲面图素都只有唯一的一种资料结构，而这些资料大部分是用图素组织来存储的。图素组织反映的是 2 个图素之间或一组图素与单个图素之间的依赖关系。例如，对一个已有曲面执行修剪得到一个新的曲面，则这个由源曲面派生出来的修剪曲面被称为"子曲面"，而源曲面被视为"父曲面"，且往往会被隐藏。这种父与子的逻辑关系就构成了一个曲面组织（Surface Associativity）。在 Mastercam X3 系统中，以下 4 种图素间会形成图素组织关系：曲线成形曲面（Curve-generated）与其参考曲线之间、偏距曲面与其源曲面之间、修剪曲面与其源曲面之间、曲面与位于其上的曲线之间。注意，如为参数式或 NURBS 曲面，则该曲面与其参考曲线间不产生曲面组织关系。

3.2.2 基本曲面的构建

选择菜单栏的【绘图】（Create）/【基本曲面/实体】（Primitives）命令，显示【基本曲面/实体】菜单，如图 3.50 所示。

1. 绘制圆柱曲面

选择【基本曲面/实体】菜单的【画圆柱体】（Cylinder）命令或单击工具栏的 按钮，系统显示如图 3.51 所示的【圆柱体】对话框，且提示"选择圆柱体的基准点位置"。此时，需在绘图区指定圆柱面的基准点位置，然后定义圆柱面的半径和高度，并单击 按钮设定圆柱面的生长方向，最后单击 或 按钮执行。

图3.50　【基本曲面/实体】菜单

图3.51　【圆柱体】对话框及其预览模型

如要绘制非封闭型圆柱面，可以单击对话框左上角的 ⚏ 按钮展开其他参数项，从中设定所需的圆柱面扫描角度等参数，如图 3.52 所示。设置圆柱面各项参数时，系统会显示圆柱曲面的预览模型，更改各项参数的设定值可即时改变圆柱曲面的形状与大小。

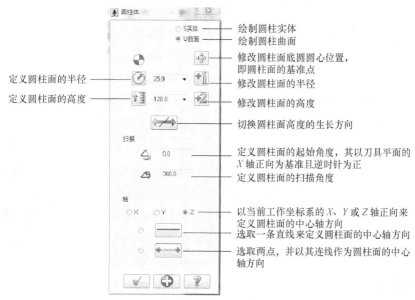

图3.52　圆柱面的参数设置

　　圆柱面的基准点是其底面的圆心，它决定圆柱面的位置。基准点所在底面是圆柱面的基准面。从基准面出发，圆柱面的生长方向可以是其轴线的正向、反向或者双向。单击 ⬌ 按钮可以切换圆柱面的生长方向。双向对称生长的圆柱面，其高度是输入值的 2 倍。当选取已有直线或者两点去定义圆柱面的定位轴时，系统将弹出对话框，询问是否以线段长度或者两点间距离作为圆柱面的高度值。

2. 绘制圆锥曲面

　　选择【基本曲面/实体】菜单的【画圆锥体】（Cone）命令或单击工具栏的 ⬚ 按钮，系统显示【圆锥体选项】对话框，并提示"选取圆锥体的基准点位置"。定义圆锥体的基准点后，将在绘图区显示一个圆锥曲面的预览模型，如图 3.53 所示。此时，更改对话框中各项参数的设定值，可即时改变圆锥曲面的形状与大小。如果单击对话框左上角的 ⚏ 按钮，可以展开圆锥面的扫描角度、定位轴设定等选项，具体含义与圆柱面相同。

图3.53　圆锥体预览模型

3. 绘制立方体曲面

　　选择【基本曲面/实体】菜单的【画立方体】（Block）命令或单击工具栏的 ⬚ 按钮，系统显示如图 3.54 所示的【立方体选项】对话框，并提示"选取立方体的基准点位置"。根据设计需要依次定义立方体的基准点，以及长度、宽度和高度后，将在绘图区显示一个立方体曲面的预览模型。此时，更改对话框中各项参数的设定值，可即时改变立方体曲面的形状与大小。

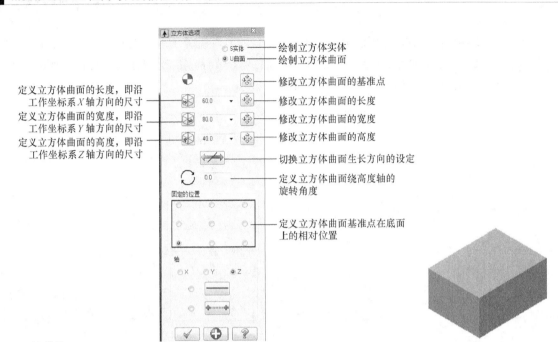

图3.54 【立方体选项】对话框及其预览模型

4. 绘制球面

选择【基本曲面/实体】菜单的【画球体】（Sphere）命令或单击工具栏的 ● 按钮，系统显示如图 3.55 所示的【球体】对话框，并提示"选取球体的基准点位置"。根据需要依次定义球体的基准点和半径后，系统将在绘图区显示一个球面的预览模型。此时，更改菜单中各项参数的设定值，可即时改变球面的形状与大小。

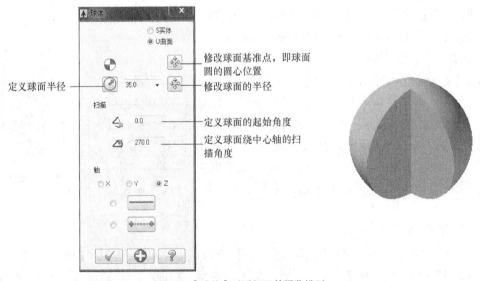

图3.55 【球体】对话框及其预览模型

5. 绘制圆环曲面

选择【基本曲面/实体】菜单的【画圆环体】（Torus）命令或单击工具栏的 ● 按钮，系统显示【圆环体】对话框，并提示"选取圆环体的基准点位置"。定义圆环体的基准点、圆环半径和圆环截面半径后，将在绘图区显示一个圆环面的预览模型，如图 3.56 所示。此时，更改菜单中各项参数的设定值，可即时改变圆环曲面模型的形状与大小。

图3.56　圆环体预览模型

3.2.3　成形曲面的构建

1. 直纹/举升曲面

直纹曲面与举升曲面的构建原理相似，都是由两个或两个以上的截断面外形顺接而得到的。二者的区别在于，举升曲面产生的是一个"抛物线式"的熔合曲面，各截断面外形间以抛物线相连接；而直纹曲面只能产生一个线性的熔合曲面，各截断面外形间以直线相连接。直纹曲面和举升曲面的截断面外形可以由点、线、圆弧或曲线等任何相接的几何图素所组成，而且所定义的截断面外形可位于三维空间的任何位置。建立直纹和举升曲面时，要依次定义各截断面外形，并且各截断面外形的串连方向和起始点必须相互对应，否则将产生扭曲的效果，如图 3.57 所示。

（a）三维线框　　　　　　　（b）正确的曲面　　　　　　（c）扭曲的曲面

图3.57　外形的定义及其曲面生成

例 3.2　绘制如图 3.58 所示的直纹曲面。

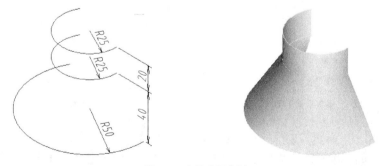

图3.58　直纹曲面范例

① 选择菜单栏的【文件】（File）/【新建文件】（New）命令或单击工具栏的 按钮，新建一个图形文件。

② 单击状态栏，分别设置屏幕视角为 ⊞（Isometric Gview）、刀具平面为 ▽（Top）、工作深度（Z）为 0、颜色为绿色（10）、层别为 1，如图 3.59 所示。

图3.59　设置绘图工作环境

③ 选择【绘图】（Create）/【圆弧】（Arc）/【极坐标圆弧】（Create Arc Polar）命令或单击工具栏的 按钮，利用 方式定义圆心坐标为（0,0），然后在【极坐标圆弧】工具栏中定义半径为 50、起始角为 150°、终止角为 360°，如图 3.60 所示，绘出第 1 个极坐标圆弧。

图3.60　设置极坐标圆弧的参数

④ 在状态栏中设置工作深度(Z)为 40,然后按照上述步骤绘出第 2 个极坐标圆弧:圆心为(0,0)、半径为 25、起始角为 150°、终止角为 360°。

⑤ 选择【转换】（Xform）/【平移】（Xform Translate）命令或单击工具栏的 按钮，用鼠标选取 R25 的圆弧，然后在【平移】对话框中选中复制（Copy）方式、定义平移向量为 ΔZ=20、平移次数为 1，如图 3.61 所示。之后，单击 按钮，即可得到如图 3.62 所示的三维线框架构。

图3.61　设定平移参数

图3.62　三维线框架构

⑥ 选择【绘图】（Create）/【绘制曲面】（Surface）/【直纹/举升】（Create Ruled/Lofted Surfaces）命令或单击工具栏的 按钮，在串连对话框中单击 按钮，依次定义各圆弧作为截断面外形（注意串连方向和选取位置的一致性），如图 3.63 所示，之后单击 按钮结束。显示如图 3.64 所示的【直纹曲面】工具栏，从中选取 按钮以绘制直纹曲面，之后单击 按钮，绘出如图 3.65 所示的曲面模型。

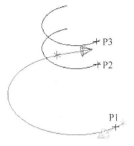

图3.63　定义截断面外形

图3.64　【直纹曲面】工具栏

例 3.3　绘制如图 3.66 所示的举升曲面。

图3.65　建立的曲面模型

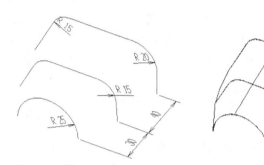

图3.66　举升曲面范例

① 选择菜单栏的【文件】（File）/【新建文件】（New）命令或单击工具栏的 按钮，新建一个图形文件。

② 单击状态栏，分别设置屏幕视角为 （Isometric Gview）、刀具平面为 （Front）、工作深度（Z）为 0、颜色为绿色（10）、层别为 1。

③ 绘制连续线 L_1。选择【绘图】（Create）/【直线】（Line）/【绘制任意线】（Create Line Endpoints）命令或单击 按钮，然后选中【绘制任意线】工具栏的 按钮，并利用 方式依次定义连续线各端点的坐标值为（−50,0）、（−30,40）、（50,40）、（50,0）。之后，单击 按钮结束，得到如图 3.67 所示的连续线。

④ 连续线 L_1 的倒圆角。选择【绘图】（Create）/【倒圆角】（Fillet）/【倒圆角】（Fillet Entities）命令或单击 按钮，在【倒圆角】工具栏中设定圆角半径为 15，并选中 按钮，然后选取左端的 2 条相交线段，并单击 按钮，绘出第 1 个圆角。同样，在【倒圆角】工具栏中设定圆角半径为 20，然后选取右端的 2 条相交线段，并单击 按钮，绘出第 2 个圆角，如图 3.68 所示。

图3.67　绘制连续线 L_1

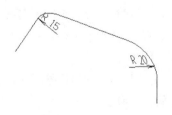

图3.68　绘制2个圆角

⑤ 绘制连续线 L_2。设置工作深度（Z）为 40，选择【绘图】（Create）/【直线】（Line）/【绘制任意线】（Create Line Endpoints）命令或单击 ↘ 按钮，然后选中【绘制任意线】工具栏的 ⊠ 按钮，并利用 ⊞ 方式依次定义连续线各端点的坐标值为（−40,0）、（−24,32）、（38,32）、（40,0），之后单击 ✓ 按钮结束。

⑥ 连续线 L_2 的倒圆角。选择【绘图】（Create）/【倒圆角】（Fillet）/【倒圆角】（Fillet Entities）命令或单击 ⌐ 按钮，在【倒圆角】工具栏中设定圆角半径为 15，并选中 ◻ 按钮，然后选取欲倒圆角的各相交线段，即可绘出如图 3.69 所示的 2 个圆角。

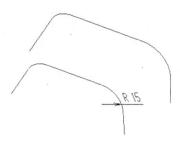

图3.69　绘制连续线 L_2 及其圆角

⑦ 绘制圆弧 L_3。设置工作深度（Z）为 70，选择【绘图】（Create）/【圆弧】（Arc）/【极坐标圆弧】（Create Arc Polar）命令或单击 ◌ 按钮，利用 ⊞ 方式定义圆心坐标为（0,0），然后在【极坐标圆弧】工具栏中定义半径为 25、起始角为 0°、终止角为 180°，如图 3.70 所示。参数设定完成后，单击 ✓ 按钮即可绘出所需圆弧。

图3.70　设置圆弧参数

⑧ 绘制举升曲面。选择【绘图】（Create）/【绘制曲面】（Surface）/【直纹/举升】（Create Ruled/Lofted Surfaces）命令或单击 ☰ 按钮，在【串连】对话框中单击 ◎◎◎ 按钮，依次定义连续线 L_1、L_2 和圆弧 L_3 作为截断面外形（注意串连方向和选取位置的一致性），如图 3.71 所示。之后单击 ✓ 按钮结束。然后在显示的【直纹曲面】工具栏中选中 ⊠ 按钮以绘制举升曲面。设定完成后，单击 ✓ 按钮结束。生成的曲面模型如图 3.72 所示。

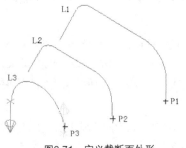

图3.71　定义截断面外形

图3.72　生成的举升曲面

综上所述，构建直纹曲面和举升曲面时很重要的一个问题是要保证各截断面外形串连方向和串连起始点的一致性，也就是要注意串连定义时鼠标的选取位置。Mastercam X3 系统会以箭头来标识外形的串连方向和串连起点，由此可观察所选取位置的正确性。执行时，一定要按序在对应点位置选取，并使各截断面外形的串连方向（箭头指向）相同，否则会产生扭曲的曲面。

2. 旋转曲面

旋转曲面是以所定义的串连外形，绕指定的旋转轴旋转一定角度而得到的曲面，其串连外形可以由线、弧等图素组成。

构建旋转曲面的一般步骤如下。

① 选择菜单栏的【绘图】（Create）/【绘制曲面】（Surface）/【旋转曲面】（Create Revolved Surfaces）命令，或者单击工具栏的 按钮。

② 系统提示"选取轮廓曲线 1"并显示【外形串连】对话框，利用适当的串连方法定义一个或多个串连外形，之后单击 按钮结束。

③ 系统提示"选取旋转轴"并显示【旋转曲面】工具栏，如图 3.73 所示，利用鼠标选取某直线作为旋转轴。

图3.73　【旋转曲面】工具栏

④ 显示旋转曲面的预览模型，同时在旋转轴上显示一个箭头，代表曲面构建时外形旋转的正方向，如图 3.74 所示。根据需要设定旋转曲面的起始角度和终止角度，且可以单击 $\longleftrightarrow$ 按钮切换曲面的旋转方向。在 Mastercam X3 系统中，起始和终止角度的 0° 位置是指当前外形曲线所在的刀具平面位置。

图3.74　旋转方向及角度的设定

⑤ 如果需要，可以单击 按钮重新定义旋转曲面的串连外形，或者单击 按钮重新选取某直线作为曲面的旋转轴。

⑥ 设定好各项参数后，单击 或 按钮，按当前的设定值构建出旋转曲面。

3. 补正曲面

【曲面补正】（Create Offset Surface）命令用于对一个或多个曲面进行偏置，沿其法向产生等距离的独立曲面，如图 3.75 示。偏距值允许为正值或负值。如为负值，则沿原曲面法线矢量的相反方向偏置。

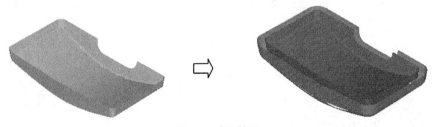

图3.75　曲面补正

执行曲面补正时，具体操作步骤如下。

① 选择菜单栏的【绘图】（Create）/【绘制曲面】（Surface）/【曲面补正】（Create Offset Surface）

命令，或者单击工具栏的 按钮。

② 选取要补正的曲面，然后单击选择工具栏的 按钮确认。

③ 显示如图 3.76 所示的【曲面补正】工具栏，从中设定曲面补正的方向、偏距值以及曲面法向等。

图3.76　【曲面补正】工具栏

在【曲面补正】工具栏中，各选项的含义如下。

 按钮：返回图形区重新选取新的曲面作为偏置的参考面。

 按钮：显示补正曲面当前的法线指向（以箭头代表），并且可以单个地改变所选补正曲面的偏置方向。

 按钮：逐一地选取每个补正曲面并且以一个动态箭头显示其法线方向。

 按钮：切换补正曲面的偏置方向，即相对于原始曲面向内或向外偏置。该按钮仅在启用 模式时才有效。

 ：设定所选曲面的偏置距离。

 按钮：采用复制方式建立补正曲面，即选中该按钮时，系统将创建一个单独的补正曲面，并保留原始曲面。

 按钮：采用移动方式建立补正曲面，即选中该按钮时，系统将相对于原始曲面创建一个新的补正曲面，而原始曲面被删除，且仅保留其边界。

④ 设定完成后，单击 或 按钮执行曲面补正。

4.　扫描曲面

扫描曲面是指以截断面外形沿着一个或 2 个轨迹（切削方向外形）运动而形成的曲面。这些截断面外形可以由不同的几何图素（包括点）组成，并且允许位于不同的平面上。系统将选择截断面（Across）或切削方向（Along）2 个方向外形中最长的外形和所设定的 "Cut distance"，来计算打断成等距离的段数。

（1）扫描曲面的构建方式

① 1 Across/1 Along：由一个截断面外形沿一个切削方向外形平移或旋转来构建扫描曲面，如图 3.77 所示。

② 1 Across/2 Along：由一个截断面外形于两切削方向外形之间合适地缩放而构建出扫描曲面，如图 3.78 所示。

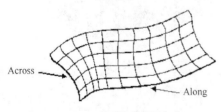

图3.77　构建扫描曲面方式一

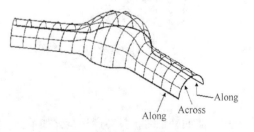

图3.78　构建扫描曲面方式二

③ 2 or More Across/1 Along：由 2 个或多个截断面外形沿一个切削方向外形依序线性熔接而构建出扫描曲面，如图 3.79 所示。

（2）构建扫描曲面的一般步骤

① 选择【绘图】（Create）/【绘制曲面】（Surface）/【扫描曲面】（Create Swept Surfaces）命令，或者单击工具栏的 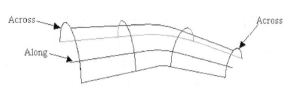 按钮。

图 3.79　构建扫描曲面方式三

② 显示【外形串连】对话框，根据提示定义一个或多个串连外形作为曲面的截断面外形，之后单击 ✓ 按钮结束。

③ 根据提示定义一个或 2 个切削方向外形作为曲面扫描的轨迹，之后单击 ✓ 结束。如果先前已定义两个或两个以上的截断面外形，则仅允许定义一个切削方向外形。

④ 显示【扫描曲面】工具栏，如图 3.80 所示，设定扫描时截断面外形是相对于切削方向外形平移（ ）还是旋转（ ）。

图3.80　【扫描曲面】工具栏

在 Ribbon 工具栏中，选取 按钮，则截断面外形将沿扫描轨迹（Along 外形）平移生成曲面；选取 按钮，则截断面外形将沿扫描轨迹（Along 外形）旋转生成曲面，如图 3.81 所示。只有在采用 1 Across/1 Along 方式构建扫描曲面时，平移或旋转选项才有效。

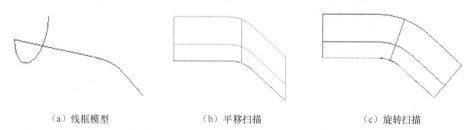

（a）线框模型　　　　　　　（b）平移扫描　　　　　　　（c）旋转扫描

图3.81　截断面外形的扫描运动方式

⑤ 设定完成后，单击 ✓ 或 按钮，构建出所需的扫描曲面。

例 3.4　构建如图 3.82 所示的扫描曲面。

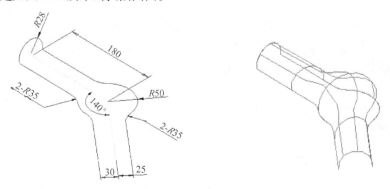

图3.82　扫描曲面创建示例

步骤 1　新建文件并设置绘图工作环境。

① 选择【文件】（File）/【新建文件】（New）命令或单击 按钮，新建图形文件。

② 单击状态栏，分别设置屏幕视角为 （Top Gview）、刀具平面为 （Top）、工作深度（Z）为 0、颜色为绿色（10）、层别为 1。

步骤 2　建立三维线框模型。

① 绘制参考线。选择【绘图】（Create）/【直线】（Line）/【绘制任意线】（Create Line Endpoints）命令或单击 按钮，依次定义起点和终点坐标值为（0,0）、（-180,0），并单击 按钮执行。在【绘制任意线】工具栏中，继续捕捉坐标原点（Origin）作为当前的起点，并定义直线的长度为 160、角度为-40°，如图 3.83 所示，然后单击 按钮结束，并绘出如图 3.84 所示的直线。

图3.83　绘直线的参数设置

② 绘制切削方向外形 1。选择【转换】（Xform）/【单体补正】（Xform Offset）命令或单击 按钮，按图 3.85 所示设定对话框的参数，然后依次选取两参考直线并向下偏置，如图 3.86 所示，之后单击 结束。

图3.84　绘制参考线　　　　　　　　　　　　　图3.85　设置补正对话框的参数

③ 绘制切削方向外形 2。选择【转换】（Xform）/【单体补正】（Xform Offset）命令或单击 按钮，在【补正】对话框中选中复制（Copy）方式，设定偏距值为 25、次数为 1，然后依次选取两参考直线并向上偏置，如图 3.87 所示，之后单击 按钮结束。

④ 绘制相接的圆弧。选择【绘图】（Create）/【圆弧】（Arc）/【圆心+点】（Create Circle Center Point）命令或单击 按钮，捕捉两参考直线的交点为圆心，并在【圆心和点画弧】工具栏中定义半径值为 50，然后单击 按钮，绘出如图 3.88 所示的圆弧。

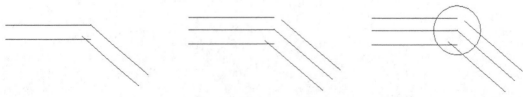

图3.86　两参考直线的向下偏置　　　　图3.87　两参考直线的向上偏置　　　　图3.88　绘制相接的圆弧

⑤ 修剪圆弧。选择【编辑】(Edit) /【修剪/打断】(Trim/Break) /【修剪/打断/延伸】(Trim/Break/Extend) 命令或单击 按钮，并在【修剪/打断】工具栏中选中 和 按钮，如图 3.89 所示，然后依次点选两参考直线间欲修剪的圆弧部分，结果如图 3.90 所示。

图3.89　设置【修剪/打断】工具栏的参数

⑥ 相接处倒圆角。选择【绘图】(Create) /【倒圆角】(Fillet) /【倒圆角】(Fillet Entities) 命令或单击 按钮，在【倒圆角】工具栏中设定圆角半径为 35，并选中 按钮，然后依次选取外形 P_2 和圆弧 P_1、外形 P_4 和圆弧 P_1，并单击 按钮执行。之后，在【倒圆角】工具栏中将圆角半径改为 25，然后依次选取外形 P_3 和圆弧 P_6、外形 P_5 和圆弧 P_6，单击 按钮结束，得到如图 3.91 所示的结果。

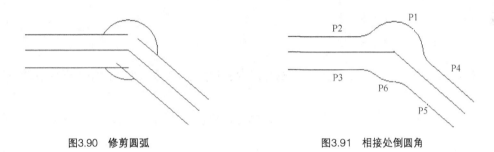

图3.90　修剪圆弧　　　　　　　　　　图3.91　相接处倒圆角

⑦ 单击状态栏，设置屏幕视角为 (Isometric Gview)、刀具平面为 (Right)，然后单击 按钮，并捕捉水平参考线的左端点坐标值作为当前工作深度 (Z)，其值为 -180。

⑧ 绘制截断面外形。选择【绘图】(Create) /【圆弧】(Arc) /【两点画弧】(Create Arc Endpoints) 命令或单击 按钮，依次捕捉两切削外形的左端点 A 和 B，然后在【两点画弧】工具栏中定义半径为 28，并在显示的 4 个圆弧段中选取要保留的圆弧段 S_1，单击 按钮结束后，结果如图 3.92 所示。

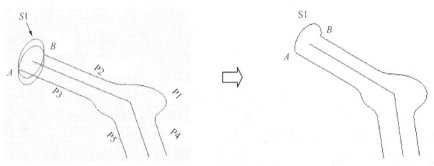

图3.92　绘制截断面外形

⑨ 将两参考直线平移至图层 2。利用鼠标右键单击 按钮，根据提示依次选取两参考直线并单击 按钮确认，然后在【改变层别】对话框中按图 3.93 所示进行设置。设定完成后单击 按钮结束。

步骤 3　绘制扫描曲面。

① 单击状态栏的 按钮，将当前层设定为 3，并将图层 2 隐藏，即隐藏线框中的两条参考

直线。

② 选择【绘图】（Create）/【绘制曲面】（Surface）/【扫描曲面】（Create Swept Surfaces）命令或单击 ⊿ 按钮。

③ 定义截断面外形。在【外形串连】对话框中选择 ⊿ 按钮并选取圆弧 S_1，之后单击 ✓ 按钮结束，即以单体串连方式定义圆弧 S_1 为截断面外形。

④ 定义切削方向外形 1。在【外形串连】对话框中选择 ⊠ 按钮，采用部分串连方式依次选取外形 1 的第 1 个和最末一个串连图素，如图 3.94 所示，之后单击 ✓ 按钮结束。

图3.93 改变图素的层别

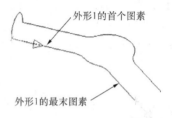

图3.94 定义切削方向外形1

⑤ 定义切削方向外形 2。如上所述，选择 ⊠ 按钮并依次选取外形 2 的第 1 个和最末一个串连图素，如图 3.95 所示。

⑥ 显示【扫描曲面】工具栏和预览曲面模型，单击 ✓ 按钮，绘出如图 3.96 所示的扫描曲面。

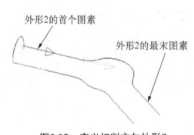

图3.95 定义切削方向外形2

图3.96 绘制的扫描曲面

5. 网状曲面

网状曲面是通过熔接一系列交织成网状的边界曲线链而形成的，各曲面边界可以由任意的几何图素组成（包括点）。只要能定义一个成片的面域边界或一个线架结构，就能构建出相应的网状曲面。网状曲面构建的关键是如何定义曲面的组成区域，即曲面外形的串连。

（1）网状曲面的外形串连

网状曲面的每条边界曲线都被定义为切削方向（Along）外形和截断面方向（Across）外形，如图 3.97 所示。外形串连时，切削方向和截断方向外形的设定并不是一成不变的，可以在选取曲线链时临时指定，即通常把第 1 个被选曲线链的走向作为切削方向，把另一个方向自动判为截断方向。

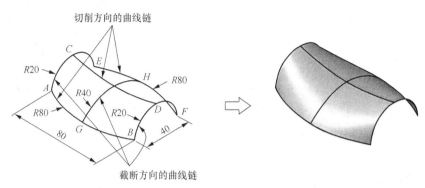

图3.97　网状曲面的外形

　　定义网状曲面的边界曲线链时，选取次序不限，而且每一条曲线链的串连方向也不限。但是，定义外形串连时，必须明确每一条曲线链的起始点和终止点，并采用合适的串连方式（如单体串连、部分串连等），使得每一条曲线链的所有成分图素能一次串连起来。例如，在图 3.97 所示的外形中，需要定义 *AB*、*CD*、*EF*、*AE*、*GH*、*BF* 共 6 条边界曲线。先选哪一条，后选哪一条是不受限制的，并且每一条曲线的串连方向也不受限制，但是定义时必须确保这 6 条曲线各自的完整性。以 *AB* 为例，必须确保 *AB* 是在同一次串连中定义的曲线链，而不能是通过 2 次串连分别选取 *AG*、*GB* 两条曲线。

　　通常情况下，至少需要选取 2 条切削方向的曲线链和 2 条截断方向的曲线链，以便由它们构成一个带有 4 条边界的封闭区域去生成网状曲面，多则不限。当所有的截断方向曲线链在一端或者同时在两端汇聚时，将构成所谓的"顶点"，这时允许只有 3 条曲线链，但是至少需要 3 条，并且其中必须有一条是不同方向的曲线链，如图 3.98 和图 3.99 所示。当所有的截断方向曲线链汇聚成顶点时，必须选中【网状曲面】工具栏的（顶点）按钮，然后依次定义网状曲面的各个外形，并在定义完成后指定顶点的位置，才能生成所需的网状曲面。

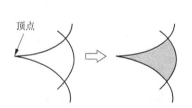

图3.98　曲线链在一端形成顶点

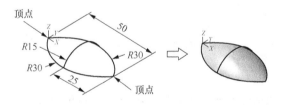

图3.99　曲线链在两端形成顶点

　　创建网状曲面时，如果其边界曲线链之间未能形成明显的四边形网格，则往往会有多种构建网状曲面的方法，并且每一种方法所建立的曲面彼此各不相同。如图 3.100 所示，利用该线框模型构建网状曲面时，可以按 4 条切削方向外形和 1 条截断方向外形来定义其串连外形，建立的网状曲面如图 3.100（b）所示。同样，也可以按 3 条切削方向外形和 1 条截断方向外形来定义其串连外形，建立的网状曲面如图 3.100（c）所示。

　　当网状曲面某个方向的边界曲线链闭合时，这个方向的每一条曲线链也必定是闭合的。如图 3.101 所示，上、下两条曲线链必须是分别通过一次串连选取的封闭曲线链。

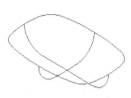

（a）三维线框

（b）4Along/1Across方式

（c）3Along/1Across方式

图3.100　网状曲面的外形串连与曲面生成间的关系

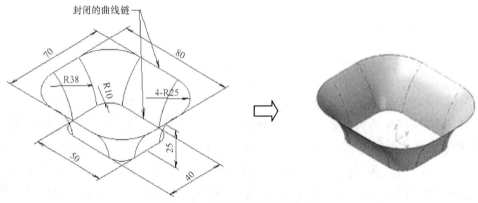

图3.101　创建边界封闭的网状曲面

　　创建网状曲面时，形成其边界的曲线链可以是已修整的，也可以是未修整的，系统会自动在边界曲线链相交形成的网状区域内绘制出网状曲面，如图 3.102 所示。

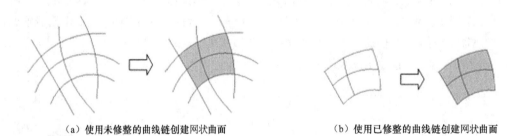

（a）使用未修整的曲线链创建网状曲面　　　　　　（b）使用已修整的曲线链创建网状曲面

图3.102　网状曲面的创建区域

　　当切削方向的边界曲线链和截断方向的边界曲线链由于 Z 坐标不同而没有相交时，可以通过【网状曲面】工具栏的【深度类型】下拉列表设置网状曲面的 Z 坐标类型，如图 3.103 所示。其中【引导方向】（Along）表示曲面的 Z 坐标由切削方向的曲线链决定，【截断方向】（Across）表示曲面的 Z 坐标由截断方向的曲线链决定，【平均】（Average）表示曲面的 Z 坐标是切削方向曲线链的 Z 坐标与截断方向曲线链的 Z 坐标的平均值。

图3.103　【深度类型】下拉列表

　　（2）创建网状曲面的一般步骤

　　① 选择【绘图】（Create）/【绘制曲面】（Surface）/【网状曲面】（Create Net Surface）命令或单击田按钮。

② 显示如图 3.104 所示的【网状曲面】工具栏和【外形串连】对话框。如果曲线链中存在顶点，则需选中❙◀按钮，然后根据需要定义至少 3 条以上的边界曲线链，否则，不需选中❙◀按钮而直接定义所需的串连外形。外形定义完成后，单击✔按钮确认。

图3.104　【网状曲面】工具栏

③ 对于有顶点的边界曲线链，需在绘图区指定网状曲面的顶点位置。

④ 如果所定义的边界曲线链由于 Z 坐标不同而没有相交时，可以通过深度类型下拉列表来设定曲面的 Z 向深度。

⑤ 单击➕或✔按钮，绘制出所需的网状曲面。

（3）创建网状曲面的范例

例 3.5　绘制如图 3.105 所示的网状曲面。

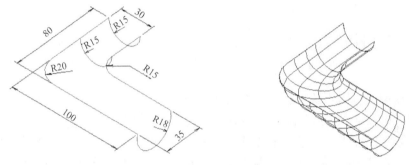

图3.105　网状曲面绘制示例

步骤 1　新建文件并设置绘图工作环境。

① 选择【文件】（File）/【新建文件】（New）命令或单击◻按钮，新建图形文件。

② 单击状态栏，设置屏幕视角为▣（Top Gview），刀具平面为▣（Top），工作深度（Z）为 0，颜色为绿色（10），层别为 1。

步骤 2　建立三维线框模型。

① 绘制切削方向外形 1。选择【绘图】（Create）/【直线】（Line）/【绘制任意线】（Create Line Endpoints）命令或单击╲按钮，然后选取【绘制任意线】工具栏的▧按钮，依次定义两直线的各端点坐标（100,0）、（0,0）、（0,80），并单击✔按钮结束，绘出两条正交的直线，如图 3.106 所示。选择【绘图】（Create）/【倒圆角】（Fillet）/【倒圆角】（Fillet Entities）命令或单击╔按钮，设定半径为 20，并选中◻按钮，然后依次选取两相交直线，并单击✔按钮结束，得到如图 3.107 所示的结果。

图3.106　绘制相交直线　　　　　　　　图3.107　切削方向外形1

② 绘制切削方向外形 2。选择【转换】（Xform）/【单体补正】（Xform Offset）命令或单击 按钮，在【补正】对话框设定如图 3.108 所示的参数，然后选取竖直线向右偏置并单击 按钮执行。继续在对话框中设定偏距值为 35，之后选取水平线向上偏置，并单击 按钮结束。选择【绘图】（Create）/【倒圆角】（Fillet）/【倒圆角】（Fillet Entities）命令或单击 按钮，设定半径为 15，且执行修剪功能，然后依次选取 2 条偏置的直线，得到如图 3.109 所示的结果。

图3.108　设置单体补正参数

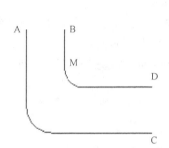

图3.109　切削方向外形2

③ 单击状态栏，设置屏幕视角为 （Isometric Gview），刀具平面为 （Front），然后单击 按钮，并捕捉竖直线的端点 A 来设置当前工作深度（Z），其值为-80。

④ 绘制截断方向外形 1。选择【绘图】（Create）/【圆弧】（Arc）/【两点画弧】（Create Arc Endpoints）命令或单击 按钮，依次捕捉端点 A、B，并在【绘圆弧】工具栏中定义半径为 15，然后选取下半段圆弧予以保留，如图 3.110 所示。

⑤ 绘制截断方向外形 2。单击状态栏 按钮，捕捉竖直线的端点 M，以设置工作深度为-55。选择【绘图】（Create）/【圆弧】（Arc）/【两点画弧】（Create Arc Endpoints）命令或单击 按钮，依次捕捉端点 M 及左边竖直线的中点，定义半径为 15 并选取下半段圆弧，如图 3.111 所示。

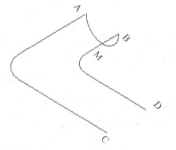

图3.110　截断方向外形1

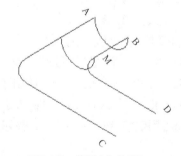

图3.111　截断方向外形2

⑥ 绘制截断方向外形 3。单击状态栏的 按钮，设置刀具平面为 （Right）。单击 按钮，捕捉水平线的端点 C，以设置工作深度为 100。选择【绘图】（Create）/【圆弧】（Arc）/【两点画弧】（Create Arc Endpoints）命令或单击 按钮，捕捉端点 C 和 D，并定义半径为 18。之后选取下半段圆弧，得到如图 3.112 所示的线框结构。

步骤 3　绘制网状曲面。

① 选择【绘图】（Create）/【绘制曲面】（Surface）/【网状曲面】（Create Net Surface）命令或单击田按钮。

② 定义切削方向的外形 1。在【外形串连】对话框中选取○○按钮，然后用鼠标依次点选 "1" 处以选取外形的第 1 个图素，点选 "2" 处以选取外形的最后一个图素，如图 3.113 所示，即采用部分串连方法分别选取首段和末段以定义切削方向的外形 1。

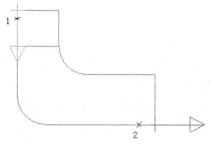

图3.112　三维线框结构　　　　　　　　　　图3.113　定义切削方向的外形1

③ 定义切削方向的外形 2。系统此时默认为部分串连方式。用鼠标依次点选 "3" 处以定义外形 2 的第 1 个图素，点选 "4" 处以定义外形 2 的最后一个图素，如图 3.114 所示。

④ 定义截断方向各列的外形。在【外形串连】对话框中选取☑按钮，然后用鼠标依次点选 "5"、"6"、"7" 处，以单体串连方式定义截断方向的外形 1、2 和 3，如图 3.115 所示。之后单击☑按钮，结束外形的定义。

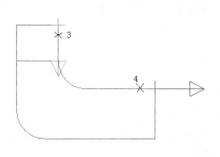

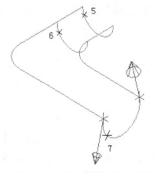

图3.114　定义切削方向的外形2　　　　　　图3.115　定义截断方向各列的外形

⑤ 单击【网状曲面】工具栏的☑按钮，绘出如图 3.116 所示的网状曲面。

例 3.6　按照如图 3.117 所示的线框模型，构建网状曲面。

步骤 1　新建文件并设置绘图工作环境。

① 选择【文件】（File）/【新建文件】（New）命令或单击按钮，新建图形文件。

② 单击状态栏，设置屏幕视角为（Top Gview），刀具平面为（Top），工作深度（Z）为 0，颜色为绿色（10），图层为 1。

图3.116　绘制的昆式曲面

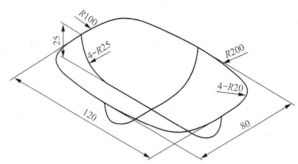

图3.117　网状曲面的线框模型

步骤 2　建立三维线框模型。

① 绘制矩形辅助线。选择【绘图】（Create）/【矩形】（Rectangle）命令或单击□按钮，根据提示定义基准点坐标为（0,0），然后在【矩形】工具栏中选取□按钮（见图 3.118），并定义其长度为 120、高度为 80。之后单击☑按钮，绘出如图 3.119 所示的矩形。

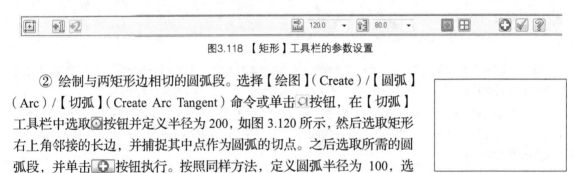

图3.118　【矩形】工具栏的参数设置

② 绘制与两矩形边相切的圆弧段。选择【绘图】（Create）/【圆弧】（Arc）/【切弧】（Create Arc Tangent）命令或单击□按钮，在【切弧】工具栏中选取□按钮并定义半径为 200，如图 3.120 所示，然后选取矩形右上角邻接的长边，并捕捉其中点作为圆弧的切点。之后选取所需的圆弧段，并单击□按钮执行。按照同样方法，定义圆弧半径为 100，选取矩形右上角邻接的短边并捕捉其中点作为切点，之后选取所需的圆弧段，并单击☑按钮结束。

图3.119　绘制矩形

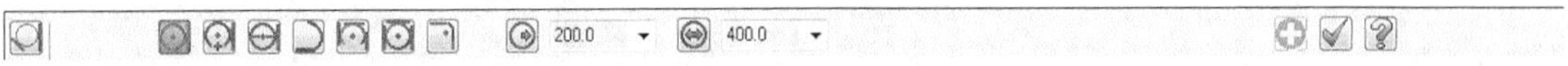

图3.120　【切弧】工具栏的参数设置

③ 绘制两圆弧间的倒圆角。选择【绘图】（Create）/【倒圆角】（Fillet）/【倒圆角】（Fillet Entities）命令或单击□按钮，在【倒圆角】工具栏中设定半径为 20，并选中□按钮，然后选取相交的两圆弧，绘出所需的圆角，如图 3.121 所示。

④ 镜像得到整个 Top 面的外形。选择【转换】（Xform）/【镜像】（Xform Mirror）命令或单击□按钮，框选两圆弧及圆角，并单击□确认，然后在【镜像】对话框中选取复制（Copy）方式和□按钮，返回绘图区捕捉矩形两长边的中点，并以其连线为镜像轴，单击□按钮执行如图 3.122 所示的镜像。继续框选全部的圆弧及圆角，并单击对话框的□按钮去捕捉矩形两短边的中点，以其连线为轴镜像，得到如图 3.123 所示的结果。

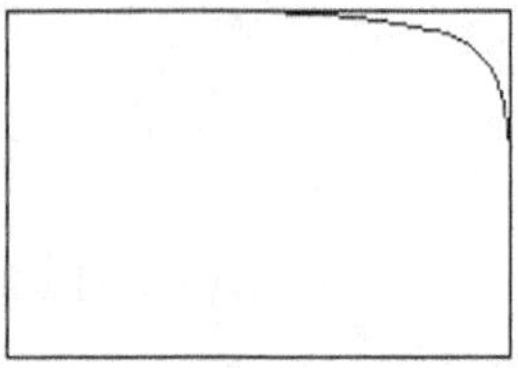

图3.121　圆弧间倒圆角

⑤ 绘制矩形中心的辅助线并删除矩形的边线。选择【绘图】（Create）/【直线】（Line）/【绘制任意线】（Create Line Endpoint）命令或单击□按钮，捕捉两矩形长边和短边的中点绘出其垂直和水平中心线，之后单击☑按钮结束。单击工具栏的□按钮，然后选取矩形的 4 条边线并单击□按钮

执行删除，结果如图 3.124 所示。

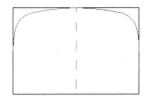

图3.122　以竖直中心线为轴镜像

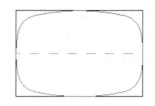

图3.123　以水平中心线为轴镜像

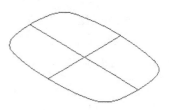

图3.124　绘制中心辅助线

⑥ 单击状态栏的 刀具平面 按钮，设置刀具平面为 📦（Front）。

⑦ 绘制 Front 面的外形。选择【转换】（Xform）/【单体补正】（Offset）命令或单击 ▥ 按钮，在【补正】对话框中设定为复制（Copy）方式、次数为 1、距离为 25，然后选取水平中心线将其向下偏置，如图 3.125 所示。选择【绘图】（Create）/【圆弧】（Arc）/【切弧】（Create Arc Tangent）命令或单击 ◑ 按钮，在【切弧】工具栏中选取 ◐ 按钮并定义半径为 25，然后选取偏置的中心线，并依次捕捉水平中心线的左右两端点，之后选取欲保留的圆弧段得到如图 3.126 所示的结果。选择【编辑】（Edit）/【修剪/打断】（Trim/Break）/【修剪/打断/延伸】（Trim/Break/Extend）命令或单击 ▥ 按钮，在【修剪/打断】工具栏中选 ▦ 和 ▦ 按钮，然后选取欲修剪的偏置线，并指定相切圆弧为修剪边界，得到如图 3.127 所示的外形。

图3.125　水平中心线的向下补正

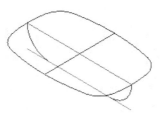

图3.126　绘制相切圆弧

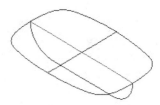

图3.127　修剪水平偏置线

⑧ 单击状态栏的 刀具平面 按钮，设置刀具平面为 📦（Right）。

⑨ 绘制 Right 面的外形。按照上述的步骤，依次绘制垂直中心线的向下偏置线、与偏置线相切的两圆弧 R25，并对偏置线进行修剪，如图 3.128～图 3.130 所示。

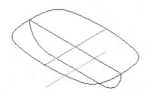

图3.128　竖直中心线的向下补正

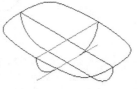

图3.129　绘制相切圆弧

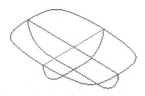

图3.130　修剪竖直偏置线

⑩ 删除中心辅助线并将两相交外形在交点处打断。单击工具栏的 ◢ 按钮，然后选取垂直和水平中心线，并单击 ▥ 按钮执行删除。选择【编辑】（Edit）/【修剪/打断】（Trim/Break）/【两点打断】（Break Two Pieces）命令或单击 ▥ 按钮，然后依次选取两偏置线，并捕捉其交点，将其在交点处打断，如图 3.131 所示。

步骤 3 采用 4 条切削方向外形和 1 条截断方向外形来绘制网状曲面。

① 选择【绘图】（Create）/【绘制曲面】（Surface）/【网状曲面】（Create Net Surface）命令或单击田按钮，并在【网状曲面】工具栏中选取按钮。

② 定义切削方向的外形 1。在【外形串连】对话框中选取按钮，然后依次点选"1"和"2"处，即以部分串连方式指定外形的第 1 个和最后一个图素，从而定义切削方向的外形 1，如图 3.132 所示.

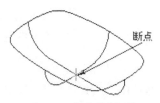

图3.131 相交线的打断

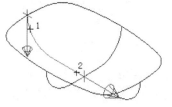

图3.132 定义切削方向的外形1

③ 定义切削方向的外形 2～4。继续以默认的部分串连方式，依次点选"3"～"8"处，以定义切削方向外形 2～4，如图 3.133 所示。

④ 定义截断方向的外形。在【外形串连】对话框中选取按钮，然后选取封闭的边界作为截断方向外形，如图 3.134 所示。

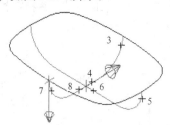

图3.133 定义切削方向的外形2～4

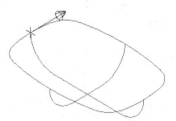

图3.134 定义截断方向的外形

⑤ 单击对话框的按钮结束外形的定义，然后捕捉 4 条切削方向外形的交点作为顶点，之后单击【网状曲面】工具栏的按钮，生成如图 3.135 所示的曲面模型。

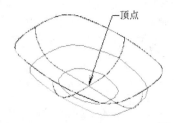

图3.135 以4 Along /1Across方式绘制的网状曲面

步骤 4 采用 3 条切削方向外形和 1 条截断方向外形来绘制网状曲面。

① 单击工具栏的按钮，取消步骤 3 所绘制的曲面。

② 选择【绘图】（Create）/【绘制曲面】（Surface）/【网状曲面】（Create Net Surface）命令或单击田按钮，并在【网状曲面】工具栏中选取按钮。

③ 定义切削方向的外形 1。在【外形串连】对话框中选取按钮，然后依次点选"1"和"2"处以指定外形的第 1 个和最后一个图素，来定义切削方向的外形 1，如图 3.136 所示。

④ 定义切削方向的外形 2～3。继续以默认的部分串连方式，依次点选"3"～"6"处，以定义切削方向外形 2 和外形 3，如图 3.137 和图 3.138 所示。

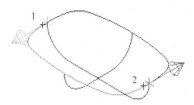

图3.136　定义切削方向的外形1

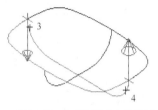

图3.137　定义切削方向的外形2

⑤ 定义截断方向的外形。同样默认部分串连方式，依次点选"7"和"8"处，以指定外形的第1 个和最后一个图素，如图 3.139 所示。

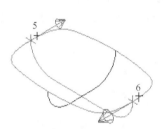

图3.138　定义切削方向的外形3

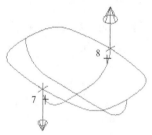

图3.139　定义截断方向的外形

⑥ 单击对话框的 ✔ 按钮，结束外形的定义，然后捕捉 3 条切削方向外形的交点（两端交点的任意一个）作为顶点，之后单击【网状曲面】工具栏的 ✔ 按钮结束，生成的曲面模型如图 3.140 所示。

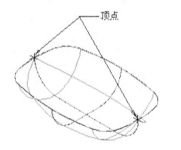

图3.140　以3 Along/ 1Across方式绘制的网状曲面

6. 栅格曲面

所谓栅格曲面，是指利用某个已有曲面上的曲线或曲线在已有曲面上的投影而生成的直纹曲面，如图 3.141 所示。创建栅格曲面的一般步骤如下。

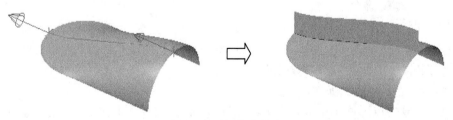

图3.141　创建栅格曲面

① 选取菜单栏的【绘图】（Create）/【曲面】（Surface）/【围篱曲面】（Create Fence Surface）命令，或者工具栏的 按钮。

② 显示如图 3.142 所示的【围篱曲面】工具栏，根据提示选取一个曲面。

图3.142 【围篱曲面】工具栏

③ 显示【外形串连】对话框，依次定义所需的各条曲线链，之后单击 ✔ 按钮结束。

④ 系统按照默认的参数显示栅格曲面的预览效果，此时可以修改相关的设置，如图 3.143 所示，并且可以实时预览修改效果。

图3.143 【围阁曲面】工具栏的设置

在【围篱曲面】工具栏中， 用于设定栅格曲面的熔接方式，即曲面高度和角度沿曲线串连方向的变化方式。其中，"常数（Constant）"表示栅格曲面的高度和角度沿着曲线链保持不变，如图 3.144（a）所示，此时只需定义起点高度和起点角度；"线锥（Linear Taper）"表示栅格曲面的高度和角度沿着曲线链呈线性变化，如图 3.144（b）所示；"立体混合（Cubic Blend）"表示栅格曲面的高度和角度沿着曲线链呈"S"形三次混合函数变化，如图 3.144（c）所示。

（a）熔接方式 = 常数，开始高度 =10，开始角度 =0°

（b）熔接方式 = 线锥，开始高度 =10，终止高度 =20，开始角度 =0°，终止角度 =25°

（c）熔接方式 = 立体混合，开始高度 =5，终止高度 =25，开始角度 =-5°，终止角度 =10°

图3.144 栅格曲面的熔接方式

⑤ 设定完成后，单击 按钮创建当前的曲面，并回到命令的初始状态，或者单击 ✔ 按钮创建当前的曲面，并结束命令。

7. 牵引曲面

牵引曲面是指由串连的外形曲线，按给定的牵引长度和方向拉伸而得的曲面。此时，所形成的曲面数目等于构成外形曲线的基本图素数量。

构建牵引曲面的一般步骤如下。

① 选取菜单栏的【绘图】（Create）/【曲面】（Surface）/【牵引曲面】（Create Draft Surface）命令，或者单击工具栏的 按钮。

② 显示【外形串连】对话框，串连定义所需的一个外形，之后单击 ✓ 按钮结束。

③ 显示【牵引曲面】对话框和牵引曲面的预览模型，如图 3.145 所示，分别设定牵引曲面的长度和角度，或单击 ⌖ 按钮重新定义曲面外形。

图3.145　【牵引曲面】对话框的设置及预览模型

在【牵引曲面】对话框中，各选项的含义说明如下。

⇒ 30.0 ▾：用于设定牵引曲面的垂直长度，即相对于当前刀具平面的垂直方向牵引的长度。单击其右边的 ↗ 按钮可以切换该牵引长度的方向设定。

✎ 30.4628 ▾：用于设定或显示牵引曲面的实际长度。当牵引曲面的倾角为 0° 时，该值与牵引曲面的垂直长度相同。

∠ 10.0 ▾：用于设定牵引曲面的倾斜角度或锥度。该角度值是相对于当前刀具平面的垂直方向来计算的。如该值为 0，表示牵引曲面不产生斜度。

⊙ L长度　○ A平面：用于设定牵引曲面长度的定义方式。其中，选中【长度】单选框表示直接定义牵引曲面的长度；选中【平面】单选框，则表示通过定义一个平面来限定牵引曲面的长度，此时必须单击 ▦ 按钮定义一个平面作为牵引的终止位置。

④ 各项参数设定完成后，单击 ⊕ 按钮绘出牵引曲面，或者单击 ✓ 按钮绘出当前曲面并结束命令。

8. 拉伸曲面

所谓拉伸曲面，是指将指定的一个曲线链（截断面外形）沿着指定轴线拉伸生成的一组封闭曲面，如图 3.146 所示。创建拉伸曲面时，系统同时生成基面和顶面，使拉伸曲面自行封闭。

图3.146　绘制拉伸曲面

创建拉伸曲面的一般步骤如下。

① 选取菜单栏的【绘图】（Create）/【曲面】（Surface）/【拉伸曲面】（Create Extruded Surface）命令，或者单击工具栏的 ▦ 按钮。

图3.147　提示对话框

② 显示【外形串连】对话框，根据提示选取一个欲拉伸的封闭曲线链。如果选取的是开放式曲线链，系统将显示如图 3.147 所示的提示对话框，单击 是(Y) 按钮将自行封闭所选曲线链，单击 否(N) 按钮则放弃对该曲线链的选择，并且需要在【拉伸曲面】对话框中单击 按钮，重新选取合适的曲线链。单一直线、开放的样条曲线都不能生成拉伸曲面。

③ 显示【拉伸曲面】对话框，并且显示按默认参数绘制的曲面预览模型，此时可根据设计需要修改有关参数设置，且可以实时预览修改效果。

④ 单击 按钮绘出拉伸曲面，或者单击 按钮创建当前的曲面并结束命令。

3.2.4　由实体抽取曲面

在 Mastercam X3 系统中，可以通过提取实体表面来获得需要的曲面。由于采用实体造型构建零件模型往往来得更快捷，所以有时使用这种方法会使操作更加简单。

执行时，选择菜单栏的【绘图】（Create）/【曲面】（Surface）/【由实体生成曲面】（Create Surface from Solid）命令，或者单击工具栏的 按钮，然后选取所需的实体表面并单击 按钮确认，之后系统将在所选实体表面的位置自动分离出一个形状相同的曲面。生成的曲面着色后与原先的实体似乎没有什么区别，但是以线框显示时，生成的曲面将有网格线显示，而实体表面只有边界的线框线，如图 3.148 所示。

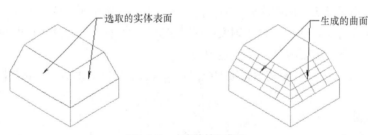

选取的实体表面　　　　　　生成的曲面

图3.148　由实体抽取曲面

曲面的编辑

一般来说，物体外形很少由单一曲面组成，大部分具有 2 个以上的曲面。通常，将这种由 2 个以上曲面构建的物体称为多重曲面。使用多重曲面时往往要对曲面进行修整或编辑。在 Mastercam X3 系统中，主要提供了以下几种编辑曲面的方法，如图 3.149 所示。

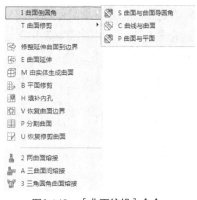

图3.149   [曲面编辑]命令

3.3.1 曲面倒圆角

曲面倒圆角是一种最常用的曲面编辑功能，建立模具的型芯或型腔模型时，圆角工作的工时比例有时高达 40%～50%。曲面倒圆角支持 3 种形式，如图 3.150 所示，其中圆角半径又分为常值半径与变化半径 2 种。

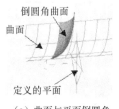
（a）曲面与平面倒圆角

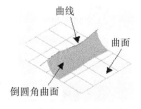
（b）曲线与曲面倒圆角

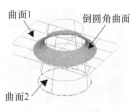
（c）曲面与曲面倒圆角

图3.150   曲面倒圆角的形式

曲面倒圆角时，要注意其法线方向的指向。只有法线方向正确，才能倒出正确的圆角。此时，必须遵守的一个法则就是，欲倒圆角曲面的法线矢量要指向倒圆角的中心。选择【曲面】（Surface）菜单的【曲面倒圆角】（Fillet Surface）命令，系统显示如图 3.151 所示的【曲面倒圆角】菜单，其中提供了 3 种倒圆角的组合形式。

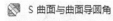

图3.151 【曲面倒圆角】菜单

1. 曲面倒圆角对话框的设定

曲面倒圆角时，要求先选取所需的参考平面、曲线或曲面，之后系统会显示曲面倒圆角对话框，以进行相关设定。依据倒圆角组合形式的不同，对话框选项会有所差别。这里以【曲面与曲面倒圆角】对话框为例进行说明，如图 3.152 所示。

按钮：用于重新选择欲倒圆角的参考曲面，此时系统将取消先前的选择。

按钮：用于选取特定的曲面对，并指定相应的参考点，以便在它们之间创建符合条件的圆角曲面。

按钮：用于设定倒圆角曲面的半径值。

按钮：用于检查或改变被选曲面当前的法线指向（以箭头标识），从而改变倒圆角曲面产生的方向侧。执行时，直接选取某曲面即可切换其法向，之后回车结束。

【变化圆角】（Variable）：选中该复选框，允许沿着倒圆角曲面设定不同的圆角半径值。其中，单击  按钮，可以选取圆角曲面的中心曲线，并动态移动箭头至所需的位置，以定义一个新的半径值；单击 按钮，可以选取中心曲线上两个相邻的半径标记，并重新定义其中点处的半径值；单击 按钮，可以单独选取某半径标记，并重新定义其半径值；单击 按钮，可以移除某半径标记处定义的半径值；单击 按钮，可以依次更改所有半径标记处的半径值。

 按钮：用于曲面倒圆角的详细设置，包括圆角曲面的精度控制、曲面形式、圆角曲面与源曲面的连接方式、曲面修剪等参数，如图 3.153 所示。

图3.152　【曲面与曲面倒圆角】对话框　　　　图3.153　【曲面倒圆角选项】对话框

2．曲面与平面倒圆角

【曲面与平面】（Fillet Surface to a Plane）命令用于在定义的平面与曲面之间产生倒圆角曲面，并且每个倒圆角曲面都正切于此平面和曲面。

建立曲面与平面倒圆角时，具体操作步骤如下。

① 选择【绘图】（Create）/【曲面】（Surface）/【曲面倒圆角】（Fillet Surface）/【曲面与平面】（Fillet Surface to a Plane）命令，或者单击工具栏的 按钮。

② 选取一个或多个要倒圆角的曲面，之后单击选择工具栏的 按钮确认。

③ 显示如图 3.154 所示的【平面选项】对话框，定义一个参考平面并单击 按钮结束。

定义参考平面时，系统提供了以下 6 种定义方式。

a.　X/Y/Z=常数：相对 WCS 给定 X、Y 或 Z 轴的坐标位置，定义一个与该轴正交且平行于 YZ 面、XZ 面或 XY 面的平面。

b.　直线：选取一条直线，定义一个与直线共面且垂直于当前刀具平面的平面。要求所选取的直线不能与刀具平面正交。

c.　三点：选取不共线的 3 点，定义一个平面。

d. 图素：选取 1 段圆弧、2D 的 Spline 线，或两条共面且不平行的线段，或不共线的 3 点来定义一个平面。

e. 法向：指定某法线方向，定义一个与之垂直的平面。

f. 已命名平面：直接选取某个已定义的平面作为当前曲面倒圆角的参考平面。

④ 显示【平面与曲面倒圆角】对话框，如图 3.155 所示，并按照默认设置显示倒圆角的预览模型，此时可更改对话框中相关参数的设定来即时预览其效果。

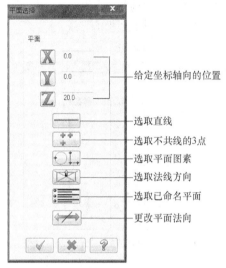

图3.154　【平面选择】对话框

图3.155　【平面与曲面倒圆角】对话框

⑤ 单击 ✓ 或 ⊕ 按钮，创建所需的倒圆角曲面。

3. 曲线与曲面倒圆角

【曲线与曲面】（Fillet Surface to Curve）命令用于在选取的曲线与曲面间产生倒圆角曲面。如图 3.156 所示，该圆角曲面必定位于串连曲线上，且正切于所选取的参考曲面。产生曲线与曲面倒圆角的必要条件是，其半径值必须大于曲线与曲面间的最大距离值，否则圆角曲面将不完整。

图3.156　曲线与曲面倒圆角

建立曲线与曲面倒圆角时，具体操作步骤如下。

① 选择【绘图】（Create）/【曲面】（Surface）/【曲面倒圆角】（Fillet Surface）/【曲线与曲面】（Fillet Surface to Curve）命令，或者单击工具栏的 🖾 按钮。

② 选取一个或多个要倒圆角的曲面，之后单击工具栏的 🖾 按钮结束选择。

③ 显示【外形串连】对话框，根据需要定义一个或多个曲线链，之后单击 ✓ 按钮结束。

④ 显示【曲线与曲面倒圆角】对话框，如图 3.157 所示，依据需要设定相关参数。

⑤ 单击 ☑ 或 ➕ 按钮，创建所需的倒圆角曲面。

4. 曲面与曲面倒圆角

Mastercam X3 可以对单一或多重曲面进行倒圆角，即在两个或两组曲面间产生倒圆角曲面，其分别正切于两个相邻的参考曲面。曲面倒圆角中，这个命令使用的最多。

建立曲面与曲面倒圆角时，具体操作步骤如下。

① 选择【绘图】（Create）/【曲面】（Surface）/【曲面倒圆角】（Fillet Surface）/【曲面与曲面倒圆角】（Fillet Surface to Surface）命令，或者单击工具栏的 按钮。

② 选取第 1 组欲倒圆角的参考曲面，之后单击工具栏的 按钮结束。

③ 选取第 2 组欲倒圆角的参考曲面，之后单击工具栏的 按钮结束。

④ 显示【曲面与曲面倒圆角】对话框，如图 3.158 所示，依据需要设定相关参数。

图3.157 【曲线与曲面倒圆角】对话框　　　图3.158 【曲面与曲面倒圆角】对话框

⑤ 单击 ☑ 或 ➕ 按钮，创建所需的倒圆角曲面。

3.3.2 曲面修整与延伸

曲面修整与延伸是指将选取的曲面修剪或延伸至曲面修整边界或曲面交线的位置。它是曲面编辑中最常用、最有力的工具之一。选择【绘图】（Create）/【曲面】（Surface）命令，系统显示【修整或延伸曲面】菜单，如图 3.159 所示。

1. 修整至曲面

【修整至曲面】（Trim Surface to Surface）命令允许用一组曲面去修剪另一组曲面，或者两组曲面相互修整至其交线位置。执行此项功能时，要求两组曲面中有一组只能包含一个曲面体。

其具体操作步骤如下。

① 选择【绘图】（Create）/【曲面】（Surface）/【曲面修剪】（Trim Surface）/【修整至曲面】（Trim Surface to Surface）命令，或者单击工具栏的 按钮。

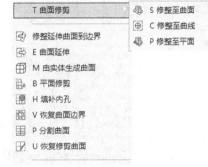

图3.159 【修整或延伸曲面】菜单

② 选择一个或多个曲面作为第 1 组曲面，之后单击工具栏的 按钮结束。

③ 选择一个或多个曲面作为第 2 组曲面，之后单击工具栏的 按钮结束。

④ 显示【修整至曲面】工具栏，如图 3.160 所示，依据需要设定相关参数。

图3.160 【修整至曲面】工具栏

在【修整至曲面】工具栏中，单击 █ 或 █ 按钮，用于重新定义第1组或第2组曲面。而 █ 或 █ 按钮表示将原有曲面处理方式设定为保留或删除。█、█ 或 █ 按钮分别表示对第 1 组曲面、第 2 组曲面或者 2 组曲面进行修剪。

⑤ 如果需要，可以单击 █ 按钮，延伸交线至曲面的边界；或者单击 █ 按钮，沿选定的曲线将原始曲面修剪成 2 个曲面；或者单击 █ 按钮，采用当前的构图属性来创建每个修剪曲面。

⑥ 按照提示，用鼠标依次选取各修剪曲面，并指定其保留位置，即将箭头尾端移动到曲面的保留位置后，单击鼠标左键确定，系统会立即执行曲面的修剪，如图 3.161 所示。

图3.161 修剪至曲面示例

⑦ 单击 █ 或 █ 按钮，执行当前的曲面修剪操作。

2. 修整至曲线

【修整至曲线】（Trim Surface to Curve）命令用于将所选曲面修整至一条或多条封闭的曲线，如图 3.162 所示。如果曲线并不位于曲面上，系统会自动投影这些曲线至曲面来执行修剪。执行曲面修剪时，可以选择保留曲线内的曲面部分或曲线外的曲面部分。

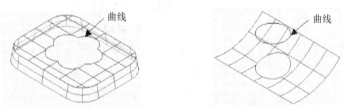

图3.162 修整至曲线

执行曲面修整至曲线时，具体的操作步骤如下。

① 选择【绘图】（Create）/【曲面】（Surface）/【曲面修剪】（Trim Surface）/【修整至曲线】（Trim Surface to Curves）命令，或者单击工具栏的 █ 按钮。

② 选择一个或多个要修剪的曲面，之后单击工具栏的 █ 按钮结束。

③ 显示【外形串连】对话框，定义一个或多个封闭的串连曲线作为曲面修剪的边界，之后单击对话框的 █ 按钮结束。

④ 选取要修剪的曲面，并移动箭头至曲面要保留的部位，之后回车确认。

⑤ 在如图 3.163 所示的【修整至曲线】工具栏中，单击或按钮，以设定曲面修剪后是保留还是删除原有曲面。

图3.163　【修整至曲线】工具栏

⑥ 单击或按钮，设定修剪边界曲线投影至曲面的方式。系统提供了（视图）和（法向面）2 种投影方式。其中，"视图"表示垂直当前刀具平面对曲线进行投影；"法向面"表示垂直于选取的曲面对曲线进行投影，此时需定义修剪边界曲线允许投影的最大距离，以避免产生不必要的结果。

⑦ 如果需要，可以单击按钮，返回图形区，重新选择要修剪的曲面，或者单击按钮返回图形区，重新定义作为修剪边界的封闭曲线。

⑧ 单击按钮，执行曲面的修剪并结束当前命令，或者单击按钮，执行当前的修剪并继续其他的修剪操作。

3. 修整至平面

【修整至平面】（Trim Surface to a Plane）命令用于修剪一个或多个曲面至所定义的平面位置。执行曲面修整至平面时，具体的操作步骤如下。

① 选择【绘图】（Create）/【曲面】（Surface）/【曲面修剪】（Trim Surface）/【修整至平面】（Trim Surface to a Plane）命令，或者单击工具栏的按钮。

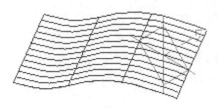

图3.164　定义参考平面的法线指向

② 选择一个或多个要修剪的曲面，之后单击工具栏的按钮结束。

③ 显示【平面选项】对话框，定义一个与曲面相交的参考平面，并单击按钮确定。此时，绘图区将显示平面的位置，并以一个箭头标识其法线指向，如图 3.164 所示，其代表曲面修剪后的保留侧。

④ 显示【修剪至平面】工具栏，如图 3.165 所示，依据需要设定各项参数。在该工具栏中，可以单击或按钮，重新定义要修剪的曲面或参考平面；或选择或按钮，设定原有曲面处理方式为保留或删除。

图3.165　【修剪至平面】工具栏

⑤ 单击或按钮，执行当前的曲面修剪操作，如图 3.166 所示。

4. 修整延伸曲面到边界

【修整延伸曲面到边界】（Extend Trimmed Surface Edges）命令用于延伸已修剪或者未修剪曲面的边界来生成新的曲面，而原有曲面保持不变，如图 3.167 所示。

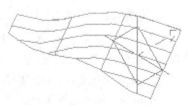

图3.166　修整至平面

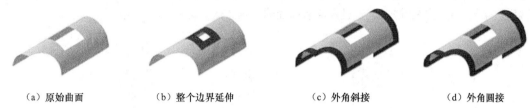

（a）原始曲面　　　（b）整个边界延伸　　　（c）外角斜接　　　（d）外角圆接

图3.167　修剪延伸曲面边界

选择【绘图】（Create）/【曲面】（Surface）/【修整延伸曲面到边界】（Extend Trimmed Surface Edges）命令，或者单击工具栏的 按钮，然后选取要延伸的曲面，并利用鼠标将临时箭头分别移至欲延伸的曲面边界上和延伸边界的另一位置，然后单击鼠标左键。此时，系统将在 2 个选取点之间的曲面边界上创建延伸曲面。如果在选取延伸边界后直接回车，系统将在整个边界上产生延伸曲面，如图 3.167（b）所示。

此时，可以在【修整延伸边界】工具栏中，如图 3.168 所示，修改相关设置并实时预览其修改效果。其中 按钮用于切换两选取点之间所定义的延伸边界， 用于设定延伸边界的延伸距离， 或 按钮用于设定延伸曲面的外拐角类型为斜接或圆接，如图 3.167（c）、（d）所示。

图3.168　【修整延伸边界】工具栏

5.　曲面延伸

【曲面延伸】（Surface Extend）命令用于沿曲面的指定边界进行延伸，可以延伸指定的长度或延伸至指定的平面。此时将产生一个新的延伸曲面，如图 3.169 所示。但是，曲面延伸功能仅对未被修剪过的曲面边界有效。

延伸边界　　　　　　　　　　　延伸的曲面

图3.169　曲面延伸

执行曲面延伸时，单击【绘图】（Create）/【曲面】（Surface）/【曲面延伸】（Surface Extend）命令，或者单击工具栏的 按钮，然后选取欲延伸的曲面并利用鼠标移动箭头至欲延伸的曲面边界。此时，系统会显示如图 3.170 所示的【曲面延伸】工具栏，以设定曲面延伸的相关参数。

图3.170　【曲面延伸】工具栏

在【曲面延伸】工具栏中， 或 按钮用于设定曲面延伸方式是线性还是非线性。线性表示沿指定边界的切线方向做延伸，非线性表示延伸时维持曲面曲率的连续性，如图 3.171 所示。 按钮用于指定曲面延伸的距离值。▨按钮用于定义一个参考平面，并使曲面的指定边界延伸至与该平面相交为止。▨或▨按钮用于设定原有曲面的处理方式，即保留或删除。

（a）原始曲面　　　　（b）线性延伸　　　　　（c）非线性延伸

图3.171　曲面的线性与非线性延伸

6. 平面修剪

【平面修剪】（Create Flat Boundary Surface）命令用于选取位于同一平面内的封闭曲线链或曲面边界，来定义一个平面的修整边界，并由此构建一个平面边界的 NURBS 修剪曲面，如图 3.172 所示。

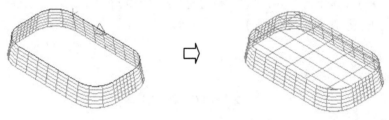

图3.172　平面修剪

如果所定义的串连曲线有一个是没有封闭的边界，系统将会提示：边界曲线没有封闭，是否将其自动封闭，如图 3.173 所示。单击 是(Y) 按钮，系统会自行将其封闭并创建由该封闭边界形成的平面修剪曲面，如图 3.174 所示。

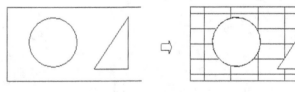

图3.173　提示信息　　　　　　　　图3.174　非封闭曲线的平面修剪

7. 填补内孔

【填补内孔】（Fill Holes With Surfaces）命令用于对修剪曲面中指定的内孔或外孔边界进行填充。执行时，系统将在孔边界内产生一个新的修剪曲面来实现填充功能。

如果修剪曲面包含多个内孔，则选取其中一个内孔边界后，系统会询问是否填充所有内孔，如图 3.175 所示。单击 是(Y) 按钮，系统将填充所有内孔，否则仅填充选取的内孔，如图 3.176 所示。

图3.175　提示信息

（a）原始曲面　　　　　　　　　（b）仅填充选取的内孔　　　　　　　（c）填充所有内孔

图3.176　多内孔时的填充

8.　恢复曲面边界

【恢复曲面边界】（Remove Boundary from Trimmed Surface）命令可以移除曲面的指定修剪边界，将曲面恢复至未修剪时的效果。执行时，选取修剪曲面，并指定要移除的曲面修剪边界，即将箭头的尾端移至修剪边界处，单击鼠标左键确定。通过移除曲面的修剪边界，可以实现填充曲面内孔或外孔的功能。【填补内孔】与【恢复曲面边界】命令执行效果的区别在于：前者是通过建立修剪曲面来填充指定的孔，并不移除曲面的修剪边界；而后者是通过移除曲面的修剪边界，从而实现指定孔的填充。

如果修剪曲面仅包含一个内孔，系统将移除修剪边界并封闭该内孔，同时以一个未修剪的原始曲面来替换它，如图 3.177 所示。

图3.177　恢复边界

如果修剪曲面包含多个内孔，则选取其中一个内孔的修剪边界后，系统会询问是否移除所有内部（孔）边界，如图 3.178 所示。如果单击 <u>是(Y)</u> 按钮，系统将填充所有内孔，否则，仅填充选取的内孔，如图 3.179 所示。

如果选取的对象是一个平面修整曲面，则执行此项功能后，原有的平面修剪边界将被移除，并且会产生一个比原曲面更大的长方形平面，如图 3.180 所示。

图3.178　【询问】对话框

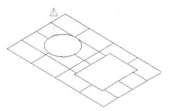 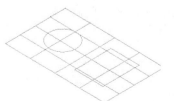 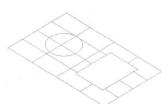

（a）原修剪曲面　　　　　　　　（b）填充所有内孔　　　　　　　　（c）仅填充选取的内孔

图3.179　多内孔时的边界移除

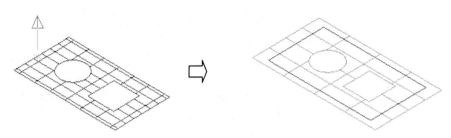

图3.180　平面修整曲面的边界移除

9. 分割曲面

【分割曲面】（Create Split Surface）命令可沿所选曲面的一个流线方向（箭头方向），于鼠标选取的任意位置将其分割成两个被修整的曲面，如图 3.181 所示。系统会自动隐藏原有曲面。执行时，显示如图 3.182 所示的【分割曲面】工具栏。单击 ⟷ 按钮，可以切换曲面分割的流线方向，或者选择其他的曲面继续执行分割。

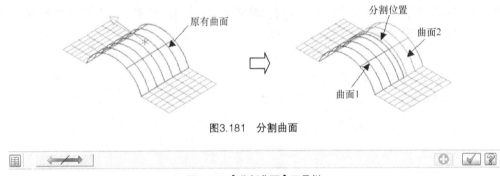

图3.181　分割曲面

图3.182　【分割曲面】工具栏

10. 恢复修剪曲面

【恢复修剪曲面】（Un-trim Surfaces）命令用于将已修剪的曲面重新恢复成未修剪之前的原始曲面，如图 3.183 所示。执行恢复修剪时，系统会显示如图 3.184 所示的【恢复修整】工具栏，其中，按钮用于设定原有修剪曲面的处理方式，即保留或删除原有修剪曲面。

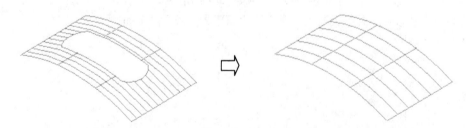

图3.183　曲面的恢复修剪

图3.184　【恢复修整】工具栏

3.3.3　曲面熔接

曲面熔接是指在两曲面或三曲面间做平滑相切连接，从而得到一个平滑的单一曲面。单击【绘图】（Create）/【曲面】（Surface）命令，显示如图 3.185 所示的菜单，其中提供了 3 种曲面熔接方式。

1．曲面熔接对话框

曲面熔接时，要求先选取所要熔接的各个曲面并指定熔接的起始位置、熔接的方向，之后系统会显示曲面熔接对话框，以进行相关设定。依据熔接方式的不同，对话框选项有所差别，这里以【三曲面熔接】对话框为例进行说明，如图 3.186 所示。

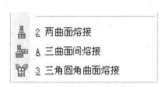

图3.185　【曲面熔接】菜单　　　　　图3.186　曲面熔接对话框的参数设置

曲面熔接对话框中各选项的含义说明如下。

回按钮：用于重新选择第 1 个要熔接的曲面。

回按钮：用于重新选择第 2 个要熔接的曲面。

回按钮：用于重新选择第 3 个要熔接的曲面。

按钮：用于改变曲面熔接起始位置处 Spline 曲线的生成方向，从而改变熔接曲面的形状。

文本框：用于设置曲面熔接起始位置处每条参考 Spline 曲线的起点和终点的熔接等级，以改变熔接曲面在起始和终止位置的曲率，如图 3.187 所示。该值设定越小，产生的曲面越平。若该值为 0，则产生一个熔接平面；若该值为负，则会改变曲面切线的方向。

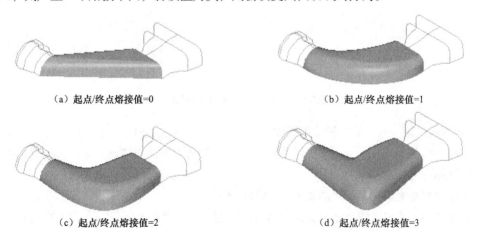

（a）起点/终点熔接值=0　　　　　　　　　　（b）起点/终点熔接值=1

（c）起点/终点熔接值=2　　　　　　　　　　（d）起点/终点熔接值=3

图3.187　起点/终点熔接值对曲面熔接的影响

▷━━▶按钮：用于切换熔接曲面的熔接起始点，进行交叉熔接。

◁━━▷按钮：用于动态移动参考 Spline 曲线的端点位置，从而改变熔接曲面在 Spline 曲线处的宽度。

【修剪曲面】复选框：用于设置是否以产生的熔接曲面对原始曲面进行修剪。选中复选框，表示对原始曲面进行修剪，否则不修剪原始曲面。

【保留曲线】复选框：用于设置熔接曲面生成时，是否在参考 Spline 曲线的位置建立一条真实的 Spline 曲线。选中复选框，表示建立 Spline 曲线，否则不建立 Spline 曲线。

2. 两曲面熔接

【两曲面熔接】（Create 2 Surface Blend）命令可以在两曲面间产生一个顺接曲面，以实现两曲面间的光滑过渡。两曲面熔接时，要求依次选择每一个曲面，并指定熔接的起始位置和熔接的方向。

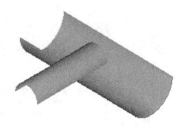

选取曲面后，会显示一个箭头，将其移动到曲面熔接的起始位置并单击鼠标左键确定，系统将沿着曲面外形在选取位置产生一条参考 Spline 曲线，并以此来定义熔接的起始位置、熔接方向和熔接的宽度。此时，单击 ━▶ 按钮，可以改变参考 Spline 曲线的生成方向。参考曲线的生成方向代表着不同的熔接方向，从而可以得到不同的熔接曲面。如图 3.188 所示，对两相交的直纹曲面进行熔接，根据熔接曲线生成方向的不同，可得到 4 种不同的熔接效果，如图 3.189 所示。

图3.188　欲熔接的两原始曲面

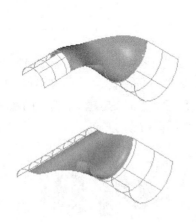
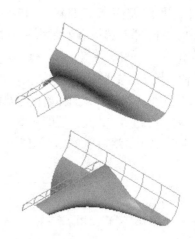

图3.189　熔接方向对曲面熔接的影响

执行两曲面熔接，其具体的操作步骤如下。

① 选择【绘图】（Create）/【曲面】（Surface）/【两曲面熔接】（Create 2 Surface Blend）命令，或单击工具栏的 ▨ 按钮。

② 选取要熔接的第 1 个曲面，显示一个临时箭头。

③ 移动箭头至要熔接的起始位置并单击鼠标左键确定，则系统会产生一条参考 Spline 曲线来标识熔接的起始位置和熔接方向。如果某曲面的熔接方向不对，可以单击曲面熔接对话框中对应的

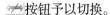按钮予以切换。

④ 重复步骤②、③，选取第 2 个曲面并指定熔接的起始位置和
熔接方向，产生第 2 条参考 Spline 曲线。

⑤ 显示【两曲面熔接】对话框，如图 3.190 所示，根据需要设
定相关参数。此时，曲面熔接的预览效果会随着参数的改变而实时
改变。

⑥ 单击或 按钮，执行曲面的熔接。

3. 三曲面熔接

【三曲面熔接】（Create 3 Surface Blend）命令可在 3 个曲面间产
生一个或多个彼此顺接的曲面，如图 3.191 所示。执行时，必须依
次选取每一个要熔接的曲面，并分别指定每个曲面的熔接起始位置
和熔接方向。

图3.190 【两曲面熔接】对话框

执行三曲面熔接时，其具体操作步骤如下。

① 选择【绘图】（Create）/【曲面】（Surface）/【三曲面熔接】（Create 3 Surface Blend）命令，
或单击工具栏的 按钮。

② 选取要熔接的第 1 个曲面，并指定熔接的起始位置和熔接的方向。如果 Spline 参考曲线标
识的熔接方向不对，可以单击对话框中对应的 按钮进行更改。

③ 选取要熔接的第 2 个曲面，并指定熔接的起始位置和熔接的方向。

④ 选取要熔接的第 3 个曲面，并指定熔接的起始位置和熔接的方向。

⑤ 显示【三曲面熔接】对话框，如图 3.192 所示，根据需要设定相关参数。

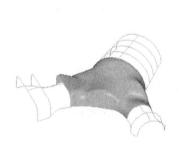

图3.191 三曲面熔接

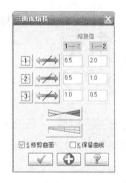

图3.192 【三曲面熔接】对话框

⑥ 单击 或 按钮，执行曲面的熔接。

4. 三圆角曲面熔接

【三圆角曲面熔接】（Create 3 Fillet Blend）命令可在 3 个相交的圆角曲面间，产生一个或多个彼
此顺接的曲面，如图 3.193 所示。此时，系统会自动计算与圆角曲面相切的熔接起始位置，而不需
单独指定。

执行三圆角曲面熔接时，具体的操作步骤如下。

（a）三圆角曲面

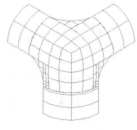

（b）六边形熔接

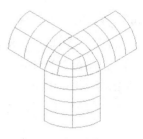

（c）三边形熔接

图3.193　三圆角曲面熔接

① 选择【绘图】（Create）/【曲面】（Surface）/【三角圆角曲面熔接】（Create 3 Fillet Blend）命令，或单击工具栏的 按钮。

② 选取要熔接的第 1 个圆角曲面。

③ 选取要熔接的第 2 个圆角曲面。

④ 选取要熔接的第 3 个圆角曲面。

⑤ 显示【三个圆角曲面熔接】对话框，如图 3.194 所示，设定各项参数并即时观察熔接曲面的预览效果。

图3.194　【三个圆角曲面熔接】对话框

其中，单选框 ○ ❸ 或 ○ ❻ 用于设定产生的熔接曲面边数为 3 或 6；复选框 ☑ᴷ保留曲线 用于设定在产生熔接曲面时，是否沿其熔接曲面的边界建立 Spline 曲线；复选框 ☑ᴵ修剪曲面 用于设定是否在产生熔接曲面时，对原有曲面执行修剪。

⑥ 单击 ✓ 或 ➕ 按钮，执行曲面的熔接。

3.4 曲面造型综合练习

本节以茶壶盖零件为例，来说明曲面造型的一般技巧与方法。

例 3.7　绘制如图 3.195 所示的三维线框，并建立茶壶盖零件的曲面模型。

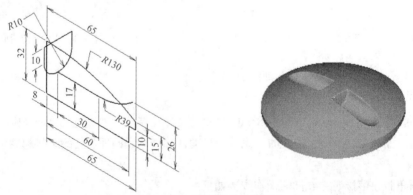

图3.195　茶壶盖零件的曲面造型

步骤 1　新建文件并设置绘图工作环境。

① 选择【文件】（File）/【新建文件】（New）命令，或单击▯按钮，新建图形文件。

② 单击状态栏，设置屏幕视角为▯（Front Gview），刀具平面为▯（Front），工作深度（Z）为 0，颜色为黑色（0），线型为实线（Solid），层别为 1。

步骤 2　绘制旋转曲面的外形和扫描曲面的轨迹线。

① 选择【绘图】（Create）/【直线】（Line）/【绘制任意线】（Create Line Endpoints）命令或单击▯按钮，并在【绘制任意线】工具栏中选取▯按钮以绘制连续线，然后依次输入各端点坐标（0,32）、（0,0）、（60,0）、（60,10）、（65,10）、（65,15）。之后单击▯按钮结束，得到如图 3.196 所示的图形。

② 选择【绘图】（Create）/【圆弧】（Arc）/【两点画弧】（Create Arc Endpoints）命令，或单击▯按钮，在【两点画弧】工具栏中定义半径为 130，然后捕捉连续线的首尾 2 个端点，并选取所需的圆弧段予以保留，如图 3.197 所示。

图3.196　绘制旋转曲面外形　　　　　　　图3.197　绘制圆弧

③ 选择【绘图】（Create）/【直线】（Line）/【绘制任意线】（Create Line Endpoints）命令或单击▯按钮，依次输入端点坐标（8,17）、（38,17），并单击▯按钮结束，绘制出一条水平线。

④ 选择【绘图】（Create）/【圆弧】（Arc）/【两点画弧】（Create Arc Endpoints）命令，或单击▯按钮，在【两点画弧】工具栏中选取▯按钮，以绘制相切弧，然后捕捉水平线的终点作为圆弧起始点，并输入圆弧终止点坐标为（63,26）。之后依据提示，选取与之相切的水平线，绘出如图 3.198 所示的切弧。

步骤 3　绘制扫描曲面的截面外形。

① 单击状态栏，设置屏幕视角为▯（Isometric Gview），刀具平面为▯（Right），工作深度（Z）为 8。

② 选择【绘图】（Create）/【矩形】（Rectangle）命令，或单击▯按钮，并在【矩形】工具栏中选取▯按钮，且设定宽度为 20、高度为 10，然后捕捉扫描轨迹的直线端点作为矩形的中心，如图 3.199 所示。

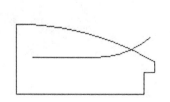 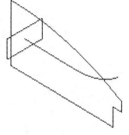

图3.198　以水平线终点为起点绘制相切弧　　　　　　图3.199　绘制矩形

③ 选择【绘图】（Create）/【圆弧】（Arc）/【两点画弧】（Create Arc Endpoints）命令或单击 按钮，在【两点画弧】工具栏中定义半径为 10，然后捕捉矩形左下角和右下角的顶点，并选取欲保留的圆弧段，如图 3.200 所示。

④ 单击工具栏的 按钮，删除矩形的底边。

⑤ 选择【转换】（Xform）/【平移】（Xform Translate）命令或单击 按钮，框选所绘制的截面外形，并在【平移】对话框中选取"移动（Move）"方式，然后单击 按钮，并依次捕捉圆弧段中点作为平移的起点、捕捉直线轨迹端点作为平移的终点，单击 按钮得到如图 3.201 所示的结果。

步骤 4 绘制平整曲面。

① 单击状态栏，设置当前层别为 2，颜色为绿色（10）。

② 选择【绘图】（Create）/【曲面】（Surface）/【平面修剪】（Flat bndy）命令或单击 按钮，在【外形串连】对话框中选取 按钮，然后选取上一步骤平移所得到的截面外形，单击 按钮绘制出平整曲面，如图 3.202 所示。

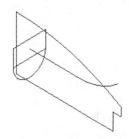
图3.200　两点画圆弧

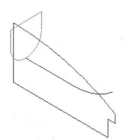
图3.201　平移截面外形

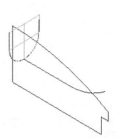
图3.202　绘制平整曲面

步骤 5 绘制扫描曲面。

① 选择【绘图】（Create）/【曲面】（Surface）/【扫描曲面】（Create Swpet Surface）命令或单击 按钮。

② 在【外形串连】对话框中选取 按钮，然后依次指定第 1 个和最后一个图素，以部分串连方式定义一个开放的截断方向外形，如图 3.203 所示。之后单击 按钮，结束截断方向外形的定义。

③ 在【外形串连】对话框中选取 按钮，然后选取水平线定义扫描曲面的切削方向外形，如图 3.204 所示，之后单击 按钮，结束切削方向外形的定义。

④ 在【扫描曲面】工具栏中，选取 按钮，以采用旋转方式生成扫描曲面。之后单击 按钮，绘出如图 3.205 所示的扫描曲面。

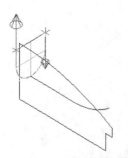
图3.203　定义截断方向外形

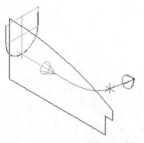
图3.204　定义切削方向外形

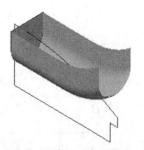
图3.205　绘制的扫描曲面

步骤 6　建立平整曲面与扫描曲面间的圆角。

① 选择【绘图】（Create）/【曲面】（Surface）/【曲面倒圆角】（Fillet Surface）/【曲面与曲面倒圆角】（Fillet Surfaces to Surfaces）命令或单击 按钮。

② 选取平整曲面作为第 1 组曲面，并单击 按钮确认。

③ 选取扫描曲面作为第 2 组曲面，并单击 按钮确认。

④ 显示【曲面与曲面倒圆角】对话框，设定半径值为 2、两曲面都执行修剪，如图 3.206 所示。如果圆角生成位置不对，可以单击 按钮使两曲面的法线方向均朝内。

⑤ 单击 按钮，绘出如图 3.207 所示的倒圆角曲面。

步骤 7　镜像平整曲面、扫描曲面和倒圆角曲面。

① 单击状态栏的 按钮，设置刀具平面为 （Front）。

② 选择【转换】（Xform）/【镜像】（Xform Mirror）命令，或单击 按钮。选取当前所有的曲面，即平整曲面、扫描曲面和倒圆角曲面，然后在显示的【镜像】对话框中定义 Y 轴作为镜像轴，单击 按钮得到如图 3.208 所示的结果。

图3.206　设置曲面倒圆角参数

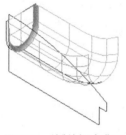

图3.207　绘制倒圆角曲面

图3.208　曲面镜像

步骤 8　绘制旋转曲面。

① 单击状态栏的 按钮，设置当前图层为 3，并隐藏图层 2（即隐藏已有的曲面）。

② 选择【绘图】（Create）/【曲面】（Surface）/【旋转曲面】（Create Revolved Surfaces）命令，或单击 按钮。

③ 在【外形串连】对话框中选取 按钮，然后定义如图 3.209 所示的部分串连作为旋转曲面的外形。

④ 选取竖直的直线段作为旋转轴，如图 3.210 所示。

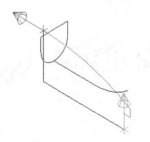

图3.209　定义旋转曲面的外形

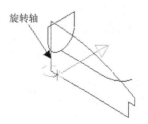

图3.210　定义旋转轴

⑤ 显示【旋转曲面】工具栏，设置起始角度为 0°、终止角度为 360°，如图 3.211 所示。

图3.211　设置旋转曲面参数

⑥ 单击☑按钮，绘出如图 3.212 所示的旋转曲面。

⑦ 单击状态栏的 层别 按钮，取消图层 2 的隐藏，而隐藏图层 1，则曲面显示效果如图 3.213 所示。

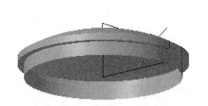

图3.212　绘制的旋转曲面

图3.213　曲面显示效果

步骤 9　建立旋转曲面与两镜像曲面组（各含 3 个曲面）间的圆角。

① 选择【绘图】（Create）/【曲面】（Surface）/【曲面倒圆角】（Fillet Surface）/【曲面与曲面倒圆角】（Fillet Surfaces to Surfaces）命令或单击☑按钮。

② 选取旋转曲面的上表面作为第 1 组曲面。

③ 选取两镜像曲面组包含的 6 个曲面作为第 2 组曲面。

④ 在【曲面与曲面倒圆角】对话框中，设定圆角半径为 1，执行两曲面修剪。如果需要，可以单击←→按钮，依次选取各曲面，以调整其法线指向，并改变倒圆角曲面的生成位置。

图3.214　绘制的倒圆角曲面

⑤ 单击对话框的☑按钮，生成如图 3.214 所示的倒圆角曲面。

按图 3.215～图 3.224 所示的尺寸要求，绘制三维线架结构并建立曲面模型。

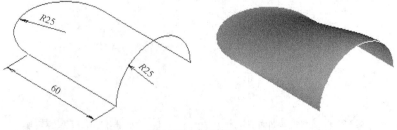

图3.215　曲面练习1

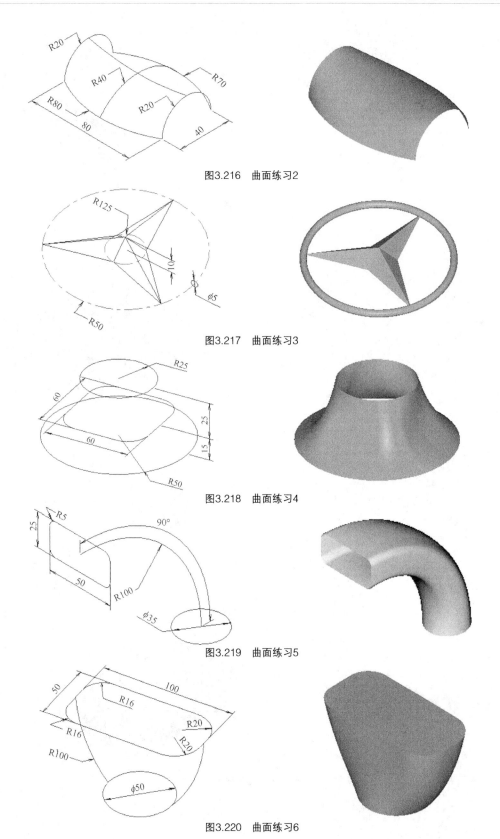

图3.216　曲面练习2

图3.217　曲面练习3

图3.218　曲面练习4

图3.219　曲面练习5

图3.220　曲面练习6

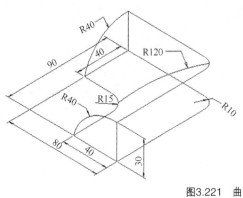

图3.221　曲面练习7

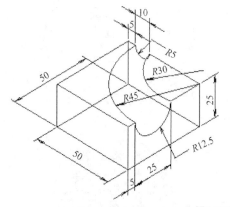

图3.222　曲面练习8

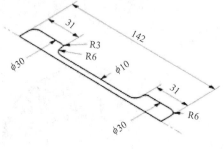

图3.223　曲面练习9

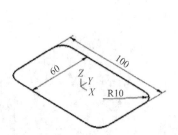

图3.224　曲面练习10

第4章

实体造型

实体模型是对真实产品最直观的写照。它不仅反映产品的三维几何形状，而且具有体积、质量、重心、惯性矩等物理特性。用户可以对它进行着色、渲染、装配、分析、加工等处理。

Mastercam X3 提供了强大的实体造型功能，并且可以利用实体模型去生成工程图。本章主要介绍实体的创建方法，如拉伸、旋转、扫描、举升等；介绍实体的编辑方法，如布尔运算、倒圆角、倒角、抽壳、修剪、加厚、移除面、牵引面等；介绍实体的操作管理，如更改实体的几何参数、更改实体的生成顺序、插入或删除某项实体操作等；介绍工程图的生成方法；最后通过一个典型实例来说明实体造型的一般思路和方法。

创建实体、编辑实体和生成工程图的操作命令主要包含在【实体】（Solids）菜单和【实体】工具栏中，分别如图 4.1 和图 4.2 所示。

图4.1 【实体】菜单　　　　　　　　　　　　　图4.2 【实体】工具栏

4.1　创建实体

Mastercam X3 主要通过以下 4 种方法来创建实体。

① 利用 Mastercam X3 预定义的规则几何体来创建基本实体——圆柱体、圆锥体、立方体、球体和圆环体。

② 利用线架模型，通过拉伸、旋转、扫描、举升等方法来创建实体。

③ 利用曲面模型生成实体。

④ 导入其他应用程序（如 SolidWorks、Pro/ENGINEER 等）创建的实体。

4.1.1　基本实体

这里所讲的基本实体是指圆柱体、圆锥体、立方体、球体和圆环体等规则几何体。这类实体在 Mastercam X3 系统中已经实现尺寸的参数化，也就是说绘制时只需根据需要输入相应的尺寸数值即可。

Mastercam X3 系统将基本实体和基本曲面的绘制命令集成在一起。执行时，选择【绘图】（Create）/【基本曲面/实体】（Primitives）子菜单的命令，如图 4.3 所示，或者单击【基础绘图】（Sketcher）工具栏的 图·下拉列表，即可绘制不同的基本实体。

此时，必须在弹出的基本体绘制对话框中选取【实体】（Solid）单选框，如图 4.4 所示，否则系统将绘制相同形状的基本曲面体。由于第 3 章已经对基本体绘制对话框的各项参数有过详细介绍，故而这里仅作简要说明。

图4.3　基本形体的绘制命令

图4.4　【圆柱状绘】制对话框

1．绘制圆柱体

选择【绘图】（Create）/【基本曲面/实体】（Primitives）/【画圆柱体】（Create Cylinder）命令，或者单击工具栏的 图 按钮，即可绘制圆柱体，如图 4.5 所示。

2．绘制圆锥体

选择【绘图】（Create）/【基本曲面/实体】（Primitives）/【画圆锥体】（Create Cone）命令，或者单击【基础绘图】（Sketcher）工具栏的 按钮，即可绘制圆锥体，如图 4.6 所示。

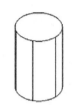 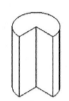 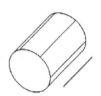

（a）起始角=0°，终止角=360°　　（b）起始角=0°，终止角=270°　　（c）起始角=0°，终止角=360°
　　　　轴线∥Z轴　　　　　　　　　　　　轴线∥Z轴　　　　　　　　　　　轴线∥直线

图4.5　绘制圆柱体

（a）起始角=0°，终止角=360°　　（b）起始角=0°，终止角=270°　　（c）起始角=0°，终止角=360°
　顶面半径=0，轴线∥Z轴　　　　　顶面半径=5，轴线∥Z轴　　　　　锥角=15°，轴线∥直线

图4.6　绘制圆锥体

3．绘制立方体

选择【绘图】（Create）/【基本曲面/实体】（Primitives）/【画立方体】（Create Block）命令，或者单击【基础绘图】（Sketcher）工具栏的 按钮，即可绘制立方体，如图 4.7 所示。

（a）施转角=0°，轴线∥Z轴　　　（b）施转角=30°，轴线∥Z轴　　　（c）施转角=30°，轴线∥X轴

图4.7　绘制立方体

4．绘制球体

选择【绘图】（Create）/【基本曲面/实体】（Primitives）/【画球体】（Create Sphere）命令，或者单击【基础绘图】（Sketcher）工具栏的 按钮，即可绘制球体，如图 4.8 所示。

（a）起始角=0°，终止角=360°　　（b）起始角=0°，终止角=270°　　（c）起始角=0°，终止角=360°
　　　　轴线∥Z轴　　　　　　　　　　　　轴线∥Z轴　　　　　　　　　　　轴线∥Y轴

图4.8　绘制球体

5. 绘制圆环体

选择【绘图】（Create）/【基本曲面/实体】（Primitives）/【画圆环体】（Create Torus）命令，或者单击【基础绘图】（Sketcher）工具栏的 ◎ 按钮，即可绘制圆环体，如图 4.9 所示。

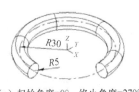 

（a）起始角度=0°，终止角度=270°   （b）起始角度=90°，终止角度=360°
主半径=30，截面半径=5，轴线∥Z轴   主半径=30，截面半径=5，轴线∥Y轴

图4.9 绘制圆环体

4.1.2 拉伸实体

拉伸实体是指将一个或多个共面的串连曲线链，按指定的方向、距离进行拉伸，创建出一个或多个实心实体或薄壁实体，如图 4.10 所示。

 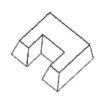 

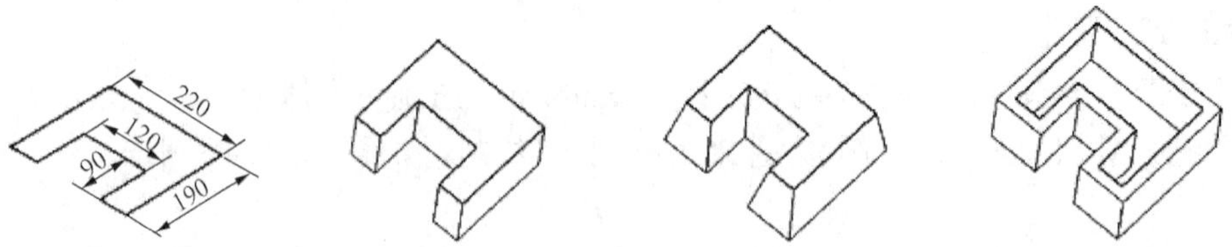

（a）封闭的曲线链   （b）不拔模，实心实体   （c）拔模，实心实体   （d）不拔模，薄壁实体

图4.10 拉伸实体

1. 创建拉伸实体的一般步骤

① 选择【实体】（Solids）/【挤出实体】（Solid Extrude）命令，或者单击【实体】（Solids）工具栏的 ▣ 按钮。

② 定义所需的串连曲线链并回车结束。

③ 显示【实体挤出的设置】对话框，指定挤出操作的类型，并设置挤出的距离、方向和拔模角、薄壁厚度等参数，如图 4.11 所示。

④ 单击 ☑ 按钮，创建所定义的实体或薄壁实体。

2. 实体拉伸的参数设置

（1）挤出操作的类型

【建立实体】（Create Body）：用于拉伸生成一个或者多个新的独立实体。选取一个曲线链时，只能创建一个实体；选取多个曲线链时，可以创建一个或多个实体，这取决于曲线链之间的相对位置，如图 4.12 所示。

图4.11 【实体挤出的设置】对话框

（a）5个曲线链生成1个实体

（b）5个曲线链生成3个实体

图4.12 曲线链的相对位置对实体创建的影响

【切割实体】（Cut Body）：用于拉伸生成一个或多个工具实体，并与已知的目标实体进行差集运算，如图 4.13 所示。

图4.13 切除实体

【增加突缘】（Add Boss）：用于拉伸生成一个或多个工具实体，并与已知的目标实体进行并集运算，如图 4.14 所示。注意，此时要求目标实体与工具实体之间在位置上有相交或相切关系，否则操作不成功。

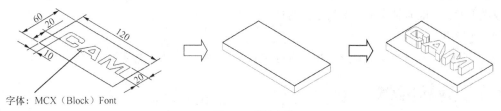

字体：MCX（Block）Font

图4.14 增加突缘

执行切割实体或增加突缘操作时，系统要求至少存在一个已有实体。如果存在多个已有实体，系统将提示选取其中的一个作为目标实体。一个复杂的实体，一般需要经过一个基础操作和若干个附加操作才能建成。当挤出操作类型设定为【切割实体】（Cut Body）或【增加突缘】（Add Boss）时，【合并操作】（Combine Ops）复选框将被激活，用以设定各个曲线链拉伸生成的实体是否合并为一个实体而不是相互独立的。

（2）拔模

【拔模】（Draft）复选框用于设定在拉伸实体的垂直壁上生成拔模斜度。同时勾选【朝外】（Outward）复选框，则设定生成的拔模斜度朝外，即拉伸实体的截面外形沿拉伸方向增大，当前曲线链外形为实体的最小外形，否则拔模斜度朝内。此时，角度（Angle）文本框用于输入拔模斜度的角度值，其只能为正值。

（3）挤出的距离/方向

【挤出的距离/方向】（Extrusion Distance/Direction）用于设定拉伸实体的生长方向和长度，如图4.15所示。系统提供了多种设定方式。

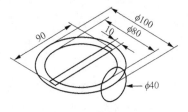
（a）线框模型

（b）拉伸基本体

（c）全部贯穿

（d）修剪到指定曲面

图4.15 挤出距离和方向的设定

【按指定的距离延伸】（Extrude by Specified Distance）：直接输入拉伸实体的长度值，且只能为正值。

【全部贯穿】（Extrude through All）：沿拉伸方向完全穿过目标实体并剪切材料，如图4.15（c）所示。其仅在切割实体（Cut Body）模式下有效。

【延伸到指定点】（Extrude to Point）：将曲线链拉伸至指定的点。

【按指定的向量】（Vector）：以矢量坐标的形式定义拉伸的方向和长度。

【修剪到指定的曲面】（Trim to Selected Face(s)）：将拉伸实体修剪至目标实体的选定面，如图4.15（d）所示。该项仅在 Cut Body 和 Add Boss 模式下有效。

【更改方向】（Reverse Direction）：切换所设置的拉伸方向。

【两边同时延伸】（Both Directions）：在曲线链的正反两个方向同时进行拉伸，总拉伸距离等于指定距离的2倍。

【双向拔模】（Split Draft）：以曲线链所在的平面为对称面，按照指定的拔模角度进行双向拔模。该项仅在【两边同时延伸】和【拔模】同时选中时才有效。

（4）薄壁设置

【薄壁设置】（Thin Wall）复选框用于设定薄壁实体的挤出操作，并定义相关的参数。

4.1.3 旋转实体

旋转实体是指将一个或多个共面的曲线链绕选取的旋转轴旋转指定角度，从而创建出一个或多个实体，如图 4.16 所示。

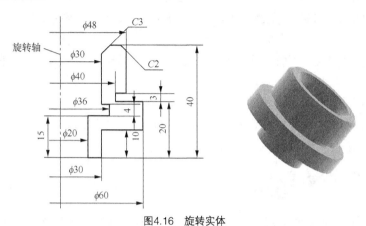

图4.16 旋转实体

创建旋转实体的具体操作步骤如下。

① 选择【实体】（Solids）/【实体旋转】（Solid Revolve）命令，或者单击【实体】（Solids）工具栏的 ▣ 按钮。

② 显示【外形串连】对话框，依次定义所需的曲线链并回车结束。

③ 选取某任意直线作为旋转轴，此时显示【方向】对话框，且旋转轴上将显示一个箭头，其代表着旋转的方向。在对话框中，单击 △重新选取轴 [直线] 按钮可以重选轴线，单击 换向 按钮可切换旋转方向，而单击 ✓ 按钮则确认当前的旋转方向。

④ 显示【旋转实体的设置】对话框，定义旋转操作的类型、起始角度、终止角度和薄壁厚度等参数。

⑤ 单击 ✓ 按钮结束，创建出所定义的旋转实体。

4.1.4 扫描实体

扫描实体是指将选取的一个或多个共面且封闭的曲线链（扫描截面），沿选取的另一个封闭或开放的曲线链（扫描路径）平移或旋转，生成一个或多个实心实体或薄壁实体，如图 4.17 所示。

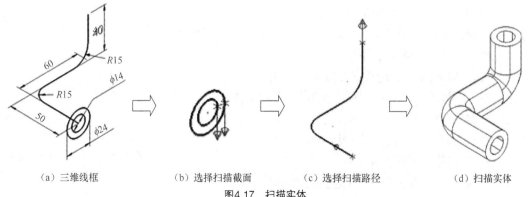

（a）三维线框 　　　（b）选择扫描截面 　　　（c）选择扫描路径 　　　（d）扫描实体

图4.17 扫描实体

扫描实体与扫描曲面的操作、参数设置基本相同，具体操作步骤如下。

① 选择【实体】（Solids）/【扫描实体】（Solid Sweep）命令，或者单击【实体】（Solids）工具栏的 按钮。

② 利用串连方法定义截面曲线链并回车结束。系统允许选择一个或多个截面曲线链，但所有曲线链必须共面。

③ 定义一个封闭或开放的扫描路径曲线链。

④ 显示【扫描实体的设置】对话框，定义扫描操作的名称及类型。

⑤ 单击 ✓ 按钮，完成扫描实体的创建。

4.1.5 举升实体

举升实体是指将选定的两个或两个以上截断面外形按指定混合方式进行熔接，生成一个线性或平滑熔接的实体，如图 4.18 所示。截断面外形的组成曲线必须共面，但各截断面外形之间不要求平行。

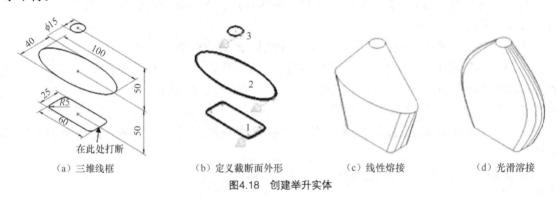

（a）三维线框　　　　　　（b）定义截断面外形　　　　　（c）线性熔接　　　　　　（d）光滑溶接

图4.18　创建举升实体

创建举升实体与举升曲面的方法基本相同，具体操作步骤如下。

① 选择【实体】（Solids）/【举升实体】（Solid Loft）命令，或者单击【实体】（Solids）工具栏的 按钮。

② 利用【外形串连】对话框，定义 2 个或者 2 个以上的截断面外形并回车结束。

③ 显示【举升实体设置】对话框，如图 4.19 所示，定义操作的名称及类型，并设定相邻截断面外形之间的熔接方式。在对话框中，如选取【以直纹方式产生实体】（Create as Ruled）复选框，表示以线性熔接方式生成举升实体，否则以光滑熔接方式生成举升实体。

④ 单击 ✓ 按钮，创建所定义的举升实体。

定义举升实体的截断面外形时，必须满足下列条件。

① 各截断面外形之间不必共面，但是每一个截断面外形所包含的曲线链必须共面，且必须为一个封闭的曲线链。

② 每一个曲线链不可以自相交。

③ 所有截断面外形的曲线链串连方向应保持一致。

④ 在同一次举升操作中，每一个曲线链只可以选取 1 次，不可以重复选取。

图4.19　【举升实体设置】对话框

另外，各个截断面外形的曲线链串连起点应相互对齐，否则将生成扭曲的实体。如果某曲线链在对应位置不是线段端点，应该事先将线段在该位置打断，使其设定为串连的起点。

4.1.6　由曲面生成实体

由曲面生成实体是指利用已有的一个或多个曲面生成一个或者多个实体，如图 4.20 所示。

由曲面生成实体的具体操作步骤如下。

① 选择【实体】（Solids）/【由曲面生成实体】（Solid from Surfaces）命令，或者单击【实体】（Solids）工具栏的按钮。

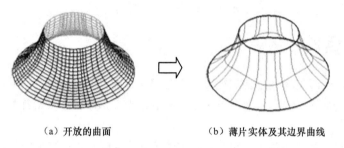

（a）开放的曲面　　　　　　　　（b）薄片实体及其边界曲线

图4.20　由曲面生成实体

② 显示如图 4.21 所示的【曲面转为实体】对话框，设定相关的参数并单击 按钮结束。其中，勾选【使用所有可以看见的曲面】（Use All Visible Surfaces）复选框表示自动选取所有的可见曲面，并将其转换为实体，否则需要选取所需的曲面以将其生成为实体。

③ 如果选取的曲面不能生成实心实体而只能生成薄片实体，则系统会显示如图 4.22 所示的询问对话框。单击对话框中的 是(Y) 按钮表示生成薄片实体，且在其开放边界处绘制边界曲线；单击 否(N) 按钮表示只生成薄片实体而不绘制边界曲线。

图4.21　【曲面转为实体】对话框

图4.22　询问对话框

曲面生成为薄片实体后，外形上没有什么变化，但是可以利用【实体】（Solids）/【薄片实体加厚】（Solid Thicken）命令增加厚度使其变成薄壁实体，而曲面则不能直接加厚。

4.2　编辑实体

编辑实体包含 2 类操作，一类是在已有实体基础上添加新的编辑操作，如布尔运算、倒圆角、倒角、抽壳、修剪、加厚、移除面、拔模等，另一类是利用实体管理器对已有实体的参数、几何、属性、生成次序等进行修改。本节主要介绍第一类编辑操作。

4.2.1　布尔运算

在同一个 Mastercam X3 图形文件中，可以存在多个彼此独立的实体，利用布尔运算可以对这些相互独立的实体进行相加（Add）、相减（Remove）、求交（Common）等操作，来建立联系，构建更复杂的实体。

实体布尔运算包括关联布尔运算和非关联布尔运算。关联布尔运算包括并集、差集、交集 3 种运算，非关联布尔运算只包括差集、交集 2 种运算。执行实体布尔运算时，要选取一个已有实体作为目标实体，然后选取一个或者多个已有实体作为工具实体。但是，关联布尔运算是在目标实体上添加相应的布尔运算操作，使若干个工具实体组合到目标实体上形成相互关联的一个整体，此时原有的目标实体被"继承"下来，且其"内涵"得到扩充，但原有的工具实体会被自动删除；非关联布尔运算则是利用目标实体和工具实体共同去创建一个新实体，原有的目标实体和工具实体可以保留也可以删除。执行布尔运算后，关联布尔运算的"结果"继承目标实体的图层、颜色等属性；非关联布尔运算的"结果"具有当前的构图属性。

1．并集运算

并集运算是指将工具实体合并到目标实体上形成一个新的实体。执行并集运算时，目标实体只有一个，但工具实体可以是一个或多个，而且目标实体与工具实体必须在位置上相交或相切，否则操作不能成功。如图 4.23 所示，长方体、球体和圆柱体在并集运算之前相互叠交，但是它们彼此之间相互独立（没有形成相贯线），而执行并集运算后，3 个实体将组合成 1 个实体（形成相贯线）。

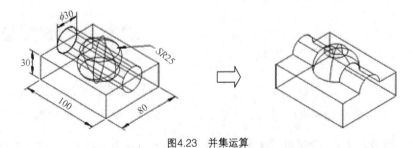

图4.23　并集运算

并集运算具体操作步骤如下。

① 选择【实体】（Solids）/【布尔运算-结合】（Boolean Add）命令，或者单击【实体】（Solids）工具栏的 按钮。

② 选取一个目标实体。

③ 选取一个或多个工具实体，之后回车结束。

2. 差集运算

差集运算是指将指定的目标实体减去所有选取的工具实体，生成一个新的实体。执行差集运算后，目标实体中与工具实体的相交部分被删除，而工具实体将被全部删除，如图 4.24 所示。

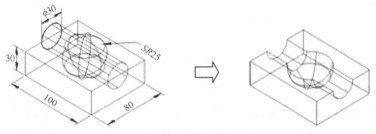

图4.24　差集运算

差集运算具体操作步骤如下。

① 选择【实体】（Solids）/【布尔运算-切割】（Boolean Remove）命令，或者单击【实体】（Solids）工具栏的 按钮。

② 选取一个目标实体。

③ 选取一个或多个工具实体并回车结束。

3. 交集运算

交集运算是指求出目标实体与工具实体的公共部分，并创建一个新的实体，如图 4.25 所示。系统要求参与交集运算的目标实体与工具实体必须在位置上相交，否则操作不能成功。

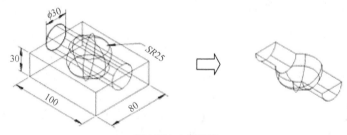

图4.25　交集运算

交集运算具体操作步骤如下。

① 选择【实体】（Solids）/【布尔运算-交集】（Boolean Common）命令，或者单击【实体】（Solids）工具栏的 按钮。

② 选取一个目标实体。

③ 选取一个或多个工具实体并回车结束。

4. 非关联差集运算

非关联差集运算用于创建一个没有操作记录的新实体，其等于目标实体减去与工具实体相交部

分剩余的材料体积。

非关联差集运算具体操作步骤如下。

① 选择【实体】（Solids）/【非关联实体】（Non-associative）/【切割】（Remove NA）命令，或者单击【实体】（Solids）工具栏的🔲按钮。

② 选取一个目标实体。

③ 选取一个或多个工具实体，并回车确认。

④ 显示【实体非关联的布尔运算】对话框，如图 4.26 所示，根据需要进行设定，之后单击 ☑ 按钮即可完成非关联差集运算。

5. 非关联交集运算

非关联交集运算用于创建一个没有操作记录的新实体，其等于目标实体与工具实体相互重叠部分的材料体积。

图4.26　【实体非关联的布尔运算】对话框

选择【实体】（Solids）/【非关联实体】（Non-associative）/【非关联实体-交集】（Common Regions NA）命令，或者单击【实体】（Solids）工具栏的🔲按钮，即可进行非关联交集运算，其操作步骤与非关联差集运算类似。

4.2.2　倒圆角

实体倒圆角是指在选取的实体边界上或者在选取的 2 组实体表面之间，按照设定的曲率半径进行熔接，生成实体的一个圆弧表面，该圆弧面与两表面相切。Mastercam X3 提供了两种实体倒圆角方式：实体边界倒圆角和实体表面与表面倒圆角。

1. 实体边界倒圆角

实体边界倒圆角是指在实体的指定边界产生固定半径（Constant Radius）或者变化半径（Variable Radius）的过渡圆角，如图 4.27 所示。

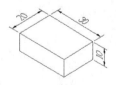　　　　　　　　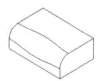

(a) 原有实体　　　　　　　　　　(b) 固定半径　　　　　　　　　　(c) 变化半径

图4.27　实体边界倒圆角

实体边界倒圆角具体操作步骤如下。

① 选择【实体】（Solids）/【倒圆角】（Fillet）/【实体倒圆角】（Solid Fillet）命令，或者单击【实体】（Solids）工具栏的🔲按钮。

② 系统显示如图 4.28 所示的选择工具栏，选取一条或多条欲倒圆角的实体边，或者实体面、实体，之后回车结束。

图4.28　选择工具栏

在选择工具栏中，█、█、█、█按钮分别表示选择实体边界、选择实体面、选择实体和从背面选择。系统会根据鼠标指针所处的位置，依据设定的图素选取类型进行自动捕捉，并标记出所捕捉的图素类型。其中，█表示捕捉的图素是实体，█表示捕捉的图素是实体表面，█表示捕捉的图素是实体边界。

选取实体时，将在实体的所有边界上产生过渡圆角；选取实体表面时，将在该表面的所有边界上产生过渡圆角；而选取实体边界时，仅在选取的边界上产生过渡圆角。如果要建立变化半径的过渡圆角，则被选图素只能是实体边界，而不能是实体表面或实体。

③ 显示如图 4.29 所示的【实体倒圆角参数】对话框，设定倒圆角的各项参数。

图4.29　【实体倒圆角参数】对话框

④ 如果设定的是【变化半径】（Variable Radius），则可以指定半径的变化形式为线性（Linear）或平滑（Smooth），如图 4.30 所示，并允许单击 █E编辑 按钮分别定义各参考点的半径值。

图4.30　变化半径倒圆角的参数设置

⑤ 单击 █ 按钮，生成所定义的过渡圆角。

在【实体倒圆角参数】对话框中，还有以下几项参数需要进行说明。

【超出的处理】（Overflow）选项：用于设定倒圆角圆弧面超出两相切的实体表面时，圆弧面的熔接方式。系统提供了默认（Default）、保持熔接（Maintain Blend）和保持边界（Maintain Edges）3 种设定。"默认"是指系统根据圆角的实际情况，自动进行熔接处理，以获得最理想的效果；"保持熔接"是指系统将尽可能保持圆角表面及其原有的相切条件，而溢出表面可能会发生修剪或延伸，如图 4.31（b）所示；"保持边界"是指系统将尽可能保持溢出表面的边，而圆角曲面在溢出区域则可能因此不与溢出表面相切，如图 4.31（c）所示。

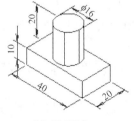

(a) 原有实体

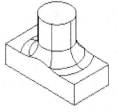

(b) 保持熔接

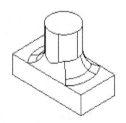

(c) 保持边界

图4.31　圆角超出的处理

【角落斜接】（Mitered Corners）：该选项仅对固定半径（Constant Radius）圆角有效，用于设定 3 条或 3 条以上圆角边在其相交点处的曲面生成形式。如选中该选项，则表示执行边角斜接，生成圆锥面，否则不执行斜接，生成的是光滑球面，如图 4.32 所示。

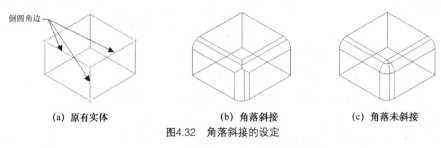

（a）原有实体　　　　　　（b）角落斜接　　　　　　（c）角落未斜接

图4.32　角落斜接的设定

【沿切线边界延伸】（Propagate Along Tangencies）：该选项用于设定是否将圆角延伸至相切的边界。如果选中该选项，倒圆角将从所选边开始沿着邻接的相切边进行延伸，直至不相切的边为止，如图 4.33（b）所示，否则只在所选边上产生倒圆角，如图 4.33（c）所示。

（a）原有实体　　　　　　（b）沿切线边界延伸　　　　　（c）不沿切线边界延伸

图4.33　沿切线边界延伸的设定

2. 实体表面与表面倒圆角

实体表面与表面倒圆角是指在实体的 2 个或 2 组指定表面之间采用固定半径、固定弦长或者控制线方式产生过渡圆角。

图4.34　【实体的面与面倒圆角参数】对话框

实体表面与表面倒圆角具体操作步骤如下。

① 选择【实体】（Solids）/【倒圆角】（Fillet）/【面与面倒圆角】（Solid Surface- Surface Fillet）命令，或者单击【实体】（Solids）工具栏的 ▦ 按钮。

② 选取第 1 个或者第 1 组实体表面，之后回车结束。

③ 选取第 2 个或者第 2 组实体表面，之后回车结束。

④ 显示如图 4.34 所示的【实体的面与面倒圆角参数】对话框，设定倒圆角的各项参数。在该对话框中，系统提供了 3 种定义倒圆角的方式。

⑤ 单击 ✓ 按钮，生成实体面与面之间的过渡圆角。

4.2.3　倒角

实体倒角是指以选取的边为基准，将相交于该边的两个实体面去除材料生成一个斜面。

Mastercam X3 提供了单一距离、不同距离和距离/角度 3 种倒角定义方式。

1.　单一距离

单一距离是指按照相同的距离值在两个相交表面间进行倒角，如图 4.35 所示。

单一距离倒角的具体操作步骤如下。

① 选择【实体】（Solids）/【倒角】（Chamfer）/【单一距离倒角】（Solid One-distance Chamfer）命令，或者单击【实体】（Solids）工具栏的 ■ 按钮。

② 选取实体、实体面或者实体边界，之后回车结束。

③ 显示如图 4.36 所示的【实体倒角参数】对话框，设定倒角的各项参数。

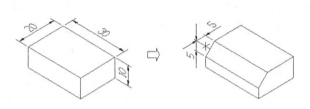

图4.35　单一距离

图4.36　【实体倒角参数】对话框

④ 单击 √ 按钮，生成所定义的倒角。

2.　不同距离

不同距离是指按照 2 个距离值分别在 2 个相交表面上进行倒角，如图 4.37 所示。

不同距离倒角的具体操作步骤如下。

① 选择【实体】（Solids）/【倒角】（Chamfer）/【不同距离】（Solid Two-distance Chamfer）命令，或者单击【实体】（Solids）工具栏的 ■ 按钮。

② 依次选取需要倒角的各条实体边或实体面，并利用【选取参考面】对话框指定

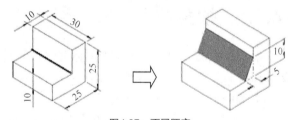

图4.37　不同距离

其参考面，如图 4.38 所示。注意，系统在参考面上截取的倒角距离必定与设置的倒角距离 1 保持一致。

选取欲倒角的每条边时，系统会自动捕捉并且高亮显示所选边邻接的一个表面作为参考面，同时显示【选取参考面】对话框，可以单击 □其它的面 按钮指定邻接的另一个表面作为参考面，或者单击 √ 按钮接受自动捕捉的表面作为参考面。

如果选取的是实体面，系统将默认选取的表面为该面上所有边界的倒角参考面。如果选取的是 2 个相交实体面，则两面之间的相交边界将以第 1 个选取面作为参考面，而 2 个实体面上的其他边界将以其所在的表面本身作为参考面。

③ 所有倒角边或实体面、实体定义完成后，单击工具栏的 ■ 按钮或回车结束。

④ 显示如图 4.39 所示的【实体倒角参数】对话框，设定倒角的各项参数。

⑤ 单击 √ 按钮，生成所定义的倒角。

图4.38 【选取参考面】对话框

图4.39 【实体倒角参数】对话框

3. 距离/角度

距离/角度是指按照设定的距离和角度分别在两个相交实体面上进行倒角，如图 4.40 所示。

执行时，选择【实体】（Solids）/【倒角】（Chamfer）/【距离/角度】（Solid Distance and Angle Chamfer）命令，或者单击【实体】（Solids）工具栏的 按钮，依次指定欲倒角的实体边界及其对应的参考面，并回车结束，然后根据需要在【实体倒角参数】对话框中设定各项参数，如图 4.41 所示，之后单击 按钮即可生成所定义的倒角。在对话框中，【距离】是指所选参考面上截取的倒角距离，而【角度】是指倒角斜面与参考面之间的夹角。

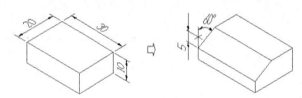

图4.40 距离/角度（距离=5，角度=60°）

图4.41 【实体倒角参数】对话框

4.2.4 抽壳

抽壳是指将选取的一个或多个实体面作为开口面，去除实体内部的材料而生成一个新的薄壁实体，如图 4.42 所示。如选取整个实体作为开口面，将生成设定厚度的空心薄壁实体。

实体抽壳的具体操作步骤如下。

① 选择【实体】（Solids）/【实体抽壳】（Solid Shell）命令，或者单击【实体】（Solids）工具栏的 按钮。

② 选取实体面或整个实体作为开口部位，之后单击 按钮或回车结束。

③ 显示如图 4.43 所示的【实体薄壳的设置】对话框，设置抽壳的方向和抽壳的厚度。

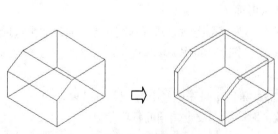

图4.42 实体抽壳

图4.43 【实体薄壳的设置】对话框

④ 单击 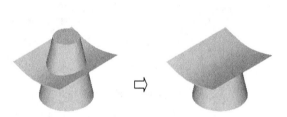 按钮，生成所定义的壳体。

4.2.5　修剪

实体修剪是指以所选平面、曲面或者薄片实体作为边界，对选取的一个或多个实体进行修剪，以生成新的实体，如图 4.44 所示。

实体修剪的具体操作步骤如下。

① 选择【实体】（Solids）/【实体修剪】（Solid Trim）命令，或者单击【实体】（Solids）工具栏的 按钮。

② 选取一个或多个欲进行修剪操作的实体，之后单击 按钮或回车结束。如果当前模型中只有一个实体，系统将默认该实体为修剪对象，而不需进行选择。

③ 显示如图 4.45 所示的【修剪实体】对话框，设置修剪的边界类型并定义相应的修剪边界。系统支持 3 种修剪边界类型：平面（Plane）、曲面（Surface）和薄片实体（Sheet）。

图4.44　以曲面修剪实体　　　　　　图4.45　【修剪实体】对话框

④ 定义修剪边界后，系统会以一个箭头标识实体修剪后欲保留的方向侧，此时可单击 按钮，切换箭头至所需的方向。

⑤ 单击 按钮，执行所定义的修剪操作。

4.2.6　加厚

加厚是指将选取的一个薄片实体，按照设定的方向、厚度转换为薄壁实体，如图 4.46 所示。

薄片实体加厚的具体操作步骤如下。

① 选择【实体】（Solids）/【薄片实体加厚】（Solid Thicken）命令，或者单击【实体】（Solids）工具栏的 按钮。

② 选取需要加厚的薄片实体。如果模型中只有一个薄片实体，则不需进行选择，系统将直接默认现有实体为加厚的对象。

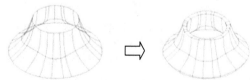

图4.46　薄片实体加厚

③ 显示如图 4.47 所示的【增加薄片实体的厚度】对话框，设定欲增加的厚度值和厚度增加的方向（单侧或双侧），并单击 按钮结束。

④ 如果是单向增加厚度，系统将显示如图 4.48 所示的【厚度方向】对话框，以指定或切换厚度增加的方向（箭头标识的方向）。单击 按钮执行。

图4.47　【增加薄片实体的厚度】对话框

图4.48　【厚度方向】对话框

⑤ 如果是双向增加厚度，则不需指定厚度增加的方向，系统会自动将薄片实体加厚至设定厚度值的 2 倍。

| 4.2.7　移除面 |

移除面是指将选择的实心实体或薄壁实体的一个或多个面删除，由实心实体或薄壁实体生成一个薄片实体，如图 4.49 所示。

移除面的具体操作步骤如下。

① 选择【实体】（Solids）/【移动实体表面】（Remove Solid Faces）命令，或者单击【实体】（Solids）工具栏的 ▣ 按钮。

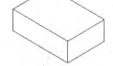

图4.49　移除实体面

② 选取一个需要移除面的实体。如果模型中只有一个实体，则不需进行选择，系统将直接默认现有实体为移除的对象。

③ 选取一个或多个需要移除的实体面，之后单击 ▣ 按钮或回车结束。

④ 显示如图 4.50 所示的【移除实体的表面】对话框，设置原始实体的保留方式、新建实体的图层属性等，之后单击 ✓ 按钮结束。

⑤ 显示如图 4.51 所示的询问对话框，单击 是(Y) 或 否(N) 按钮完成操作。

图4.50　【移除实体的表面】对话框

图4.51　询问对话框

| 4.2.8　牵引面 |

牵引面是指将选取的一个或多个实体面绕指定的旋转轴旋转一定角度，生成新的实体表面，如图 4.52 所示。当实体的一个或多个表面被牵引时，其相邻的表面将被修剪或延伸至新的实体表面，以适应新的几何形状。如果相邻的表面不能适应新的几何形状，则牵引面操作不能成功。

图4.52　牵引面

牵引面的具体操作步骤如下。

① 选择【实体】（Solids）/【牵引实体】（Draft Solid Faces）命令，或者单击【实体】（Solids）工具栏的 ▣ 按钮。

② 选取欲进行牵引操作的一个或多个实体面，之后单击 ▣ 按钮或回车结束。

③ 显示【实体牵引面的参数】对话框，如图 4.53 所示，设置牵引方式和牵引角度等参数，之后单击 √ 按钮结束。系统提供了牵引到实体面（Draft to Face）、牵引到指定平面（Draft to Plane）、牵引到指定边界（Draft to Edge）和牵引挤出（Draft Extrude）4 种牵引方式。当选取的牵引面为拉伸实体的侧面时，【牵引挤出】（Draft Extrude）选项才能被激活。

④ 根据设定的牵引方式，按系统提示定义牵引的旋转轴、牵引方向等。

选择【牵引到实体面】时，系统要求选取一个实体表面作为参考面，来确定牵引面的旋转轴和牵引方向，并且参考面必须与牵引面相交。之后会在参考面上显示一个中间带箭头的圆锥台，箭头方向表示牵引方向，它是牵引角度的测量基准。此时可以单击【拔模方向】对话框的 ▭ R换向 按钮，切换牵引方向的设定，如图 4.54 所示。

图4.53　【实体牵引面的参数】对话框

图4.54　【拔模方向】对话框

选择【牵引到指定平面】时，系统要求定义一个参考平面，且参考面必须与牵引面相交，以确定牵引面的旋转轴和牵引方向。

选择【牵引到指定边界】时，系统会逐个要求为当前高亮显示的牵引面选取一条或多条参考边，且参考边必须位于高亮显示的牵引面上，以确定牵引面的铰链点。当每个牵引面都已指定参考边后，需选取一条直边或一个平面来确定牵引面的旋转轴和旋转方向。

选择【牵引挤出】时，系统将自动以拉伸起始面为参考面，以拉伸方向为牵引方向来执行牵引操作。

4.3 实体管理器

Mastercam X3 的操作管理器集合了刀具路径管理、实体管理和浮雕管理 3 项功能，位于图形窗口的左侧。单击并拖拽管理器窗口的右边可以改变其宽度，而单击【视图】（View）/【切换操作管理器】（Toggle Operations Manager）命令或者按【Alt+O】键可以切换窗口的显示与隐藏。在管理器窗口中单击【实体】选项卡即可激活实体管理器，如图 4.55 所示。

在实体管理器的操作列表中，系统以模型树形式依次列出了当前文件的每一个实体操作。打开某个实体的模型树，可以浏览创建实体操作的记录。通过修改实体管理器中实体操作的参数，可以改变操作的类型、实体的位置和形状，或者对实体操作进行重新排序。在实体管理器中选取某一实体操作后，单击右键可以弹出如图 4.55 所示的快捷菜单。快捷菜单的命令选项会随实体操作的不同而有所差异。

1. 展开或折叠操作夹

当某个操作夹处于折叠状态时，单击其左边的 ⊞ 图标或者双击其名称可以将其展开，而单击快捷菜单的【全部展开】（Expand All）命令，可以将该实体的所有操作夹展开。

当某个操作夹处于展开状态时，单击其左边的 ⊟ 图标或者双击其名称可以将其折叠，而单击快捷菜单的【全部折叠】（Collapse All）命令可以将该实体的所有操作夹折叠。

2. 删除实体或操作

在模型树中选取某个实体或操作（第一操作除外），单击快捷菜单的【删除】（Delete）命令或者直接按【Delete】键可以将其删除。

图4.55　实体管理器及其快捷菜单

3. 简单隐藏

在模型树中选取某个实体操作（第一操作除外），单击快捷菜单的【简单隐藏】（Suppress）命令，可以隐藏该操作对应的实体，并在模型树中灰色显示该实体操作图表。再次单击【简单隐藏】（Suppress）命令，则解除对该操作的抑制，恢复正常显示。

4. 实体操作的重排序

在实体管理器的操作列表中，其操作记录是按照实体创建过程中各个操作的先后顺序来排列的。在操作模型树中，可直接拖动某个操作至新的位置，以改变其排列顺序。

5. 编辑实体操作的参数

在展开的操作记录中显示有 参数 图标，表示包含可编辑的参数。单击该图标可返回实体操作的参数设置对话框，以便查阅或更改操作参数。当然，单击快捷菜单的【编辑参数】（Edit Parameters）命令也可以执行相同的功能。

6. 编辑实体操作的图素

在展开的操作记录中显示有 图形 图标，表示包含可编辑的图素。单击该图标可返回相应操作点查阅或编辑有关图素。例如，对于拉伸、旋转、扫描、举升等构建实体的操作，单击 图形 图标可以打开如图 4.56 所示的【实体串连管理器】对话框，以便添加、删除串连曲线链或重新选取曲线链。该功能也可通过右键菜单的【编辑图素】（Edit Geometry）命令来实现。

7. 重新生成实体

对实体或操作进行编辑后，实体或对应操作的图标上均会显示图标记，表示当前对实体或操作的编辑还未生效。此时，可以单击实体管理器的 全部重建 按钮或快捷菜单的【重新计算】（Regen All Solids）命令，对当前的实体或编辑的操作进行重新生成计算，从而更新被修改的实体形状。

图4.56 【实体串连管理器】对话框

生成工程图

该功能能用于生成实体的多个视图，并且在一张图纸上将这些视图进行合理布局，获得所需要的二维工程图，如图 4.57 所示。

生成工程图的具体操作步骤如下。

① 选择【实体】（Solids）/【生成工程图】（Solid Layout）命令，或者单击【实体】（Solids）工具栏的 按钮。

② 显示【绘制实体的设计图纸】对话框，如图 4.58 所示。设置纸张大小、方向、绘图比例、视图布局等，之后单击 按钮确定。

③ 指定放置工程图的专用图层，即可自动在绘图区生成实体的二维工程图。

④ 显示如图 4.59 所示的对话框，根据需要对工程图进行适当编辑，之后单击 按钮结束。

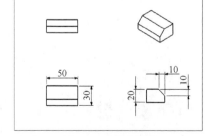

图4.57　生成工程图

图4.58 【绘制实体的设计图纸】对话框

图4.59 绘制工程图的对话框

4.5 实体造型综合练习

　　图 4.60 为某活塞零件的三维模型及零件图。本节将以该零件为例，来说明实体建模的一般思路与步骤。在该零件的实体建模过程中，主要运用的命令有基本实体、拉伸实体、扫描实体、实体抽壳和实体倒圆角等。

（a）零件的三维模型

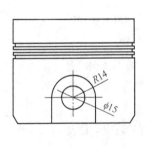

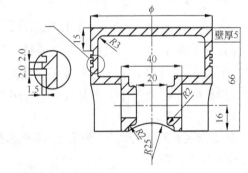

（b）零件的二维工程图

图4.60 活塞零件的模型及二维工程图

步骤 1 设置绘图环境。

① 选择【文件】（File）/【新建文件】（New）命令，或者单击 按钮新建一个文件。

② 选择【文件】（File）/【保存文件】（Save）命令，或者单击 按钮将文件保存为"sampe4-1.mcx"。

③ 在状态栏中单击 层别 按钮，按照如图 4.61 所示建立 2 个图层，并将图层 2 设置为当前层，之后单击 ✓ 按钮关闭对话框。

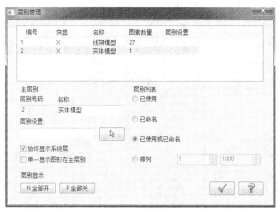

图4.61　建立图层

步骤 2　创建圆柱基本体。

① 设定屏幕视角为 （Isometric Gview），构图面为 （Top）。

② 选择【绘图】（Create）/【基本曲面/实体】（Primitives）/【画圆柱体】（Create Cylinder）命令，或者单击工具栏的 按钮。

③ 定义圆柱体的基准点坐标为（0,0,0）。

④ 在【圆柱体】对话框中选取【实体】（Solid）单选框，并设置圆柱体的半径为 40、高度为 66，且指定 Z 轴作为圆柱体中心轴的定位方向，如图 4.62 所示。

⑤ 单击 ✓ 按钮，绘制出如图 4.63 所示的圆柱体。

图4.62　【圆柱体】对话框

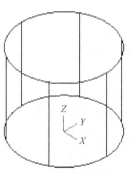

图4.63　创建圆柱体

步骤 3　创建 ϕ15 销孔。

① 设定构图面为（Front），层别为 1，工作深度（Z）为 0。

② 选择【绘图】（Create）/【圆弧】（Arc）/【圆心+点】（Create Circle Center Point）命令或者单击 按钮，输入圆心坐标为（0,16），并在【圆心和点画弧】工具栏中定义直径为 15，之后单击工具栏的 按钮，绘出如图 4.64 所示的 ϕ15 圆。

③ 选择【实体】（Solids）/【挤出实体】（Solid Extrude）命令或者单击 按钮，串连选取 ϕ15 圆，并回车结束，然后按图 4.65 所示设置实体挤出的各项参数，之后单击 按钮，绘出如图 4.66 所示的圆孔。

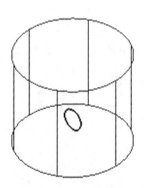

图4.64　绘制 ϕ15圆

图4.65　设置实体拉伸参数

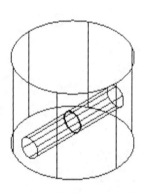

图4.66　创建 ϕ15销孔

步骤 4　创建拱形沉槽。

① 设定屏幕视角为 （Front Gview），构图面为 （Front），工作深度（Z）为 20。

② 绘制如图 4.67 所示的封闭拱形。

③ 设定屏幕视角为 （Isometric Gview），工作坐标系（WCS）为 （TOP），构图面为 （Right），然后单击 按钮，并定义 X 轴为镜像轴，复制该图形，如图 4.68 所示。

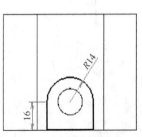

图4.67　绘制封闭拱形

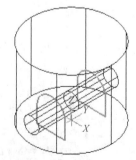

图4.68　镜像封闭拱形

④ 选择【实体】（Solids）/【挤出实体】（Solid Extrude）命令或者单击🔘按钮，串连刚才绘制的 2 个封闭曲线链并回车结束，然后按图 4.69 所示设置实体拉伸的各项参数（要使 2 个封闭曲线链的拉伸方向分别朝向外侧，否则单击箭头使其反向），之后单击 ✔ 按钮，得到如图 4.70 所示的结果。

图4.69　设置实体拉伸参数

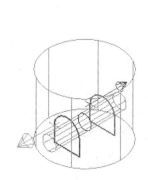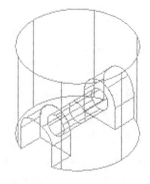

图4.70　创建拱形沉槽

步骤 5　实体抽壳。

选择【实体】（Solids）/【实体抽壳】（Solid Shell）命令，或者单击🔘按钮，选取圆柱体底面为开口面并回车确认，然后按图 4.71 所示设置抽壳的各项参数，并单击 ✔ 按钮结束，得到如图 4.72 所示的结果。

步骤 6　创建方形拉伸切割特征。

① 设定屏幕视角为🔲（Top Gview），构图面为🔲（Top），工作深度（Z）为 16。

② 选择【绘图】（Create）/【矩形】（Create Rectangle）命令，或者单击🔲按钮，然后定义（0,0,16）为矩形的基准点，并设定矩形长度为 25、宽度为 20，绘制出如图 4.73 所示的矩形。

图4.71　设置抽壳参数

图4.72　实体抽壳

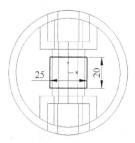

图4.73　绘制矩形

③ 设定屏幕视角为🔲（Isometric Gview），选择【实体】（Solids）/【挤出实体】（Solid Extrude）命令，或者单击🔘按钮，然后串连选取矩形并回车确认，再按图 4.74 所示设置实体拉伸的各项参数（要使拉伸方向朝上），之后单击 ✔ 按钮得到如图 4.75 所示的结果。

图4.74　设置实体挤出参数

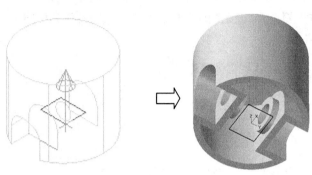

图4.75　切割实体

步骤 7　创建圆弧形通槽。

① 设定屏幕视角为 （Right Gview），构图面为 （Right），工作深度（Z）为 0。

② 选择【绘图】（Create）/【圆弧】（Arc）/【圆心+点】（Create Circle Center Point）命令，或者单击 ⊕ 按钮，输入圆心坐标为（0,–20,0），并在【绘圆弧】工具栏中定义半径为 25，之后单击工具栏的 ☑ 按钮，绘出如图 4.76 所示的 R25 圆。

③ 设定屏幕视角为 ⊗（Isometric Gview），选择【实体】（Solids）/【挤出实体】（Solid Extrude）命令或者单击 🛢 按钮，串连选取 R25 的圆并回车确认，然后按图 4.77 所示设置挤出挤出的参数，并单击 ☑ 按钮，得到如图 4.78 所示的模型。

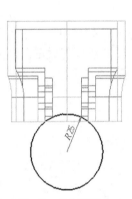

图4.76　绘制圆弧

图4.77　设置实体拉伸参数

图4.78　创建圆弧形通槽

步骤 8　创建活塞的密封槽。

① 设定屏幕视角为 （Front Gview），构图面为 （Front），工作深度（Z）为 0。

② 选择【绘图】（Create）/【矩形】（Create Rectangle）命令，或者单击 ▣ 按钮，定义矩形的右上角点为（40,51）、矩形长度为–1.5、宽度为–2，之后单击 ☑ 按钮，绘出第 1 个矩形。

③ 选择【转换】（Xform）/【平移】（Xform Translate）命令，或者单击 📑 按钮，选取所绘的矩形，并定义两点间的平移向量为 ΔY=–4、平移次数为 2，平移、复制出如图 4.79 所示的结果。

④ 设定屏幕视角为 ⟐（Isometric Gview），构图面为 ⟐（TOP），工作深度（Z）为 51。

⑤ 选择【绘图】（Create）/【圆弧】（Arc）/【圆心+点】（Create Circle Center Point）命令，或者单击 ⟐ 按钮，输入圆心坐标为（0,0,51），并定义直径为 80，绘出一个圆弧作为扫描的轨迹。

⑥ 选择【实体】（Solids）/【扫描实体】（Solid Sweep）命令，或者单击 ⟑ 按钮，串连选取 3 个矩形作为扫描截面，选取 φ80 的圆作为扫描轨迹，然后按图 4.80 所示设置扫描实体的各项参数，并单击 ☑ 按钮结束，得到如图 4.81 所示的结果。

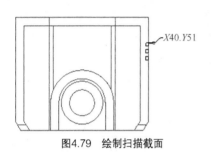

图4.79　绘制扫描截面

图4.80　设置扫描实体参数

图4.81　创建活塞密封槽

步骤 9　创建倒圆角特征。

① 选择【实体】（Solids）/【倒圆角】（Fillet）/【实体倒圆角】（Solid Fillet）命令或者单击 ⟑ 按钮，选取如图 4.82 所示的 4 条圆弧边，并设定其倒圆角半径为 2。之后，单击 ☑ 按钮即可创建 R2 的圆角。

② 按照上述方法创建 R3 的圆角，结果如图 4.83 所示。

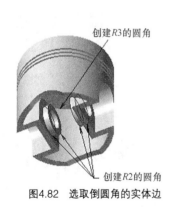

图4.82　选取倒圆角的实体边

图4.83　建立的实体及实体模型树结构

③ 隐藏图层 1 的线架模型，并单击 ⟐ 按钮保存文件。

1. 按照图 4.84～图 4.91 所示的线框模型及尺寸，建立相应的实体模型。

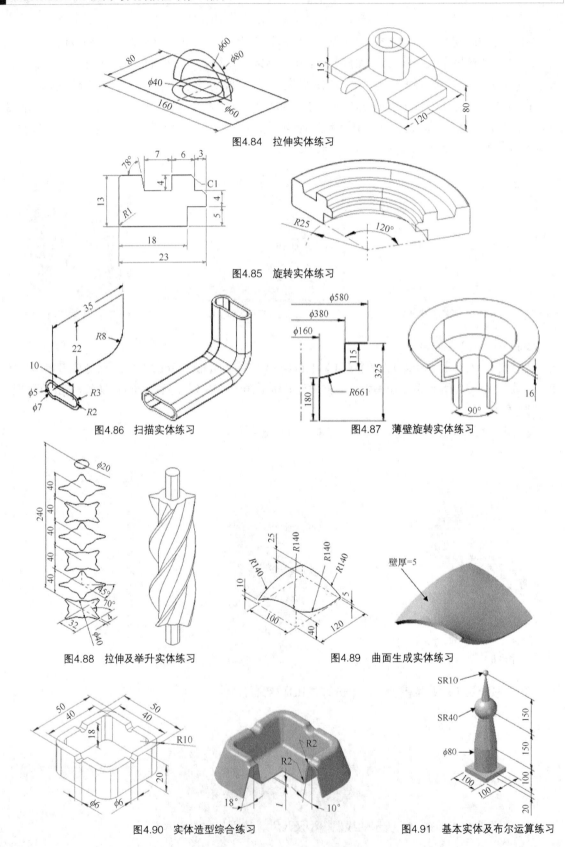

图4.84 拉伸实体练习

图4.85 旋转实体练习

图4.86 扫描实体练习

图4.87 薄壁旋转实体练习

图4.88 拉伸及举升实体练习

图4.89 曲面生成实体练习

图4.90 实体造型综合练习

图4.91 基本实体及布尔运算练习

2. 零件图如图 4.92 所示，完成型腔零件的实体造型。

其余 $\sqrt{Ra\,6.3}$

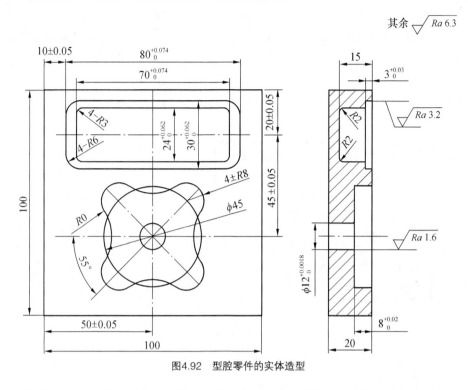

图4.92　型腔零件的实体造型

3. 零件图如图 4.93 所示，完成壳体零件的实体造型。零件技术要求：①未注圆角为 $R2$，锐边倒圆角 $R0.5$；②拔模斜度为 $1°$ 。

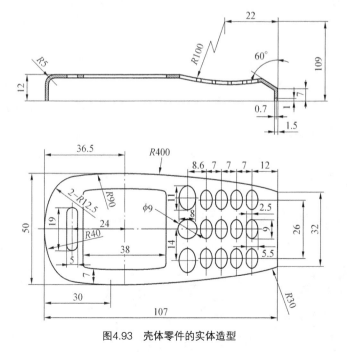

图4.93　壳体零件的实体造型

4. 零件图如图 4.94 所示，完成型腔零件的实体造型。

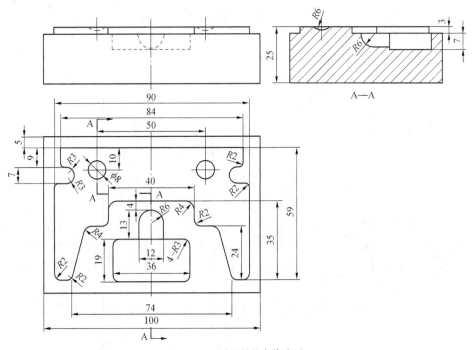

图4.94　型腔零件的实体造型

Chapter 5

第5章

数控加工通用设置

对于 Mastercam X3 来说，强大的 CAM 功能是其能够在激烈的竞争中立于不败之地的关键。目前，CAM 技术已经有了很大的发展，能够自动地帮助技术人员在一定程度上进行刀具路径的规划和决策。刀具路径实际上就是工艺数据文件（NCI），它包含了一系列刀具运动轨迹以及加工信息，如进给量、主轴转速、切削深度等，其中有很多工艺参数的选择必须在操作者的指引下完成。这就要求操作者应该具有足够的专业知识和经验，否则设计出来的刀具路径往往中看不中用。

Mastercam X3 的 CAM 基础

数控编程人员必须掌握与数控加工相关的一些基础知识，包括数控加工原理、数控机床结构、数控加工的工艺分析等。其中，数控加工工艺分析与规划是数控编程的核心工作，将影响数控加工的加工质量和效率。

5.1.1　工艺分析与规划

数控加工工艺分析与规划的内容主要包括加工对象及加工区域规划、加工工艺路线规划、加工工艺和切削方式的确定 3 个方面。

1. 加工对象及加工区域规划

加工对象和加工区域规划是指将加工对象分成不同的加工区域，分别采用不同的加工工艺和加工方式进行加工，目的是提高加工效率和质量。通常需要进行分区加工的情况如下几种。

① 加工表面的形状差异较大。例如，对于由水平平面和自由曲面组成的加工表面可以采用不同的加工方式，即水平平面部分采用平底铣刀加工，切削间距可以超过刀具半径值，以提高加工效率；曲面部分则采用球头铣刀加工，切削间距小于刀具半径值，以保证表面光洁度。

② 加工表面不同区域的尺寸差异较大。例如，对于较为宽阔的型腔，可采用较大的刀具进行加工，以提高加工效率；而对于较小的型腔或转角区域，大尺寸刀具不能进行彻底加工，应采用较小刀具，以保证加工的完备性。

③ 加工表面要求的精度或表面粗糙度差异较大。例如，对同一表面的配合部位要求精度较高，应以较小的步进量进行加工；对精度和光洁度要求较低的其他部位，则可以采用较大的步进量加工，以提高加工效率。

2. 加工工艺路线规划

设计数控工艺路线时，首先要考虑加工顺序的安排。加工顺序的安排应根据零件的结构和毛坯状况，以及定位安装与夹紧的需要来考虑，重点是要保证定位夹紧时工件的刚性且利于保证加工精度。在数控加工中，加工顺序的安排一般要求：由粗加工到精加工逐步进行，加工余量由大到小；先加工内腔，再加工外形；在同一次安装中进行的多道工序，应优先安排对工件刚性破坏较小的工序。

另外，由于数控加工工序常常穿插于零件加工的整个工艺过程之中，因此，在工艺路线设计中一定要全面考虑其与普通工序的衔接，使之与整个工艺过程协调吻合。例如，在工艺路线设计中应考虑：要不要留加工余量、留多少，定位面与定位孔的精度要求及形位公差，对毛坯的热处理状态要求等。

3. 加工工艺和切削方式的确定

加工工艺和切削方式的确定是实施加工工艺路线的细节设计，主要内容包括如下几点。

① 刀具选择。为不同的加工区域、加工工序选择合适的刀具。刀具的正确选择对加工质量和效率有较大的影响。

② 刀轨形式选择。针对不同的加工区域、加工类型、加工工序，选择合理的刀轨形式，以确保加工的质量和效率。

③ 误差控制。确定与数控编程相关的误差环节和误差控制参数，保证数控编程精度和实际加工精度。

④ 残余高度控制。根据刀具参数、加工表面特征确定合理的刀具切削间距，在保证加工表面质量的前提下，尽可能提高加工效率。

⑤ 切削工艺控制。切削工艺包括切削用量选择（切削深度、刀具进给速度、主轴转速等）、加工余量确定、进刀/退刀控制、冷却方式设定等诸多内容，是影响加工精度、表面质量和加工损耗的重要因素。

⑥ 安全控制。包括安全高度、避让区域等涉及加工安全的控制因素。

在实际加工中，工艺分析与规划受到机床、刀具、加工对象等多种因素的影响。从某种程度上可以认为它是加工经验的体现，需要编程人员在工作中不断总结和积累。工艺分析和规划确定后，就需要将其在 CAM 软件上予以具体实施，即利用 CAD/CAM 软件进行 NC 编程，完成切削方式、加工对象及加工区域、刀具参数以及加工工艺参数设置等操作。

5.1.2　刀具的选择及参数设置

在数控加工中，刀具的选择直接关系到加工精度、加工表面质量和加工效率。选用合适的刀具，并使用合理的切削参数，可以使数控加工以最低的成本、最短的时间达到最佳的加工质量。

1. 选择数控加工刀具的原则

加工中心所用的刀具是由通用刀具和加工中心主轴前端锥孔配套的刀柄等组成。数控加工时，应根据机床的加工能力、工件材料的性能、加工工序、切削用量，以及其他相关因素正确选用刀具及刀柄。刀具选择的总原则是：适用、安全和经济。

① 适用是要求所选择的刀具能达到加工的目的，即有效去除材料并达到预定的加工精度。如粗加工时，选择足够大并有足够切削能力的刀具，以快速去除材料；精加工时，要使用较小的刀具，以保证加工出所有的结构形状；切削低硬度材料时，可以使用高速钢刀具，而切削高硬度材料时，必须使用硬质合金刀具。

② 安全是指在有效去除材料的同时，保证刀具及刀柄不会与工件或夹具相碰撞或者挤擦等，以免造成刀具或工件的损坏。如直径很小的加长刀具切削硬质材料时很容易折断，选用时一定要慎重。

③ 经济是指能以最小的成本完成加工。在大多数情况下，选择好的刀具虽然会增加刀具成本，但由此带来的加工质量和加工效率的提高，却可能会使总体成本比使用普通刀具更低。如选用高速钢刀具切削钢材时，其进给速度只能达到 100 mm/min，而采用相同大小的硬质合金刀具，其进给速度可以达到 500 mm/min 以上，能大幅缩短加工时间，使总体加工成本降低。通常情况下，优先选择经济性良好的可转位刀具。

2. 加工不同形状工件对刀具的要求

加工中心所使用的立铣刀主要有 3 种形式：球头刀（$R=D/2$）、端铣刀或平底铣刀（$R=0$）、R 刀或圆鼻刀（$R<D/2$），其中 D 为刀具直径、R 为刀具的刀尖圆角半径。选取刀具时，刀具直径的选用主要取决于设备的规格和工件的加工尺寸，且要使刀具的尺寸与被加工工件的表面尺寸相适应。

铣削平面时应选用不重磨硬质合金端铣刀或立铣刀、可转位面铣刀。一般采用二次走刀，第一次走刀最好选用端铣刀粗铣，沿工件表面连续走刀。而平面的精加工一般用可转位密齿面铣刀，以达到理想的表面加工质量。如加工余量大又不均匀时，铣刀直径要选小一些；精加工时，铣刀直径要选大一些，最好能包容加工面的整个宽度。

铣削空间曲面和变斜角轮廓外形时，常采用球头铣刀、锥形铣刀等。但是，由于球头刀具的球面端部切削速度为 0，而且在走刀时每两行刀位之间加工表面不可能重叠，总会存在没有被去除的部分。走刀步长和切削间距越小，其产生的残余高度越小，表面质量越好，而编程加工效率则越低。因此，在满足加工精度要求的前提下，应尽量加大走刀步长和切削间距，提高编程和加工效率。在保证不发生干涉和工件不过切的前提下，无论是曲面的粗加工还是精加工，都应优先选用平底铣刀或 R 刀。但是，当曲面形状较复杂时，为了避免干涉，一般应采用球头铣刀，通过调整加工参数来达到较好的加工效果。

铣削盘类零件的周边轮廓时一般采用立铣刀。所用立铣刀的刀具半径一定要小于零件内轮廓的最小曲率半径，一般取最小曲率半径的 0.8～0.9 倍。零件的 Z 向进给量最好不要超过刀具的半径。

若是铣毛坯面，最好选用硬质合金波纹立铣刀。它在机床、刀具、工件系统允许的情况下，可以进行强力切削。

钻孔时，要先用中心钻打中心孔，以引正钻头。先用较小的钻头将孔钻至所需的深度，再用较大的钻头钻孔，最后用所需的钻头加工，以保证孔的精度。对于深孔的钻削加工，一般使用深孔钻削循环指令 G83 进行编程，即在钻削一定深度后，钻头快速退出，进行排屑和冷却，之后，再继续进给一定距离，快速退出，冷却和排屑，直至孔深钻削完成。

5.1.3　刀具切削用量的选择与设置

合理选择切削用量对于发挥数控机床的最佳效益有着至关重要的作用。选择切削用量的原则是：粗加工时，一般以提高生产率为主，但也应考虑经济性和加工成本；半精加工和精加工时，应在保证加工质量的前提下，兼顾切削效率、经济性和加工成本。具体数值应根据机床规格、刀具性能、切削用量手册，并结合经验而定。

1.　切削深度

切削深度 a_p 也称为背吃刀量。在机床、工件和刀具刚度允许的情况下，切削深度越大越有利于最大限度地提高生产率。一般，在工件表面粗糙度 Ra 要求为 12.5～25 μm 时，如果圆周铣削的加工余量小于 5 mm，端铣的加工余量小于 6 mm，粗铣一次进给就可以达到要求，但当余量较大，工艺系统刚性较差或机床动力不足时，可分多次进给完成；在工件表面粗糙度 Ra 要求为 3.2～12.5 μm 时，可分粗铣和半精铣 2 步进行，粗铣后留 0.5～1.0 mm 余量在半精铣时切除；在工件表面粗糙度 Ra 要求为 0.8～3.2 μm 时，可分粗铣、半精铣、精铣 3 步进行，半精铣时切削深度取 1.5～2 mm，精铣时圆周侧吃刀量取 0.3～0.5 mm，面铣刀背吃刀量取 0.5～1 mm。

2.　切削宽度

切削宽度 L 也称为切削间距。一般，切削宽度与刀具直径成正比，与切削深度成反比。在粗加工中，切削间距大一些有利于提高加工效率。使用平底铣刀进行切削时，一般切削宽度取刀具直径的 0.6～0.9 倍；使用圆鼻刀进行加工时，刀具直径应扣除刀尖的圆角部分，即 $d=D-2r$（D 为刀具直径，r 为刀尖圆角半径），而切削宽度可以取为（0.8～0.9）d；使用球头铣刀进行精加工时，切削间距的确定应首先考虑所能达到的精度和表面粗糙度。

3.　切削速度

切削速度 v_c 也称单齿切削量。该值的确定主要取决于刀具耐用度，同时也要考虑工件的材料硬度。例如，用某高速钢立铣刀铣削合金钢时，v_c 可选为 8 m/min 左右，而用同样的立铣刀铣削铝合金时，v_c 可选为 200 m/min 以上。表 5.1 为数控加工时铣刀常用切削速度表。

表 5.1　　　　　　　　　铣刀常用切削速度（m/min）

工 件 材 料	铣 刀 材 料					
	碳 素 钢	高 速 钢	超高速钢	合 金 钢	碳 化 钛	碳 化 钨
铝合金	75～150	180～300		240～460		300～600
镁合金		180～270				150～600
黄铜（软）	12～25	20～25		45～75		100～180

续表

工件材料	铣刀材料					
	碳素钢	高速钢	超高速钢	合金钢	碳化钛	碳化钨
青铜	10～20	20～40		30～50		60～130
青铜（硬）		10～15	15～20			40～60
铸铁（软）	10～12	15～20	18～25	28～40		75～100
铸铁（硬）		10～15	10～20	18～28		45～60
（冷）铸铁			10～15	12～18		30～60
可锻铸铁	10～15	20～30	25～40	35～45		75～110
钢（低碳）	10～14	18～28	20～30		45～70	
钢（中碳）	10～15	15～25	18～28		40～60	
钢（高碳）		10～15	12～20		30～45	
合金钢					35～80	
合金钢（硬）					30～60	
高速钢			12～25		45～70	

4. 主轴转速

主轴转速 n 一般根据切削速度 v_c 来选定。计算公式为

$$n=v_c\times1\ 000/\ (\pi D_c)$$

式中，D_c 为刀具直径（单位为 mm）。

5. 进给速度

进给速度 v_f 是指机床工作台作插位时的进给速度。该值应根据零件的加工精度和表面粗糙度要求，以及刀具和工件材料来选择。加工表面粗糙度要求低时，可选得大一些。在初始切削进刀，特别是 Z 轴下刀时，因为进行端铣，受力较大，应以相对较慢的速度进给。在切削过程中，当有平面的侧向进刀，可能产生全刀切削时，切削条件相对较恶劣，应设置较低的进给速度。

5.1.4　高速铣削的工艺设置

高速铣削加工技术是 20 世纪 80 年代开始发展的新技术。目前市场上出现的高速铣削加工机床主轴的最高转速为 40 000～60 000 r/min，在 X、Y、Z 坐标轴方向的最大工作进给速度提高到 24～30 m/min。高速加工的基本出发点是在高速低负荷状态下快速地切除材料。低负荷切削意味着可减轻切削力，从而减少切削过程中的振动和变形。它在提高工件加工质量和效率，降低加工成本方面的优势是显而易见的。以模具加工为例，高速加工的模具生产周期至少可缩短60%，成本可下降约 30%。并且，由于高速加工的切削力大幅度下降，配用合适的刀具后，可以实现一些传统方法难以实现的加工，如淬硬钢、石墨、钛合金等难切削材料的加工，以及小孔、细槽等微小结构的铣削加工、薄壁零件的加工等。

1. 刀具的选择

（1）刀柄及刀夹的选择

高速加工要选用 HSK 系列的刀柄。该刀柄采用锥面和端面双重定位，刚性好、精度高。同时，

选用热缩式刀夹或液压式刀夹可以获得更高的同心度和平衡性能。

（2）刀具几何参数的选择

高速加工切削力及扭矩较小，可以选用后角较大且较尖锐的切削楔，以便降低工件材料在后刀面的接触摩擦效应，有利于提高刀具的耐用度。

（3）刀具材料的选择

切削钢件使用的硬质合金刀具必须具有很高的热硬度，因此 TiC 含量较高的 P 类合金优于 WC 含量较高的 K 类硬质合金。与硬质合金相比，陶瓷刀具的耐用度要高得多，但它性脆、导热能力差，只适用于小的切削深度和进给量。使用涂层硬质合金刀具，如物理气相沉积（PVD）方法涂覆的 TiN 涂层刀具，可以大幅度提高刀具的抗磨损能力，从而提高刀具的耐用度。

2. 切削用量的选择

使用高速加工技术，选择合适的切削用量和进给量，不仅能有效地提高加工效率，还有利于延长刀具的使用寿命。

（1）进给量的选择

在进给量增大时，刀具寿命先是上升，在达到临界值后迅速下降。这是因为在初段，刀具在工件的切削次数减少，之后，进给量增大引起的切削力增大、工件切削路径变长和前刀面接触温度上升，造成刀具前刀面月牙洼磨损，使刀具耐用度下降。

（2）切深的选择

铣刀的轴向切深对刀具的耐用度影响较小，在加工过程中铣削宽度应当尽量选得大一些。而径向切深对刀具耐用度的影响较大，刀具耐用度随径向切深的增大而下降。一般径向切深取铣刀直径的 5%～10%。

3. 高速加工的编程策略

（1）采用光滑的进/退刀方式

高速加工时应尽量采用轮廓的切向进/退刀方式，以保证刀路轨迹的平滑。对曲面进行加工时，可以采用曲面的切向进刀或更好的螺旋式进刀。

（2）采用光滑的移刀方式

这里的移刀方式主要是指行切中的行间移刀、环切中的环间移刀、等高加工中的层间移刀等。高速加工中采用的切削用量都很小，移刀运动量会急剧增加，因此必须要求刀具路径中的移刀平滑。比如，在行切时采用切圆弧连接或者圆弧过渡移刀等，在环切时采用环间的圆弧切出与切入连接或空间螺旋式移刀，而在等高加工时采用螺旋式等高线间的移刀。

（3）采用光滑的转弯走刀

采用光滑的转弯走刀与光滑移刀一样，其对保证高速加工的平稳和效率同样重要，主要可以采用圆角走刀和圆环走刀方式。

5.1.5　数控加工编程的基本步骤与概念

1. 利用 Mastercam X3 进行数控编程的基本步骤

① 构建加工所需的二维或三维零件的几何模型。

② 选择刀具路径菜单中相应的铣削功能，如外形铣削、挖槽加工或曲面加工等。

③ 根据加工需要，定义所需的加工外形或曲面。

④ 设定当前路径操作的 NC 刀具共同参数和其他各项铣削参数，生成刀具路径。

⑤ 使用刀具路径模拟和实体切削验证功能，对生成的刀具路径进行验证检查。

⑥ 执行刀具路径的后置处理，生成数控加工 NC 程序。

2. 数控加工编程的几个基本概念

（1）机床坐标系与运动方向

机床坐标系是机床上固有的坐标系，是机床加工运动的基本坐标系，也是考察刀具在机床上的实际运动位置的基准坐标系。对于具体机床来说，有的是刀具移动工作台（工件）不动，有的是刀具不动而工作台（工件）移动。然而，不管是刀具还是工件移动，机床坐标系永远假定刀具相对于静止的工件而运动，且运动的正方向是增大工件和刀具之间距离的方向。

数控机床上的坐标系通常采用右手直角笛卡尔坐标系。一般情况下，主轴的方向为 Z 轴方向，而工作台的 2 个运动方向分别为 X、Y 轴。图 5.1 是典型的单立柱立式数控铣床运动坐标系示意图。机床坐标系的 Z 轴方向是刀具运动方向，并且刀具向上运动为正方向。当面对机床进行操作时，刀具相对于工件的左右运动方向为 X 轴方向，并且刀具相对于工件向右运动（即工作台带动工件向左运动）时为 X 轴的正方向。Y 轴的方向可用右手法则确定。

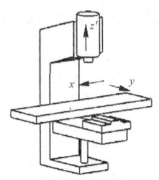

图5.1　单立柱立式数控机床运动坐标系示意图

（2）工件坐标系

工件坐标系是指编程人员根据零件图样及加工工艺，以零件上某一固定点为原点所建立的局部坐标系，又称为编程坐标系。数控编程时，以该工件原点为坐标系原点进行编程，即数控程序中的加工刀位点坐标均以编程工件坐标系为参照进行计算。

数控加工时，工件安装在机床上，这时只要测量工件原点相对于机床原点的位置坐标（称为原点偏置），并将该坐标值输入到数控系统中，数控系统就会自动将原点偏置加入到刀位点坐标中，使刀位点在编程坐标系下的坐标值转化为机床坐标系下的坐标值，从而使刀具运动到正确的位置。测量原点偏置实际上就是数控机床操作中通常所说的"对刀"操作。

（3）机床原点

机床原点又称为机械原点，是机床坐标系的原点。该点是机床上的一个固定点，其位置由机床设计和制造单位确定，通常不允许用户改变。机床原点是工件坐标系、机床参考点的基准点，也是制造和调整机床的基础。数控铣床的机床原点，各生产厂商设置的都不一致，有的设置在机床工作台的中心，有的设置在进给行程的终点，通常是设在卡盘后端面的中心。

（4）机床参考点

机床参考点是机床上的一个固定点，用于对机床工作台、滑板与刀具相对运动的测量系统进行标定和控制。其位置由机械挡块或行程开关来确定。数控机床在接通电源后一般都要做回参考点（回零）操作。当各轴碰到参考开关后，机床的各坐标轴位置将清零并记忆这个初始化位置。

（5）工件原点

工件坐标系的原点称为工件原点或编程原点。工件原点在工件上的位置虽然可以任意选择，但是一般应设置在工件图样的设计基准或工艺基准，或者尺寸精度高、粗糙值低的工件表面，或者工件的对称中心上，以利于编程、测量和检验。

（6）对刀与对刀点

对刀点是通过对刀确定刀具与工件相对位置的基准点。对刀点可以设置在工件上，也可以设置在与工件的定位基准有一定关系的夹具的某一位置上。设置对刀点，应遵循使程序编制简单、容易找正、检查方便且可靠，有利于提高加工精度等原则。一般，对刀点设置在零件的设计基准或工艺基准上，或者定位孔的中心。

（7）换刀点

换刀点是为加工中心、数控车床等采用多刀加工的机床而设置的。因为这些机床在加工的过程中需要自动换刀，在编程时应当考虑选择合适的换刀位置。

5.1.6 Mastercam X3 的数控加工模块

作为世界上功能最强大的 CAD/CAM 软件之一，Mastercam X3 不仅具有强大的二维与三维设计功能，同时还包含了 4 个 CAM 模块：Mill、Lath、Wire 和 Router，能根据 CAD 图形高效地进行数控铣削加工、车削加工、线切割加工及雕刻加工，其功能菜单如图 5.2 所示。

图5.2 【机床类型】菜单

设计模块是系统环境的默认工作模块，可以方便地完成任意二维或三维图形的创建。而铣削模块是 Mastercam 的主要功能模块，系统提供了 3 ~ 5 轴的所有立式（VMC）与卧式（HMC）铣削机床类型。进入加工编程环境之前，都应对机床类型进行定义，以便调用其专用数据库，即单击菜单栏的【机床类型】（Machine Type）命令，然后选择不同的机床系统。可以通过【机床列表管理】对话框自定义机床菜单管理器。

此时，可以通过不同的机床数据库调用所需要的机床，也可以选择【默认】（Default）由系统自动选择机床类型。定义好加工机床类型后，【刀具路径】（Toolpaths）菜单将被激活，如图 5.3 所示。

图5.3 【刀具路径】菜单

在 Mastercam X3 系统的铣削加工中，主要有二维刀具路径设计和三维刀具路径设计 2 大类。二维刀具路径是指在加工过程中，刀具或工件在高度上不发生变化，即只在 XY 平面内移动；三维刀具路径是指刀具或工件除了在 XY 平面内不断移动之外，在 Z 方向上也不断发生变化，即实现 3 轴的联动。另外，多轴加工在当今的模具加工领域中发展、应用极为迅速，尤其适用于加工复杂的三维零件。其在原有的 X、Y 和 Z 3 轴的基础上，增加了 2 个刀具旋转的 A、B 轴。二维刀具路径一般包括外形铣削、挖槽加工、平面铣削和钻孔加工 4 类，三维刀具路径则分为粗加工和精加工。但是，不论哪种刀具路径的生成，其刀具设置、材料设置、工件设置和刀具路径操作管理的基本方法都是相同的。

刀具管理

受切削条件和加工技术要求的影响，在实际生产加工中，不同的加工操作对刀具的选用有不同的要求，其所应用的切削用量也各不相同。在 Mastercam X3 系统中，可以直接从刀具库中调用已有刀具，或在刀具库中通过设置参数来定义新的刀具。这里将对刀具的管理进行简单的介绍。

1. 刀具管理器

在菜单栏中选择【刀具路径】（Toolpaths）/【刀具管理器】（Tool Manager）命令，系统显示【刀具管理】（Tools Manager）对话框，如图 5.4 所示。

图5.4 【刀具管理】对话框

该对话框列出了当前系统刀具库和应用刀具库中所存储的刀具及其相关参数。如列表中刀具的数量较多时，可勾选对话框中的【启用刀具过滤】复选框，并单击 过滤 按钮设定过滤显示的刀具类型，之后系统刀具库和应用刀具库将只显示满足设定条件的刀具。

在【刀具过滤设置】对话框中，系统允许设定的刀具材料有以下几种：高速钢（HSS）、陶瓷刀具（Ceramic）、硬质合金刀具（Carbide）、镀钛刀具（Ti Coated）以及用户自定义刀具（User Def1 和 User Def2）。

2. 定义刀具类型

生成刀具路径前，必须先根据加工的需要，定义或编辑当前加工所需的刀具参数。选择菜单栏的【刀具路径】（Toolpaths）/【刀具管理器】（Tool Manager）命令，系统进入【刀具管理】（Tools Manager）对话框，在列表框中单击鼠标右键弹出快捷菜单，如图 5.5 所示。从中选取【新建刀具】（Create New Tool）命令，可定义新的刀具；或者选取【编辑刀具】（Edit Tool）命令，可对系统刀具库中调用的刀具进行编辑，此时会显示如图 5.6 所示的【定义刀具】对话框。

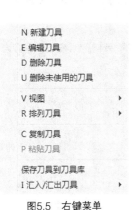

图5.5　右键菜单

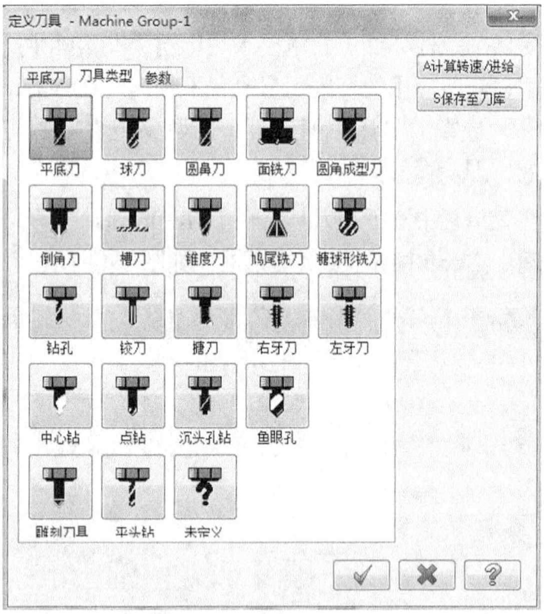

图5.6　【定义刀具】对话框

在【刀具类型】（Tool Type）选项卡中，系统提供了 22 种可供选择的刀具类型，分别是平底铣刀（End Mill）、球头铣刀（Sphere Mill）、圆鼻铣刀（Bull Mill）、面铣刀（Face Mill）、圆角成型铣刀（Rad Mill）、倒角铣刀（Chfr Mill）、槽铣刀（Slot Mill）、锥度铣刀（Taper Mill）、燕尾铣刀（Dove Mill）、圆球形铣刀（Lol. Mill）、钻头（Drill）、铰刀（Reamer）、镗刀（Bore Bar）、右牙丝锥（Tap RH）、左牙丝锥（Tap LH）、中心钻（Ctr. Drill）、点钻（Spot Drill）、沉头孔钻（Cntr. Bore）、鱼眼孔钻（C. Sink）、雕刻刀（Engrave Tool）、平头钻（Bradpt Drill）等。

3. 定义刀具的尺寸参数

在【刀具类型】（Tool Type）选项卡中选取某刀具类型后，会自动切换至【刀具】选项卡，用于设置刀具和夹头的结构尺寸及刀具加工方式，如图 5.7 所示。这里以平底铣刀为例进行说明。

① 刀具编号（Tool #）。系统依据刀具创建的顺序自动给出刀具编号，当然也允许自行设定编号。在数控机床执行 NC 程序代码时，系统识别到某个刀具编号时即调用该刀具的直径、长度补正等信息。

② 刀座编号（Head #）。设置刀具选用的夹头编号。

③ 夹头（Holder）。设置刀具夹头的长度。

④ 夹头直径（Holder Dia.）。设置刀具夹头的直径。

⑤ 刀长（Overall）。设置刀具从刀尖到夹头底端的长度。

⑥ 肩部（Shoulder）。设置刀具刀刃的长度。

⑦ 刀刃（Flute）。设置刀具有效切刃的长度。

⑧ 刀柄直径（Arbor Diameter）。设置刀具的刀柄直径。

⑨ 直径补正（Diameter）。设置刀具刃口的直径，系统使用该直径做计算机补正。若采用控制器补正，则应设置刀具直径为 0 或计算机补正为关（Off）。

⑩ 适用于（Capable of）。设置刀具的加工类型，有粗加工（Rough）、精加工（Finish）或两者（Both）3 种设定。

如选用球头铣刀或圆鼻铣刀，还需设置刀具刃口的圆角半径（Corner Radius）等参数。一般，平铣刀的刀角半径为 0，球头铣刀的刀角半径等于刀具半径，圆鼻铣刀的刀角半径小于刀具半径且大于 0。

4. 定义刀具的切削参数

单击【参数】（Parameters）选项卡，可切换至如图 5.8 所示的参数设置对话框，用于设置刀具在加工时的进给量、冷却方式等参数。

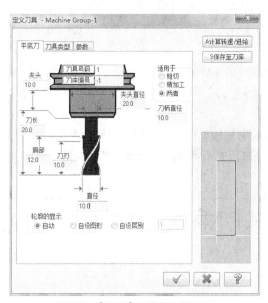

图5.7 【刀具】选项卡的参数设置

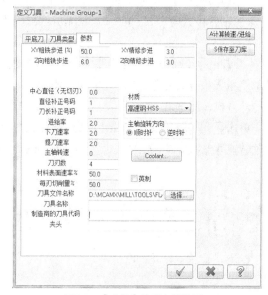

图5.8 【参数】选项卡的设置

【XY粗铣步进】（Rough XY Step）：设置粗加工时，刀具在垂直刀轴方向（XY 平面方向）的每次进给量，以刀具直径的百分率表示。

【Z向粗铣步进】（Rough Z Step）：设置粗加工时，刀具在刀轴方向（Z 轴方向）的每次进给量。

【XY精修步进】（Finish XY Step）：设置精加工时，刀具在垂直刀轴方向（XY 平面方向）的每次进给量。

【Z向精修步进】（Finish Z Step）：设置精加工时，刀具在刀轴方向（Z 轴方向）的每次进给量。

【中心直径】（Required Pilot Dia.）：设置攻丝、镗孔时所需的预制中心孔直径。

【直径补正号码】（Dia. Offset Number）：设置 CNC 控制器所需的刀具直径补正号，用于计算刀具左右补正的距离。该参数仅在控制器补正时，才出现在产生的 NC 程序中。

【刀长补正号码】（Length Offset Number）：设置 CNC 控制器所需的刀具长度补正号，用于设定刀尖（测量原点）和参考平面（刀具 Z0 位置）间在 Z 轴上的距离。该补正号相当于一个寄存器，用于机床补正刀具长度。

【进给率】（Feed Rate）：设置刀具进给的速度，即铣刀在 XY 平面方向的切削进给速度，单位为 inch/min 或 mm/min。

【下刀速率】（Plunge Rate）：设置刀具沿 Z 轴快速趋近工件的速度，即铣刀沿 Z 轴方向垂直下刀的移动速度。

【提刀速率】（Retract Rate）：设置刀具加工结束后快速提刀返回的速度，该值仅在刀具沿 Z 轴正向退刀时才有效。

【主轴转速】（Spindle Speed）：设置主轴旋转的速度，该设定值将出现在 NC 程序中（如 S1500），单位为 r/min。

【刀刃数】（Number of Flutes）：设置刀具的刃数，以计算刀具的进给率。

【材料表面速率】（% of Matl. Cutting Speed）：设置刀具切削线速度的百分比。

【每刃切削量】（% of Matl. Feed Per Tooth）：设置刀具每转进刀量的百分比。

【主轴旋转方向】（Spindle Rotation）：设置主轴的旋转方向，有顺时针（CW）和逆时针（CCW）之分。

【冷却液】（Coolant）：设置切削液的冷却方式。其中 "Flood" 表示使用大流量冷却液冷却，"Mist" 表示使用雾状方式冷却，"Thru-Tool" 表示采用刀具自冷方式。设置时，选取 "On" 表示开启对应的冷却方式，而选取 "Off" 表示不使用该冷却方式。

单击 [△计算转速/进给]（Calc. Speed/Feed）按钮，表示系统可以根据所选工件材料自动计算出切削速度、主轴转速等参数。单击 [S保存至刀库]（Save to Library）按钮，表示将所创建的新刀具添加到刀具库中。

5.3　NC 刀具共同参数

使用 Mastercam X3 生成刀具路径时，需要设置各种刀具工艺参数，包括刀具共同参数和铣削模组专用参数两大类。刀具共同参数是指各种刀具路径资料都要用到的参数，铣削模组专用参数是指每一种加工模式所特有的参数。

无论采用何种方法生成刀具路径，在指定加工区域后，都需要定义加工用刀具的参数（即刀具共同参数），如图 5.9 所示。这些参数将直接影响后置处理程序中的 NC 码。

1. 刀具列表区

刀具列表区列出了当前已定义的刀具。可直接从中选择某刀具作为当前加工用。此时，文本框内会显示当前刀具的预置参数，可采用预置值也可定义新值。若在列表区中单击鼠标右键，将弹出如图 5.10 所示的右键菜单，可从系统刀具库中直接选刀，也可以定义、编辑新的刀具于系统刀具库中。

2. 公共刀具参数

选取所需的刀具后，系统会预置刀具的公共参数，包括刀具名称（Tool Name）、刀具编号（Tool #）、刀座编号（Head #）、刀具直径补正号（Dia. Oflset Number）、刀具长度补正号（Len. Oflset Number）、刀具直径（Tool Dia）、刀角半径（Corner）、进给率（Feed Rate）、主轴转速（Spindle speed）、下刀速率（Plunge Rate）和提刀速率（Retract Rate）等。前面对各参数项已有过说明，这里不再赘述。

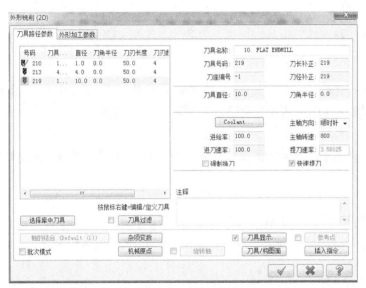
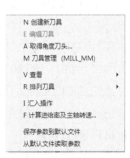

图5.9 刀具共同参数   图5.10 右键菜单

3. 杂项变数

单击 杂项变数 （Misc Values）按钮，可为后处理设置杂项变量的默认值，或改变各变量值的设定。该设定值会写入到 NCI 文件的开头，处理时每个值都会联系至合适的变量。

4. 机械原点

数控机床在接通电源后一般都要做回参考点（回零）操作，使机床各坐标轴位置清零，并记忆这个初始化位置。合理设置回参考点时中间经过点的坐标值，可以避免机床回参考点时刀具与工作台上的工件或夹具发生碰撞等。

单击 机械原点 （Home Position）按钮，显示如图 5.11 所示的对话框，可设置机床换刀或 NC 程序结束时刀具返回参考点所经过的中间点位置，该项参数仅在后处理时使用。

5. 参考点

参考点的默认值相对于操作的刀具平面为 $X0$、$Y0$、$Z0$，可根据需要进行改变。在机械加工中，刀具先从机械原点移动到进入点位置，之后再开始第 1 条刀具路径的加工；当切削加工完成后，刀具先移动到退出点位置，再返回到机械原点。

单击 参考点 （Ref. Point）按钮，显示如图 5.12 所示的对话框，可以设置进入刀具路径前刀具要移动到的位置，或路径操作结束后刀具要移动到的位置，即参考点的位置。

图5.11　机械原点设置对话框

图5.12　参考点设置对话框

6. 旋转轴

单击 旋转轴 （Rotary Axis）按钮，可以设置工件的旋转轴，一般在车床路径中使用。系统允许选择 X、Y 或 Z 轴作为替代的旋转轴，并可设置旋转方向、旋转直径等参数。

7. 刀具显示

单击 刀具显示... （Tool Display）按钮，显示如图 5.13 所示的对话框，用于设定生成刀具路径时刀具在屏幕上的模拟显示方式。

8. 刀具面/构图面

刀具平面是指刀具工作的表面，通常为垂直于刀具轴线的平面。最常用的刀具平面为俯视图。单击 刀具/构图面 （Planes）按钮，显示如图 5.14 所示的对话框，可以设定目前铣削路径的刀具平面、构图平面及其原点位置。

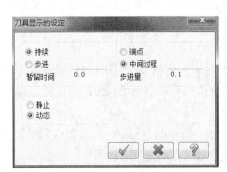

图5.13　【刀具显示的设定】对话框

图5.14　【刀具面/构图面的设定】对话框

Mastercam X3 中有 3 个关键坐标点：系统原点，是 Mastercam X3 自动设定的固定坐标系的原点，按 F9 键可显示系统原点；构图原点，是为方便绘图而确定的构图平面的原点；刀具原点，是定义刀具平面的原点，刀具路径中的坐标值都是相对于刀具原点计算得到的，每加工完一个工件，刀具都要回到系统设定的刀具原点，然后进行下一次循环。一般，这 3 个点都与控制系统原点（机床工作坐标系原点）重合。

Mastercam X3 系统的工作坐标系（WCS）除适用于造型设计外，还可用于机械加工。在图 5.14 所示的对话框中，如选择【加工坐标系】（Work Offset）复选框，则允许在工件坐标系下定义构图面、刀具平面以及各自的原点。

9.　插入指令

单击 （Canned Text）按钮，可以将一些控制机床动作的辅助指令插入到后处理生成的 NC 代码文件中。在【插入指令】对话框的左侧，列出了后处理器用来控制机床的命令变量。可以将其加入到右侧区域，以便后处理时插入到 NC 代码中。

10.　批次模式

选择【批次模式】（To Batch）复选框，表示进行程序的批量处理。

5.4　工件设置

加工工件即零件毛坯。选择菜单栏的【机床类型】（Machine Type）/【铣床】（Mill）/【默认】（Default）命令，系统将自动进入铣削加工环境并初始化加工操作管理器。在操作管理器的树状列表中，选择【材料设置】（Stock Setup）选项，如图 5.15 所示，系统会自动弹出【机器群组属性】对话框。在该对话框中，可以对机床属性文件、工件、刀具、安全加工区域等进行设置。图 5.16 所示为对话框中【材料设置】选项卡的参数内容。从中可知，工件的定义包括工件类型、工件尺寸和工件原点的设定等。

图5.15　操作管理器

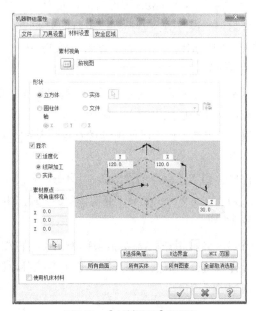

图5.16　【材料设置】选项卡

1.　工件类型

Mastercam X3 可根据零件尺寸建立任何形状的工件，包括立方形和圆柱形，或者在绘图区通过选取图素来创建工件的几何形状。

（1）立方体

在对话框的【工件材料的形状】栏内选取【立方体】（Rectangular）单选框，然后直接在窗口的 X、Y、Z 坐标栏中输入工件的几何尺寸即可创建立方形工件。

（2）圆柱体

在对话框的【工件材料的形状】栏内选取【圆柱体】（Cylindrical）单选框，然后指定其中心轴的放置方向为 X、Y 或 Z 轴，并输入圆柱体的直径和长度尺寸，即可创建圆柱形工件。

（3）实体

在对话框的【工件材料的形状】栏内选取【选取实体】（Solid）单选框，然后单击右侧的 ▣ 按钮，并在绘图区选择某几何实体为工件。

（4）文件

在对话框的【工件材料的形状】栏内选取【文件】（File）单选框，然后通过调用 STL 格式文件的方式来建立工件，常用于复杂形状或铸造工件的建立。

2.　工件尺寸

工件尺寸依据零件图形的大小及原料的尺寸来确定，创建工件尺寸有以下几种方法。

单击 选择角落... （Select Corners）按钮，在绘图区选取两个对角点来定义工件尺寸。

单击 边界盒(B) （Bounding Box）按钮，采用图形边界盒的方式自动定义工件尺寸。

单击 NCI 范围 （NCI Extents）按钮，根据 NCI 文件中的刀具移动范围自动计算工件尺寸。

单击 所有曲面 （All Surfaces）按钮，直接由所有曲面图素决定工件尺寸。

单击 所有实体 （All Solids）按钮，直接由所有实体图素决定工件尺寸。

单击 所有图素 （All Entities）按钮，直接由所有图素决定工件尺寸。

当然，最常用的设置方式还是直接在对话框的 X、Y、Z 坐标栏内输入工件的尺寸。如果单击 全部撤消 按钮，将撤销已有的设置，重新定义工件尺寸。

3.　工件原点

工件原点又称为编程原点或加工原点，是刀具加工路径的计算参考点。Mastercam 系统可将工件的原点定义在工件的任意位置上，对于立方体工件，一般将原点设置在工件的 8 个顶点或上下表面的中心点位置。当然，也可以单击素材原点栏内的 ▣ 按钮，直接在绘图区选取某点，并将其定义为当前的工件原点。

完成工件尺寸和工件原点的设置后，可以选取【显示】（Display）复选框，以设置工件在绘图区的显示方式为线框（Wire Frame）或实体（Solid），如图 5.17 所示。

4.　工件材料

Mastercam X3 允许用户直接从材料库中选择工件材料，或根据需要自行设置。工件材料的设置包括材料的选择与材料切削性能的设定。如由系统自动计算切削速度，则工件材料的设定将直接影响加工时的切削进给速度。

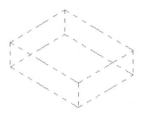

（a）以线框显示的工件

（b）以实体显示的工件

图5.17　工件的显示方式

在【机器群组属性】对话框的【刀具设置】（Tool Settings）选项卡中，如图 5.18 所示，单击【材质】栏内的 选择... 按钮，将打开如图 5.19 所示的材料库列表，可以从当前机床材料库或系统材料库中选择合适的工件材料。如果在材料库列表中单击鼠标右键，会显示如图 5.20 所示的快捷菜单，选取【新建】（Create New...）或【编辑】（Edit...）命令，将打开【材料定义】（Material Definition）对话框，从中可以自行设置材料的各项参数，包括转速、进给速率、切削刀具等。

图5.18　【刀具设置】选项卡

5．安全区域设定

安全区域设定是指将机床的切削运动限定在指定的安全区域范围内。要启动安全区域功能，可以在【机器群组属性】对话框中单击【安全区域】（Safety Zone）选项卡，系统将显示安全区域设置参数。在该选项卡中，允许将安全区域设置为立方体（Rectangular）、圆球（Spherical）或圆柱体（Cylindrical）3 种类型。

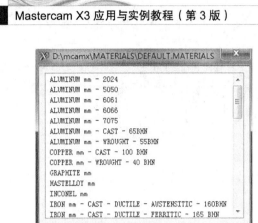

图5.19　材料库列表

图5.20　材料库列表的右键菜单

6. 刀具进给设定

在【机器群组属性】对话框的【刀具设置】（Tool Settings）选项卡中，【进给设定】栏用于设定各加工操作进给速率的计算方式。在 Mastercam X3 系统中，提供了多种进给计算方式，如图 5.21 所示。

其中，【依照刀具】（From Tool）表示进给参数来自于刀具定义时设置的进给参数，【依照材料】（From Material）表示进给参数来自于定义工件材料性能时的进给参数，【默认】（From Defaults）表示进给参数依照程序设计时给定的默认参数，【自定义视角】（User Defined）表示在对话框的数值输入框内直接指定进给参数。

图5.21　进给设定

刀具路径的操作管理

Mastercam X3 系统对刀具路径提供了非常便捷的操作方式。在刀具路径的操作管理器中显示了机床组以及刀具路径的树状关系，如图 5.22 所示。单击其中的任何一个选项都会打开相应的对话框，以便对刀具路径的相关内容进行各种操作。

5.5.1　操作管理器

在刀具路径的操作管理器中，Mastercam X3 以图标按钮的方式列出了对加工操作的选择与编辑、路径的管理与模拟、程序的后处理以及机床传送等命令，如图 5.23 所示。

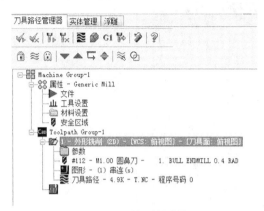

图5.22　刀具路径的操作管理器　　　　　　　　　　　图5.23　操作管理器中的图标按钮

单击 按钮，系统会自动选择所有的操作。当一个操作被选择时，将在相应位置显示 标记，而单击 按钮将取消对操作的选择。在 Mastercam X3 系统中，对某一个操作的相关参数进行修改后，必须进行重新计算才能使修改生效。单击 按钮将重新计算所有选择的操作，而单击 按钮将重新计算所有未被选择的操作。

编制数控加工程序时，每使用一台机床，系统将在刀具路径管理器中产生一个刀具路径组。一个刀具路径组中可以包含许多个刀具路径操作。每一个刀具路径操作中都包含有参数、刀具、图形和刀具路径 4 个信息项目。

单击 参数 选项，打开如图 5.24 所示的铣削参数设置对话框，用于修改当前刀具路径的各项参数。

单击 #112 - M1.00 圆鼻刀 - 1. BULL ENDMILL 0.4 RAD 选项，打开如图 5.25 所示的【定义刀具】对话框，用于编辑当前刀具路径使用的刀具。

单击 图形 - (1) 串连(s) 选项，打开如图 5.26 所示的【串连管理器】对话框，用于管理刀具路径所涉及的串连几何。此时，可以单击 按钮，重新选择串连外形，或者单击 、 、 或 按钮，重新安排各串连的排列顺序。

图5.24　铣削参数设置对话框

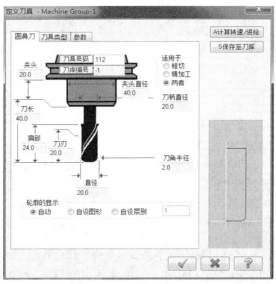

图5.25　【定义刀具】对话框

单击 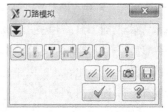 刀具路径 - 4.9K - T.NC - 程序号码 0 选项，打开如图 5.27 所示的【刀路模拟】对话框，用于设置刀具路径的模拟与显示。

图5.26　【串连管理器】对话框

图5.27　【刀路模拟】对话框

5.5.2　加工操作的编辑

在刀具路径的操作管理器中单击鼠标右键，将弹出如图 5.28 所示的右键快捷菜单，利用菜单命令可以对加工操作进行编辑管理，如新建、编辑、剪切、复制或建立加工报表等。

选择【铣床刀具路径】（Mill Toolpaths）命令，将显示【铣削刀具路径】子菜单，以便新建或编制相应的刀具路径。

选择【编辑已选择的操作】（Edit Selected Operations）命令，将显示如图 5.29 所示的【操作管理】子菜单，可以重新编辑刀具路径的共同参数、重命名 NC 文件、更改 NC 程序编号、重新编排刀具编号、更改刀具路径方向，以及重新计算转速和进给率等。

选择【存为 Doc 文件】（Doc File）命令，将打开【文件保存】对话框，以设置文本文件的保存路径和名称。Mastercam X3 允许将所选操作的相关信息保存为一个文本文件（默认为 "Opslist.txt"）。

选择【选择】（Select）命令，通过在打开的对话框中设置一些有关刀具路径的参数，系统会自动选择符合要求的所有刀具路径。

图5.28　右键快捷菜单

图5.29　【操作管理】子菜单

选择【排序】（Sort）/【排序】（Sort）命令，将打开【排序选项】对话框，用于指定操作排序的原则。其中，单击▲按钮，可改变排序的方向。如果要取消排序，则选取右键菜单的【排序】（Sort）/【取消排序】（Unsort）命令。

选择【汇入已有的操作】（Import）命令，将打开【操作导入】对话框，以导入已有库文件中的操作。

选择【汇出操作】（Export）命令，将打开【操作导出】对话框，可将当前文件的刀具路径导出为 OPERASTIONS 文件，且允许设定是否导出基础几何要素。

选择【批处理】（Batch）命令，将打开【批处理刀具路径操作】对话框，可以进行批量加工参数的设置。

选择【显示选项】（Display Options）命令，将打开如图 5.30 所示的【显示选项】对话框，用于设置刀具路径在树状图中的显示方式。

选择【加工报表】（Setup Sheet）命令，将调用 Mastercam X Editor 编辑器，打开一个描述当前操作的文本文件。系统允许对其内容进行编辑。

选择【碰撞/过切检查】（Collision Check）命令，将打开如图 5.31 所示的【碰撞/过切检查】对话框，用于判断加工过程中是否会产生碰撞或过切，从而避免加工时出现这类问题。

图5.30 【显示选项】对话框

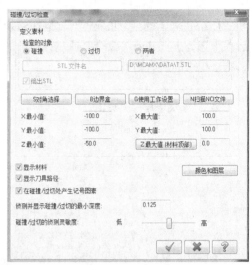

图5.31 【碰撞/过切检查】对话框

5.5.3 模拟加工

模拟加工分为刀具路径模拟和实体切削验证 2 类。刀具路径模拟是指在绘图区利用刀具在加工曲线上进行路径走刀模拟加工，而实体切削验证是指采用刀具加工实体工件的方式对操作进行虚拟加工。两者模拟的效果如图 5.32 所示。

（a）刀具路径模拟

（b）实体切削验证

图5.32 两种模拟加工的不同效果

1. 刀具路径模拟

进行刀具路径模拟时，先在操作管理器中选取欲模拟的加工操作，然后单击 ≋ 按钮即可打开如图 5.33 所示的【刀路模拟】对话框，并显示如图 5.34 所示的【刀具路径模拟】工具栏，利用其中的选项可对选择的操作进行加工模拟。

在【刀路模拟】对话框中单击 按钮，将打开如图 5.35 所示的【刀具路径模拟选项】对话框，用于设定刀具路径模拟的步进方式、刀具与夹头的显示方式以及颜色等。而单击【刀具路径模拟】工具栏的 按钮，将打开如图 5.36 所示的

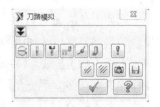

图5.33 【刀路模拟】对话框

【暂停设定】对话框，用于设定模拟加工的暂停方式。

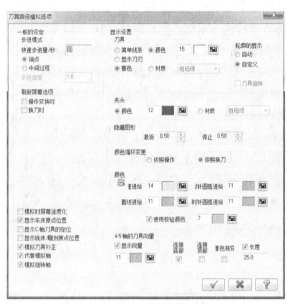

图5.34 【刀具路径模拟】工具栏

图5.35 【刀具路径模拟选项】对话框

2. 实体切削验证

刀具路径模拟是通过刀具轨迹的显示来体现的，而实体切削验证则采用更为真实的模拟方式，它通过直接从毛坯上切除材料来进行模拟。执行时，在刀具路径管理器中选取欲模拟的操作，然后单击 按钮，打开如图 5.37 所示的【验证】对话框，从中设定模拟加工的速度、刀具显示的方式、暂停方式等，同时零件将以毛坯形式显示。此时，可以单击 ▶ 按钮，进行连续切削模拟；或单击 ▶ 按钮，进行步进切削模拟；或单击 ▶▶ 按钮，进行快速切削模拟。

图5.36 【暂停设定】对话框

图5.37 【验证】对话框

5.5.4　后置处理

所谓的后置处理，是指根据用户设置的图形和刀具路径等信息来生成数控程序的处理过程。刀具路径操作产生的 NCI 文件仅是一种过渡性质的文件，要传递给数控机床只能是数控程序文件，即 NC 代码文件。可见，要将编辑好的加工操作转换成为 CNC 控制器可以解读的 NC 程序代码，必须通过后处理器将加工操作的 NCI 格式文件进行后处理转成 NC 格式文件。为机床配置不同的后置处理程序，所生成的数控程序也会有所不同。

执行后处理时，先选取所需的操作，然后单击操作管理器中的 G1 按钮，系统将打开如图 5.38 所示的【后处理程式】对话框。此时允许单击 ⬚传输⬚ 按钮设置 NC 文件传送至机床的信息参数，包括通信的格式、使用的端口、波特率、奇偶校验和停止位等。

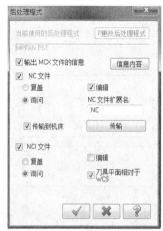

图5.38　【后处理程式】对话框

5.6　刀具路径的编辑

在 Mastercam X3 中，可以像编辑图素一样对刀具路径进行编辑。刀具路径的编辑主要包括修剪（Trim）和转换（Transform）两个方面，能方便地对各种刀具路径进行修剪、平移、旋转以及镜像等编辑操作。

5.6.1　刀具路径的修剪

刀路的修剪是指以一个或多个封闭外形为修剪边界，相对于当前构图面修剪一个已存在的 NCI 文件，如图 5.39 所示。它可对已经生成的刀具路径进行裁剪，以删除加工操作中多余的刀具路径，减少空走刀，节约时间，常用于夹具避让与局部加工中。

图5.39　刀具路径的修剪

1. 路径修剪的注意事项

① 修剪时必须要有修剪边界，且修剪边界必须是封闭的。系统允许定义的修剪边界数最多为 50，且可以和刀具路径不在同一个平面上。

② 应避免使用 Spline 曲线作为修剪边界。如果必须使用，则应使用【修剪/打断】（Trim/Break）功能将其打断成更短的 Spline 线或直线、圆弧。

③ 当前修剪平面应与要求修剪的构图平面平行。

④ 修剪不包含刀具补正，被创建的修剪外形反映刀具的中心线位置。

⑤ 在 3D 构图面中执行修剪，只计算修剪边界和 NCI 文件真正的 3D 交点。

2. 路径修剪的操作步骤

① 选择菜单栏的【刀具路径】（Toolpaths）/【刀具路径修剪】（Trim Toolpath）命令。

② 显示【外形串连】对话框，定义所需的修剪边界，并单击 ✓ 按钮结束。要求所有的修剪边界必须封闭。

③ 在刀具路径的保留侧定义一点。系统将保留与所选点位于修剪边界同侧的刀具路径。

④ 显示【修剪刀具路径】对话框，如图 5.40 所示，从中选择要执行修剪的路径操作，并设定相关的参数。其中，【刀具在修剪边界的位置】（Tool Up/Down）栏中提供了两个选项："提刀"（Keep Tool Up）表示刀具在路径与修剪边界的每一个交点处以提刀速率提刀；"不提刀"（Keep Tool Down）表示在每一个交点处刀具都保持向下铣削，此时可能会割断某些修剪边界。

⑤ 单击 ✓ 按钮，系统执行修剪并生成修剪后的刀具路径，同时修剪操作被加入至操作管理器，如图 5.41 所示。

图5.40　【修剪刀具路径】对话框

图5.41　路径修剪操作

刀具路径修剪产生的操作在路径列表中没有 NCI 文件，也就是它并不存在独立的刀具路径。刀具路径操作执行修剪后，其 NCI 文件前的标记将变为剪刀形 ✂ 。此时原刀具路径将不再存在，但是对原刀具路径操作进行参数的修改将影响修剪后的刀具路径。

5.6.2　刀具路径的转换

刀具路径转换主要是用来对已有的刀具路径进行平移、旋转或镜像操作，实现重复性的多次加工，以简化编程工作，常用于批量加工与多穴型腔模具的制造。路径的转换是相关联的，如果转换所选用的路径操作和操作参数发生改变，则与之相关的转换路径也会被更新。

1. 刀具路径转换的一般步骤

① 在当前图形文件中创建一个刀具路径，或打开一个已有刀具路径的图形文件。

② 选择菜单栏的【刀具路径】（Toolpaths）/【刀具路径转换】（Transform Toolpath）命令。

③ 显示【路径转换】对话框，如图 5.42 所示。选择要转换的路径操作，并设定转换类型、方式以及其他相关的参数。

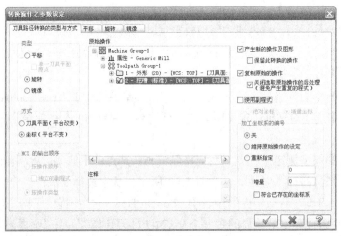

图5.42　【路径转换】对话框

④ 单击 按钮，系统生成转换后的刀具路径，同时将转换路径操作自动加入至操作管理器。

2. 路径的平移转换

路径的平移转换是指将一个已存在的刀具路径，按照所定义的平移向量重复生成多个刀具路径，如图 5.43 所示。

执行刀具路径的平移转换时，在路径转换对话框中必须指定路径转换的类型为"【平移】（Translate）"并选取要转换的路径操作，然后单击【平移】（Translate）选项卡设定平移转换的相关参数，如图 5.44 所示。

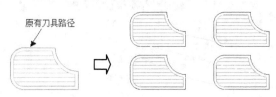

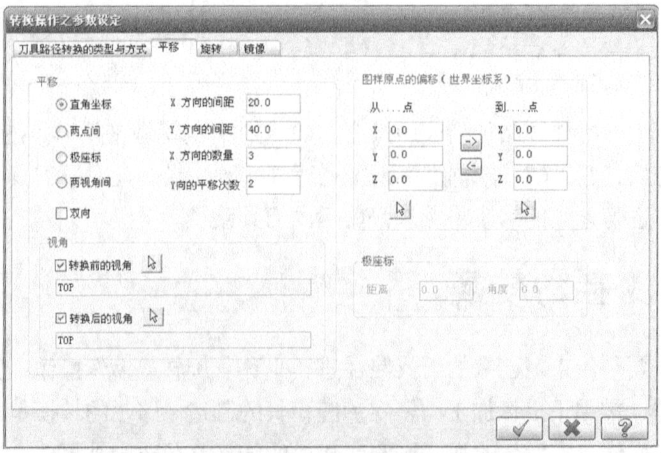

图5.43　刀具路径的平移转换

图5.44　平移转换的参数设定

在【平移】（Translate）选项卡中，系统提供了 4 种方式来定义平移向量：直角坐标（Rectangular）、两点间（Between Points）、极坐标（Polar）和两视角间（Between Views）。采用的定义方式不同，所定义的参数也各不相同。以直角坐标定义为例，需输入 X、Y 方向的间距（X Spacing/Y Spacing）和 X、Y 方向的平移次数（X Steps/Y Steps）。

执行刀具路径的平移转换后，刀具将对路径操作做步进式切削，而每一步之间的距离都相同，每一次步进后都做同样的铣削路径工作。系统做步进切削时，移动的方向总是先向 X 轴方向移动，再向 Y 轴方向移动。

3．路径的旋转转换

对于一些较复杂的环形对称零件的加工，可以利用路径旋转功能来编制、加工整个工件的刀具路径和 NC 程序。执行刀具路径的旋转转换时，在路径转换对话框中首先应指定路径转换类型为"旋转（Rotate）"并选取要转换的路径操作，然后单击【旋转】选项卡，设定旋转转换的相关参数，如图 5.45 所示。

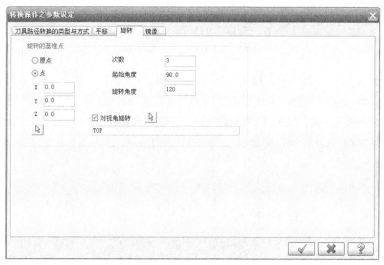

图5.45　旋转转换的参数设定

在【旋转】选项卡中，要指定或选择旋转的基准点，并设定旋转次数、起始角度、旋转角度等参数。图 5.46 所示为某挖槽刀具路径按 90° 旋转 3 次执行转换后产生的刀具路径。

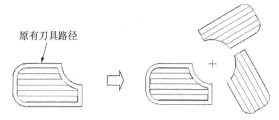

原有刀具路径

图5.46　路径旋转转换示例

4．路径的镜像转换

镜像转换可以产生一组对称于某一轴线的刀具路径。执行刀具路径的镜像转换时，在路径转换对话框中首先应指定为"【镜像】（Mirror）"转换类型并选取要转换的路径操作，然后单击【镜像】

选项卡设定镜像转换的相关参数，如图 5.47 所示。

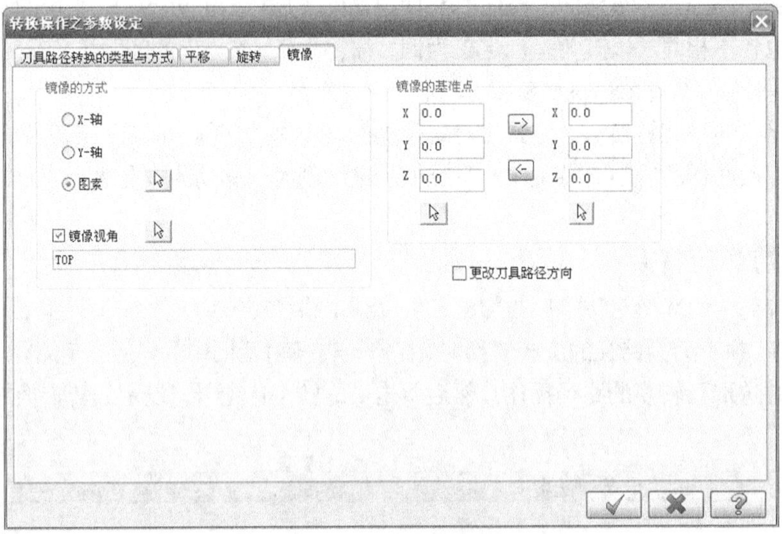

图5.47　镜像转换的参数设定

　　在【镜像】选项卡中，必须指定镜像方式并定义所需的镜像轴。此时，可以直接指定 X 轴或 Y 轴作为当前的镜像轴，也可以选取某直线或定义两个点，以其连线作为镜像轴。如要更改镜像后的刀具路径方向（顺铣或逆铣），可选择对话框中的"更改刀具路径方向（Reverse Toolpath）"复选框。图 5.48 所示为某挖槽刀具路径执行镜像转换后产生的刀具路径。

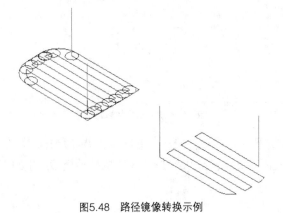

图5.48　路径镜像转换示例

Chapter

6

第6章

| 二维加工 |

二维加工是生产实践中应用最多的一种加工方式。二维加工所产生的刀具路径在切削深度方向上是不变的。在二维铣削加工中，只有进入下一个深度层加工时，Z 轴才单独进行动作，实际加工是依靠 X、Y 两轴联动来实现的。本章主要介绍 Mastercam X3 的二维加工刀具路径功能，包括外形铣削、平面铣削、挖槽加工和钻孔加工等。

6.1 外形铣削加工

外形铣削也称轮廓铣削，是指沿着零件的边界轮廓，对二维或三维的工件外形进行铣削加工，常用于加工工件的二维或三维外形轮廓，如图 6.1 所示。外形铣削加工时，刀具会在第一个外形铣削完成后快速提刀至所设定的安全高度，然后移至下一个外形的位置继续铣削。重复此动作直到所有外形铣削完成。每个外形深度方向的铣削允许以分层切削方式完成。

| 6.1.1 外形铣削的操作步骤 |

定义好加工机床类型后，即可根据需要编制外形铣削加工的刀具路径。具体操作步骤如下。

① 选择菜单栏的【机床类型】（Machine Type）/【铣床】（Mill）/【默认】（Default）命令，进入铣削加工环境，系统将初始化铣削机床应用模块。

② 设置加工环境，包括定义刀具、设置工件尺寸与原点，以及定义安全区域等。

③ 选择菜单栏的【刀具路径】（Toolpaths）/【外形铣削】（Contour）命令，并根据提示输入新的 NC 文件的名称，如图 6.2 所示。

④ 利用【外形串连】对话框，定义所需加工的工件轮廓边界。

⑤ 显示【外形铣削】对话框，选择【刀具路径参数】（Toolpath Parameters）选项卡，设定外形铣削的刀具参数，如图 6.3 所示。

图6.1　外形铣削示例

图6.2　输入新NC文件的名称

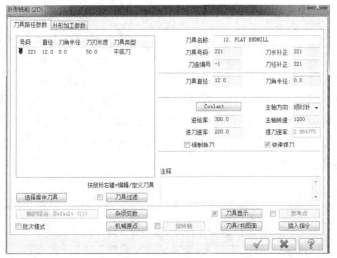

图6.3　设定刀具参数

⑥ 选择【外形加工参数】（Contour Parameters）选项卡，设置外形铣削的专用参数，如图 6.4 所示，之后单击 ✓ 按钮确定。

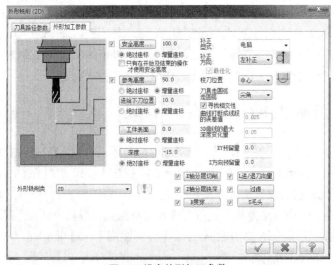

图6.4　设定外形加工参数

⑦ 系统自动完成外形铣削加工刀具路径的生成计算，如图 6.5 所示。

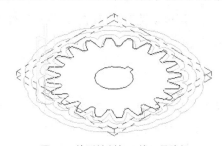

图6.5　外形铣削加工的刀具路径

⑧ 利用刀具路径模拟或实体切削验证功能校验所生成的刀具路径，然后进行后置处理并保存文件。

6.1.2　外形铣削的加工类型

外形铣削加工的几何边界可以是二维或三维的串连曲线。当选取的几何边界是二维串连曲线时，可采用二维外形铣削加工（2D）、二维外形倒角加工（2D Chamfer）、斜降下刀加工（Ramp）、残料加工（Remachining）和轨迹线加工几种方式，如图 6.6（a）所示；当选取的几何边界是三维串连曲线时，可采用二维外形铣削加工（2D）、三维外形铣削加工（3D）和三维外形倒角加工（3D Chamfer）方式，如图 6.6（b）所示。

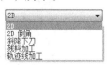

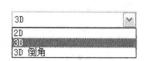

（a）二维外形　　　　　　　　　　　　　　　　（b）三维外形

图6.6　外形铣削的加工方式

1. 2D/3D 外形铣削加工

对二维外形进行铣削产生的是二维刀具路径，即刀具路径的铣削深度是固定不变的。其只适用于同一切削路径层内加工深度 Z 值相同的场合。对三维外形进行铣削，可以产生二维（2D）或三维（3D）的外形铣削刀具路径。如要产生二维的刀具路径，则必须采用绝对坐标定义铣削深度，此时刀具仅在一个固定的深度平面上进行加工，如图 6.7（a）所示；如要产生三维的刀具路径，则必须采用增量坐标定义铣削深度，此时刀具铣削深度随外形的 Z 坐标变化而改变，刀具路径中各点 Z 坐标值等于外形上相应点的 Z 坐标加上所设的相对铣削深度，如图 6.7（b）所示。

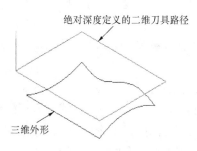

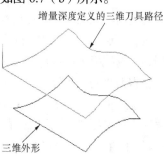

（a）二维的外形铣削路径　　　　　　　　　　　（b）三维的外形铣削路径

图6.7　二维或三维外形铣削的刀具路径

2. 2D/3D 外形倒角加工

外形铣削加工后，可选择倒角专用成型铣刀继续进行二维或三维外形倒角（2D/3D Chamfer）加工。此时，在外形铣削类对话框中选择 2D/3D 倒角，单击按钮，可以对倒角宽度进行设定，如图 6.8 所示。

3. 斜降下刀加工

斜降下刀加工（Ramp）仅对二维的串连外形有效，用于对整个轮廓外形采用斜线渐降的进刀方式进行加工。当铣削加工深度较大时，采用该加工方式能获得较少的抬刀运动与恒定的切削力。在外形铣削类对话框中选择斜降下刀方式，单击按钮，可设定不同的走刀方式，如图 6.9 所示，其中有【角度】（Angle）、【深度】（Depth）和【斜降】（Plunge）3 种控制刀具加工路径的渐降方式。

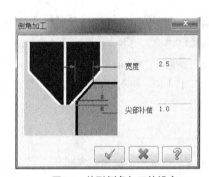

图6.8　外形倒角加工的设定

图6.9　斜降下刀加工的设定

【角度】（Angle）：以角度定义刀具加工路径的斜度，即设定每次铣削的斜插角度（Ramp Angle），使刀具在 XY 平面移动的同时，逐渐增加进刀深度。

【深度】（Depth）：以路径间的距离定义刀具加工路径的斜度，即设定每一层铣削的总进刀深度（Ramp Depth）。

【斜降】（Plunge）：不采用斜线进刀，直接垂直下刀至设置的铣削层深度，再在 XY 平面内做切削运动。

4. 残料加工

在数控加工中，如果工件的铣削加工量较大，为了提高加工效率，往往在开始时采用大尺寸刀具及大进刀量进行粗加工，从而导致各加工路径转角处留下较多的残料余量。此时，如果直接选用小直径刀具进行精加工，会导致切削余量不均衡，使刀具受力不稳定，从而产生强烈震动，严重时甚至可能断刀。系统提供的残料加工功能则能自动搜索工件余量较多的地方，并自动产生残料加工刀具路径，获得最终的精确外形。

选取残料加工类型后，单击按钮，可设置残料加工的相关参数，如图 6.10 所示。其中，可采用 3 种方法来计算残料：【所有先前的操作】（All Previous Operations），即计算先前所有加工操作所余留的残料；【前一个操作】（The Previous Operations），即计算前一次操作所余留的残料；【自设的粗切刀具直径】（Roughing Tool Diameter），即计算由于以前加工中采用大直径刀具，而在转角处不能被铣削的残料。

5. 轨迹线加工

Mastercam X3 系统在数控加工过程中，为了提高加工精度，新增了采用震荡线加工控制轨迹的功能，以获得精确外形。

6.1.3 加工高度的设置

外形铣削参数中需要设定 5 个高度值，分别是安全高度、参考高度、下刀位置、工件表面和深度，如图 6.11 所示。在 Mastercam X3 系统中，加工高度的设置有绝对坐标（Absolute）和增量坐标（Incremental）2 种方式。采用绝对坐标所定义的高度值，是相对当前所设构图面 Z0 的位置；而采用增量坐标所定义的高度值，是相对于当前加工毛坯顶面或所指定的串连几何图素的补正高度。

图6.10 残料加工设置

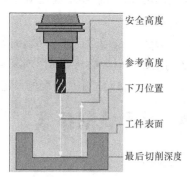

图6.11 外形铣削的高度参数

1. 安全高度

安全高度（Clearance）是指刀具于每一个刀具路径开始进入和退出终了时的高度。该参数是数控加工中基于换刀和装夹工件而设定的一个高度，也是加工程序的起始与结束高度。通常，一个工件加工完毕后，刀具会停留在安全高度，而在此高度之上刀具可以在任何位置平移，故安全高度的设定应以不会碰撞到工件或夹具为原则。刀具自换刀后移动到切削点都是以 G00 速度前进的。

设置安全高度时，必须选取 安全高度 按钮前的复选框，以激活此项功能，然后直接在文本框中输入一个高度值，或单击 安全高度 按钮，返回绘图区并选取一点，以其 Z 坐标作为输入值。其中，如采用绝对坐标进行定义，该高度是相对于当前所设构图面 Z0 的位置；如采用增量坐标进行定义，该高度是相对于当前加工毛坯顶面的补正高度。

2. 参考高度

参考高度（Retract）是指相对下一次切削刀具提刀返回的高度，也就是在工件的每一道工序完成后，刀具在 Z 向快速提刀所至的高度。

参考高度又称为工件的安全高度，一般应高于工件的最高点。定义参考高度时，如采用绝对坐标，此高度设定值是相对于当前构图面 Z0 位置而言的；如采用增量坐标，此高度设定值是相对于当前加工毛坯顶面的补正高度。

3. 进给下刀位置

进给下刀位置（Feed Plane）又称 G00 下刀位置，是指刀具以 Z 轴下刀速率即工作进给速度 G01，进入切削区域前以 G00 快速移到的高度，也是刀具离开加工面而未进入安全高度之前刀具上升的高度。为提高生产效率，数控加工中刀具通常以 G00 方式从安全高度开始快速下降，当接近工件表面时，即在切削位置之上一个较短距离的位置，再以 G01 方式（工作进给速度）慢速逼近工件进行切削，以防止撞刀。若该值设得过小，则没有效果；若设得过大，则由于进给速度相对比较慢，将造成进给时间太长。一般设为 1～5 mm 即可。如果关闭安全高度和参考高度的设定，则刀具在不同的铣削区域间移动时会以这个高度提刀。此项参数也有绝对坐标和增量坐标 2 种定义方式，其与前面含义相同。

4. 工件表面

工件表面（Top of Stock）是指加工毛坯表面相对坐标系 Z 轴的高度位置，通常以其作为坐标系 Z 向的原点位置。该项参数如采用绝对坐标定义，此高度位置是相对当前构图面 Z0 位置而定的；如采用增量坐标定义，此高度位置是相对于每一个串连外形所在的 Z 值深度补正设定值而得到的。

5. 深度

深度（Depth）是指刀具进行切削加工的最后深度，也是刀具切削中下降到的最低点深度。该深度值为 Z 向工件切削余量与实际切削深度之和。Mastercam 系统也允许采用绝对坐标或增量坐标来定义此项参数，其含义与工件表面的设定相同。

6.1.4 外形铣削参数

1. 刀具补偿

由于刀具尺寸不同，由系统计算出的刀具加工路径也不相同。受刀具尺寸大小和磨损量的影响，在实际生产加工中必须根据刀具的具体尺寸状况考虑是否进行刀具补偿。刀具补偿的设定有 2 种基本方式：计算机补偿（Computer）和控制器补偿（Control），如图 6.12 所示。

计算机补偿，是指由计算机系统在计算刀具加工路径时，自动将刀具中心相对所选取的串连外形向指定方向偏移一个与刀具半径相等的距离，直接产生一个有补正的刀具路径，而产生的 NC 程序中则不再含有刀具补偿指令 G41 或 G42。当补正方向设定为左（Left）或右（Right）时，沿着刀具前进的方向（即外形的串连方向）看，刀具会自动补正一个刀具半径值于工作物外形的左边或右边，如图 6.13 所示。

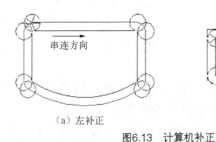

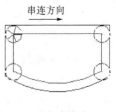

（a）左补正　　　　　　（b）右补正

图6.12　刀具补偿方式　　　　　　　　　　　图6.13　计算机补正

采用计算机补偿时，需定义刀具在外形转角处的走刀方式，即是否采用圆角过渡，加入弧形刀具路径。若采用弧形刀具路径，可避免在转角部位机床的运动方向发生突变，产生切削负荷的大幅度变化，从而影响刀具的使用寿命。在【外形铣削】对话框的【刀具走圆弧】（Roll Cutter Around）设定栏中，系统提供了 3 种转角设定：【无】（None）表示在所有转角处都以尖角直接过渡，不采

用弧形刀具路径，如图 6.14（a）所示；【尖角】（Sharp）表示在外形的尖角部位（即转角处夹角
<135° 时）才采用弧形刀具路径；【全部】（All）表示在所有的外形转角处都采用弧形刀具路径进
行过渡，如图 6.14（b）所示。

　　控制器补偿，是指在计算刀具路径时不考虑刀具因素，而由 CNC 控制器在铣削加工时直接进
行半径补偿，即利用 NC 程序中的 G40、G41 或 G42 等刀具补偿指令来实现补偿，不必产生一个有
补正的刀具路径，如图 6.15 所示。

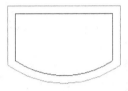  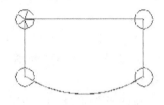

（a）刀具走圆弧=无　　　　　　　（b）刀具走圆弧=全部

图6.14　外形转角走刀方式的设定　　　　　　　图6.15　控制器补正

　　此外，系统还提供了刀具磨损补偿（Wear）、刀具磨损反向补偿（Reverse Wear）方式。采用刀
具磨损补偿时，系统将同时启用计算机补偿与控制器补偿，且其补偿方向相同。此时，由计算机补
偿计算的刀具半径为理想半径尺寸（未磨损），而由控制器补偿的半径为刀具磨损量值（负值）。采
用刀具磨损反向补偿时，也同时具有计算机补偿和控制器补偿的功能，但其补偿方向相反，即计算
机左补偿时，控制器将采用右补偿。如刀具补偿设定为关（Off），则刀具中心与串连外形重合，不
设置补正值。

　　刀具补偿时，还需设定校刀长位置（Tip Comp）。该选项专用于刀具的长度补偿，有补偿至刀
具的刀尖（Tip）或刀具的球心（Center）2 种方式。如设定为补偿至刀具的刀尖时，系统将以刀具
的刀尖点来计算刀具加工路径；如设定为补偿至刀具的球心时，系统将以刀具端头的中心点来计算
刀具的加工路径。平铣刀的中心和刀尖在同一点上，补偿到两个位置的路径是一样的；而圆鼻铣刀
或球头铣刀由于刀尖和中心位置不同，产生的路径也不同。图 6.16 所示为球头铣刀进行 3D 轮廓加
工时相对同一条刀具路径，补偿到球心和刀尖时 2 种不同的走刀情况。为避免发生过切且便于路径
的检验，通常设定为刀尖补偿。

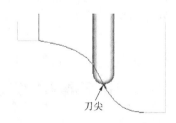 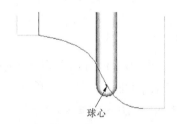

（a）补偿至刀尖　　　　　　　　　　　　　　（b）补偿至球心

图6.16　刀长补偿位置不同时走刀情况的区别

2. 平面多次铣削

　　平面多次铣削（Mult Passes）又称外形分层铣削。在机械加工中，考虑到机床及刀具系统的刚
性，或者为达到理想的表面加工质量，对切削量较大的毛坯一般分多次进行加工。此时，可以单击

[X轴分层切削] 按钮设定平行于工作物外形铣削时，在 XY 平面方向上的粗、精铣切削次数及每次的进刀间距，如图 6.17 所示。其中，进刀间距是指两次相邻铣削间的切削量。粗铣切削后，沿工作物外形预留的加工余量决定于所设定的精修次数及间距。

（1）粗加工（Roughing Passes）

该栏用于设定沿外形的粗铣次数（Number）及进刀间距（Spacing）。粗铣的进刀间距与刀具的直径有关，一般取刀具直径的 60%～75%。

（2）精加工次数（Finishing Passes）

该栏用于设定沿外形的精铣次数（Number）及进刀间距（Spacing）。

（3）执行精修的时机（Machine Finish Passes at）

图6.17　外形分层铣削的设定

该栏用于设定沿外形精铣的时机，有 2 种选择：【最后深度】（Final Depth），表示系统只在铣削的最后深度才做外形精铣路径，如图 6.18（a）所示；所有深度（All Depth），表示系统于每一层粗铣后都执行外形精铣路径，如图 6.18（b）所示。

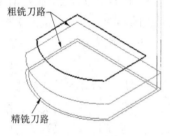

（a）最后深度精修

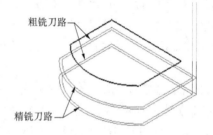

（b）所有深度精修

图6.18　精修时机的设定

（4）不提刀（Keep Tool Down）

该选项用于设定刀具在每一次切削后，是否会回到进刀位置的高度。如选中该复选框，表示刀具在完成每个切削后，会从目前的切削深度直接移到下一个刀具路径的切削深度。否则，刀具会先回到原来进刀位置的高度，之后才移到下一个刀具路径的切削深度。

3．Z 轴分层铣深

Z 轴分层铣深（Depth Cuts）是指外形铣削时刀具在 Z 轴方向的分层粗铣与精铣，用于材料较厚，无法一次加工至最后深度的情形。单击 [Z轴分层铣深] 按钮，显示如图 6.19 所示的对话框，可定义【最大粗切步进量】（Max Step Rough）、【精修次数】（Finish Cuts）和【精修量】（Finish Step）等。

（1）分层铣深切削量

在实际加工中，Z 向总切削量取决于切削深度（Depth）和 Z 向预留量（Z Stock to Leave），即实际总切削量等于切削深度减去 Z 向预留量。最大粗切步进

图6.19　分层铣深的设定

量用于设置两相邻切削路径层之间的最大 Z 向距离（也称背吃刀量），是影响加工效率最主要的因素之一。确定最大粗切步进量时，要综合考虑切削所使用的刀具、工件材料、切削进给率、残余高度等因素。实际粗切步进量往往要小于最大粗切步进量的设定值。系统会按以下方法调整实际加工时的粗切步进量。

① 按公式"（总切削量−精修量×次数）/最大粗切步进量"求值，并取大于或等于该值的最小整数为实际粗切次数。

② 实际粗切步进量=（总切削量−精修量×次数）/实际粗切次数。

（2）分层铣深的顺序（Depth Cut Order）

系统提供了两种设定：【依照轮廓】（By Contour），表示分层铣深时，先沿一个外形边界铣削至设定的深度，再进行下一个外形边界的铣削，此时抬刀次数和转换次数较少；【依照深度】（By Depth），表示分层铣深时，先在一个深度上铣削所有的外形边界，再进行下一个深度的铣削。

（3）不提刀（Keep Tool Down）

该选项用于设定系统是否在深度切削期间退回刀具。系统默认不提刀，即分层铣深时始终保持刀具向下铣削。

（4）锥度斜壁（Tapered Walls）

该选项用于设定从工件的表面，按指定的角度沿外形铣削出一个有锥度的斜壁。

此外，还可单击【外形铣削】对话框的 B贯穿... 按钮，设置刀具超出工件底面一定的距离，如图 6.20 所示。但是，必须避免其超出部分碰撞机床的工作台。

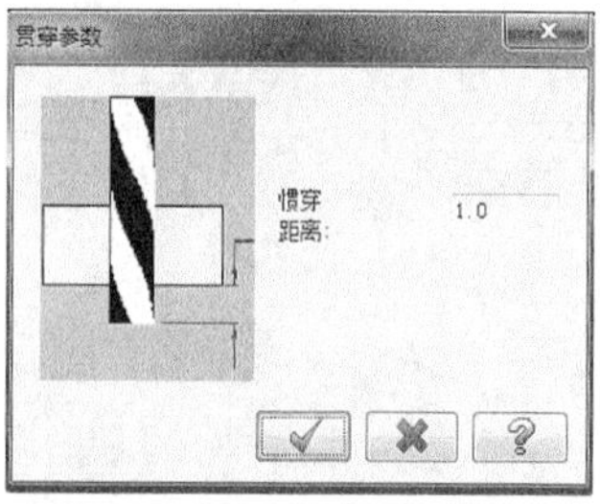

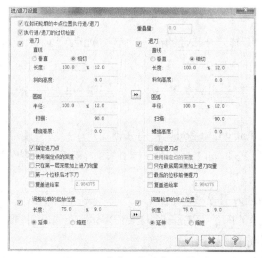

图6.20　【贯穿参数】对话框

4. 进/退刀向量

为了使刀具平稳地切入和切出工件，获得平滑的切痕与相对稳定的切削力，系统提供了进/退刀向量功能，即在 2D 或 3D 外形铣削路径的切入和切出位置附加产生一段导入和导出的直线或圆弧路径，与工件轮廓平滑连接，从而防止过切或产生毛边。单击 L进/退刀向量 按钮，显示如图 6.21 所示的【进/退刀设置】对话框，以进行相关设定。

图6.21　【进刀/退刀】对话框

（1）直线（Line）

直线进/退刀时，系统提供了 2 种引线方向：【垂直】（Perpendicular），表示所增加的直线刀具路径与相接的外形铣削刀具路径垂直，如图 6.22（a）所示，这种方式会在进/退刀处产生刀痕，常用于粗加工；【相切】（Tangent），表示所增加的直线刀具路径与相接的外形铣削刀具路径相切，如图 6.22（b）所示。

【长度】（Length）文本框用于定义直线进/退刀的引线长度，可以用刀具直径的百分比或刀具路径的长度来表示。当进/退刀引线长度设为 0 时，进/退刀量将忽略不计。

【斜向高度】（Ramp Height）文本框用于定义所增加的直线进/退刀路径的起点与终点在 Z 轴方向的高度差。

（2）圆弧（Arc）

圆弧进/退刀是指以一段圆弧作引线，与相接的外形刀具路径相切的进/退刀方式，如图 6.23 所示。这种方式可以获得比较好的加工表面质量，通常在精加工中使用。

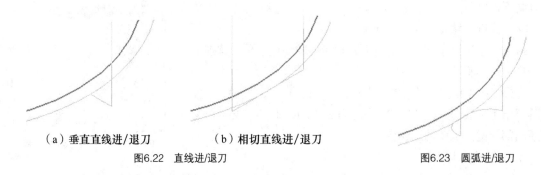

(a) 垂直直线进/退刀　　　(b) 相切直线进/退刀

图6.22　直线进/退刀　　　　　　　　　　　　　图6.23　圆弧进/退刀

圆弧进/退刀需设定 3 项参数：【半径】（Radius）用于设定圆弧进/退刀引导路径的半径值，当半径值设为 0 时，进退刀量将忽略不计；【扫描】（Sweep）用于设定进刀或退刀时的路径扫描角度，其角度值越大，加工引导路径越长；【螺旋高度】（Helix Height）用于设定圆弧进/退刀路径的起点与终点在 Z 轴方向的高度差。

（3）重叠量（Overlap）

重叠量是指退刀前刀具仍沿刀具路径的终点向前切削的距离值，即退刀点的延伸长度，也是退刀直线（或圆弧）与进刀直线（或圆弧）在刀具路径上的重叠量。执行时，直接在【重叠量】（Overlap）文本框内输入一个数值即可。设置重叠量可以减少甚至消除进刀痕，使工件在刀具退出处保持光滑。

（4）其他设定

【指定进/退刀点】（Use Entry/Exit Point）：用来指定进/退刀点的位置。

【使用指定点的深度】（Use Point Depth）：自动使用指定点的深度作为下刀（或提刀）深度。

【只在第一层深度加上进刀向量】（Enter on First Depth Cut only）：表示 Z 轴分层铣深时，只在第 1 层加工路径中采用设定的进刀引导路径。

【只在最底层深度加上退刀向量】（Enter on Last Depth Cut only）：表示 Z 轴分层铣深时，只在最后一个深度切削层才使用设定的退刀引导路径。

【第一个位移后才下刀】（Plunge after First Move）：表示 Z 轴分层铣深时，在上一层铣削完成后，进行下一层铣削前加上进刀量进行铣削。

【最后的位移前提刀】（Retract before Last Move）：表示在提刀后才执行最后一个退刀引导路径。

【覆盖进给率】（Override Feed Rate）：用于设置进刀加工路径的切削速率，一般设置值小于加工进给率的 70%。

5. 过滤设置

单击 过滤 按钮可启动程序过滤功能，此时系统显示如图 6.24 所示的【过滤设置】对话框，从中可设定系统允许的刀具路径误差和最大过滤点数等。系统将通过删除 NCI 文件中共线的点和不必要的刀具移动来优化和简化 NCI 文件，从而优化加工刀具路径，提高切削效率。

图6.24 【过滤设置】对话框

图6.25 刀具路径过滤示意图

（1）公差设定（Tolerance）

用于设定最小公差范围。当刀具路径中的点和直线或圆弧的距离小于或等于设定的公差值时，系统会自动删除此处的刀具路径。如图 6.25 所示，当图中的 L 距离小于或等于过滤误差值时，系统将会以 AB 路径来取代 AC 和 BC 路径，从而简化原有路径。

（2）过滤的点数（Look Ahead）

用于设定每次过滤时允许删除的最大点数，其取值范围为 3～1 000。取值越大，所获得的加工速度越快，但路径的优化效果越差。

（3）产生 $XY/XZ/YZ$ 平面的圆弧（Create Arcs in $XY/XZ/YZ$）

该复选项用于设定在删除刀具路径中的共线点时，是否用圆弧来代替直线。如未选中该项，表示仅使用直线来调整刀具路径。

（4）最小/最大的圆弧半径（Minimum/Maximum Arc Radius）

该设定值仅在选中【产生 $XY/XZ/YZ$ 平面的圆弧】选项时才有效，用于设置路径优化过程中系统允许采用的圆弧路径的最小/最大半径。若检测路径的圆弧半径小于/大于此设定值，则采用直线代替。

6. 夹具设置

Mastercam X3 系统具有外形夹具口自动铣削功能。系统能在第 1 道装夹工序完成后自动在装夹口处产生铣削夹具口的刀具路径。执行时，单击 毛头… 按钮，系统显示如图 6.26 所示的【毛头】对话框，以进行夹板的相关设置。

7. 线性设置

在【外形加工参数】选项卡中，系统允许设置串连相交性检测和线性误差控制等参数。

（1）寻找相交性（Infinite Look Ahead）

表示系统检测到所串连几何存在相交情况时，会自动调整刀具路径，在交点处打断路径，以防止过切，如图 6.27 所示。

（2）曲线打断成线段的误差值（Linearization Tolerance）

该选项用于设置系统自动转换所有曲线成为线段时的误差值，仅对 3D 外形铣削或 2D 圆弧、Spline 曲线或 NURBS 曲线的铣削有效。该设定值越小，其打断的线段越短，所产生的刀具路径越精确，但所花的路径计算时间也越长。

（3）3D 曲线的最大深度变化量（Max Depth Variance）

该选项用于设置 Z 轴方向允许的最大误差值，仅对 3D 外形铣削才有效。一个较小的设定值会产生一个较精确的刀具路径。

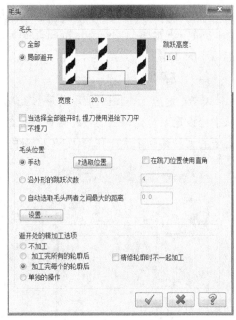

图6.26　【毛头】对话框

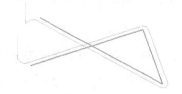

（a）不寻找相交性

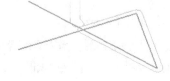

（b）寻找相交性

图6.27　相交性对刀具路径的影响

8. 预留量设置

（1）XY 方向预留量（XY Stock to Leave）

用于设定在 XY 切削平面内，预留多少精修量以作后续精加工用。此值是相对于刀具计算机补偿的参数。正值表示预留切削量，负值表示过切切削量。若刀具补偿设为关（Off），系统将忽略此项的设定。

（2）Z 方向预留量（Z Stock to）

用于设定沿 Z 轴进刀方向，预留多少精修量作为后续精加工用。

6.1.5　外形铣削加工实例

例 6.1　打开下载目录中的文件 "sample6-1.mcx"，利用如图 6.28 所示直齿圆柱齿轮的二维线框创建外形铣削的刀具路径，并进行实体切削验证。

步骤 1　调取直齿圆柱齿轮的二维线框图形，并设置好加工环境。

① 单击工具栏的 按钮，打开下载目录中的"sample6-1.mcx"文件。

② 选择菜单栏的【机床类型】（Machine Type）/【铣床】（Mill）/【默认】（Default）命令，进入铣削加工环境。

③ 单击操作管理器列表中的 属性 - Generic Mill ，将其中的 4 个选项全部展开，如图 6.29 所示。

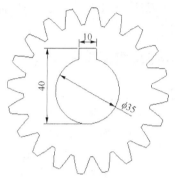

图6.28 外形铣削示例

图6.29 操作管理器的属性选项

④ 单击【材料设置】选项，打开【材料设置】选项卡。由于该齿轮齿顶圆直径为 $\phi88$ mm，这里将工件的 X、Y 方向尺寸均设为 90，而将 Z 值设定为齿轮的厚度 8mm。为便于加工，将工件原点设置在工件上表面，即工件原点的坐标为（0，0，8），如图 6.30 所示。

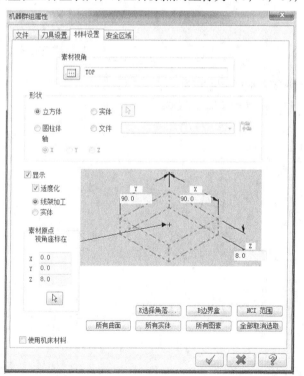

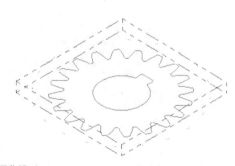

图6.30 工件设置及其预览模型

⑤ 选择菜单栏的【刀具路径】（Toolpaths）/【刀具管理器】（Tools Manager）命令，显示【刀具管理】对话框。在该对话框的刀具库中，依次选取 $\phi1$ mm、$\phi4$ mm 和 $\phi10$ mm 3 种平底铣刀作为当

前操作所使用的刀具。

　　步骤 2　编制齿轮外形粗加工的刀具路径。

　　① 选择菜单栏的【刀具路径】（Toolpaths）/【外形铣削】（Contour）命令，根据提示输入 NC 文件的名称 "sample6-1"，然后选取齿轮所有外轮廓为串连对象（顺时针方向串连），如图 6.31 所示。

　　② 外形串连完成后，系统显示【外形铣削】对话框，在【刀具路径参数】选项卡中选取直径为 10 mm 的平底铣刀，并设定合适的刀具参数，如图 6.32 所示。

图6.31　顺时针串连齿轮的外轮廓

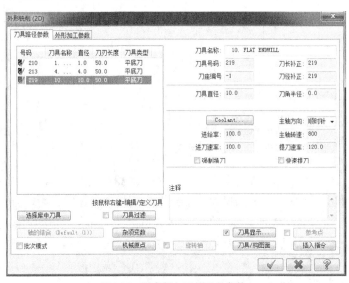

图6.32　设定粗加工的刀具参数

　　③ 选择【外形加工参数】选项卡，设置外形铣削的专用参数，如图 6.33 所示。

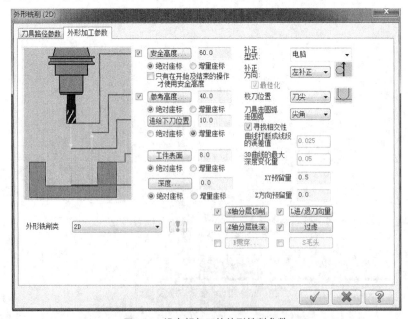

图6.33　设定粗加工的外形铣削参数

　　④ 在【外形加工参数】选项卡中，单击 X轴分层切削 按钮，设置外形的平面多次铣削参数，如图

6.34 所示。单击 Z轴分层铣深 按钮，设置外形的 Z 向分层铣削参数，如图 6.35 所示。

图6.34　平面多次铣削参数的设置　　　　　　图6.35　Z向分层铣削参数的设置

⑤ 单击 L进/退刀向量 按钮，显示【进/退刀设置】对话框，对加工时刀具的进刀及退刀参数进行设置，以减少刀具磨损并防止过切，如图 6.36 所示。

⑥ 单击【外形铣削】对话框的 ✓ 按钮，系统自动完成外形铣削粗加工刀具路径的计算，如图 6.37 所示。

步骤 3　编制齿轮外形精加工的刀具路径。

① 选择【刀具路径】（Toolpaths）/【外形铣削】（Contour）命令，按照步骤 2 的方法选取齿轮的所有外轮廓作为串连对象。

图6.36　进/退刀参数的设置

图6.37　生成的外形粗加工刀具路径

② 在【外形铣削】对话框的【刀具路径参数】选项卡中，选取直径为 4 mm 的平底铣刀，并按图 6.38 所示设置各项参数。

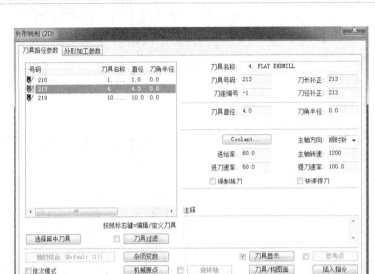

图 6.38　设定精加工的刀具参数

③ 单击【外形加工参数】选项卡，按图 6.39 所示设置各项参数。其中，Z 向分层铣削和进刀/退刀的设置与步骤 2 相同。

④ 单击【外形铣削】对话框的 ✓ 按钮，系统自动生成外形铣削的精加工刀具路径，如图 6.40 所示。

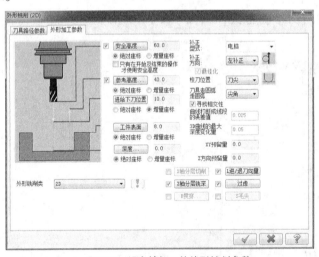

图 6.39　设定精加工的外形铣削参数

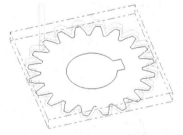

图 6.40　生成的外形精加工刀具路径

步骤 4　编制齿根倒角处的残料加工刀具路径。

① 选择【刀具路径】（Toolpaths）/【外形铣削】（Contour）命令，按照步骤 2 的方法选取齿轮的所有外轮廓作为串连对象。

② 在【外形铣削】对话框的【刀具路径参数】选项卡中，选取直径为 1mm 的平底铣刀，并默认系统对各项参数的设置。

③ 单击【外形加工参数】选项卡，按图 6.41 所示设置各项参数。其中，Z 向分层铣削和进刀/退刀的设置与步骤 3 相同，而残料加工的参数设置如图 6.42 所示。

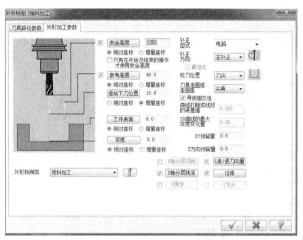

图6.41　设定残料加工的外形铣削参数

图6.42　残料加工参数的设置

④ 单击【外形铣削】对话框的 ✓ 按钮，系统自动生成外形铣削的残料加工刀具路径，如图 6.43 所示。

步骤 5　模拟直齿齿轮的外形铣削加工刀具路径。

① 在刀具路径管理器中，单击 按钮，选取全部的刀具路径操作，如图 6.44 所示。

② 单击刀具路径管理器的 按钮，系统显示【验证】对话框以及工件的实体模型，如图 6.45 所示。

③ 在【停止选项】栏内设置【完成每个操作后停止】，然后单击 ▶ 按钮执行实体切削模拟，其中每个操作结束时的工件加工效果如图 6.46 所示。

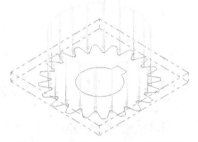

图6.43　生成的外形残料加工刀具路径

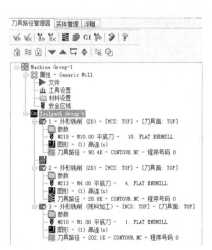

图6.44　选取全部刀具路径操作

图6.45　【验证】对话框及工件模型

(a) 外形粗加工　　　　　(b) 外形精加工　　　　　(c) 外形残料加工

图6.46　外形铣削加工的实体切削效果

6.2　平面铣削加工

平面铣削加工是指将工件表面铣削至一定深度，为下一次加工做准备。常用于制作工件基准面、铣平面、毛坯粗加工等场合。系统允许铣削整个工件表面或某串连外形包围的区域。

6.2.1　平面铣削的操作步骤

与外形铣削加工相同，选择加工机床类型后即可进行平面铣削加工。具体操作步骤如下。

① 选择铣床类型，设置加工环境。

② 选择菜单栏的【刀具路径】（Toolpaths）/【面铣】（Face Toolpath）命令，或者单击工具栏的 按钮。

③ 显示【外形串连】对话框，定义要加工的平面轮廓边界，并单击 按钮确定。

④ 显示【平面加工】对话框，设置刀具参数、平面铣削加工参数等选项，如图 6.47 所示。

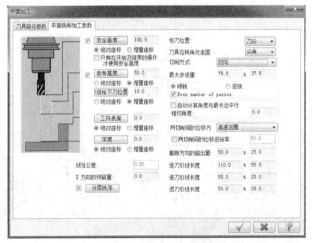

图6.47　平面铣削参数设置

⑤ 单击【平面加工】对话框的 ✓ 按钮，生成平面铣削加工的刀具路径并进行实体切削校验，如图 6.48 所示。

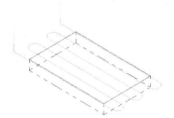

图6.48 平面铣削加工的刀具路径及实体切削验证

⑥ 存储生成的加工刀具路径，并进行后处理，生成 NC 程序。

6.2.2 平面铣削的参数设置

1. 平面铣削方式

Mastercam X3 为平面铣削加工提供了 4 种铣削方式，可以单击【平面铣削加工参数】选项卡的【切削方式】下拉列表进行选择，如图 6.49 所示。

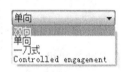

图6.49 平面铣削方式

【双向】(Zigzag)：表示刀具在工件表面双向来回走刀，切削效率高，如图 6.50（a）所示。

【单向】(One Way)：顺铣（Climb）表示刀具仅沿顺铣方向走刀，加工中刀具的旋转切削方向与刀具移动方向相反，如图 6.50（b）所示。逆铣（Conventional）表示刀具仅沿逆铣方向走刀，加工中刀具的旋转切削方向与刀具移动方向相同，如图 6.50（c）所示。

【一刀式】(One Pass)：表示仅进行一次铣削，即刀具沿加工面中心线进行一次走刀切削，此时刀具直径必须等于或大于欲铣削的工件表面宽度，如图 6.50（d）所示。

【Controlled engagement】：表示沿着零件外形曲线进行铣削，即刀具沿着加工面外轮廓轨迹进行走刀。

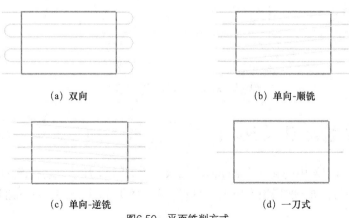

(a) 双向

(b) 单向-顺铣

(c) 单向-逆铣

(d) 一刀式

图6.50 平面铣削方式

2. 两切削间的位移方式

选择双向切削方式时，可以在两条铣削路径间设置不同的过渡方式。过渡方式不同产生的刀具路径也各不相同。系统提供了 3 种刀具过渡方式，如图 6.51 所示。

【高速回圈】（High Speed Loops）：表示刀具以一个 180°圆弧的过渡路径移动到下一次铣削的起点，如图 6.52 所示。

图6.51　切削间的位移方式

【线性】（Linear）：表示刀具采用直线路径且以进给速率移动到下一次铣削的起点，如图 6.53 所示。

【快速位移】（Rapid）：表示刀具采用直线路径且以快速进刀速率移动到下一次铣削的起点，如图 6.54 所示。

图6.52　高速回圈位移　　　　　图6.53　线性位移　　　　　图6.54　直线快速位移

3. 平面铣削参数

平面铣削加工参数与外形铣削加工参数基本相同，包括安全高度、参考高度、深度、刀具补偿、预留量等。另外，为了保证刀具能完全铣削工件表面，在设置平面铣削参数时，可以分别指定刀具走刀步进量（Stepover）、沿非切削方向的延伸量（Across Overlap）、沿切削方向的延伸量（Along Overlap），以及进刀引线延伸长度（Approach）、退刀引线延伸长度（Exit Distance）。图 6.55 所示为上述各项参数含义的示意。

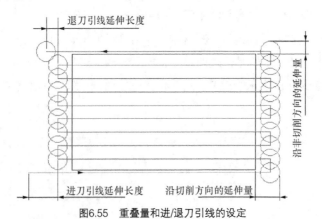

图6.55　重叠量和进/退刀引线的设定

6.2.3　平面铣削加工实例

例 6.2　打开下载目录中的文件"sample6-2.mcx"，如图 6.56 所示，编制工件的平面铣削刀具路径。其中，零件高度为 30，凹槽深度为 15，凹槽中间的岛屿高度为 25，右下角和岛屿中间的两圆孔均为通孔。

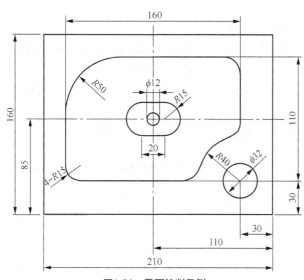

图6.56　平面铣削示例

步骤 1　调取工件的二维线框图形，并设置好加工环境。

① 单击工具栏的 按钮，打开下载目录中的 "sample6-2.mcx" 文件。

② 选择菜单栏的【机床类型】（Machine Type）/【铣床】（Mill）/【默认】（Default）命令，进入铣削加工环境。

③ 单击操作管理器列表中【属性】的【材料设置】选项，打开【材料设置】选项卡。单击对话框的 E选择角落... 按钮，直接框选工件外形的 2 个对角点，获取工件的 X、Y 向尺寸。然后将工件高度（Z 向）设为 32 mm，并将工件原点设置在工件上表面中心，即工件原点坐标为（−105，80，32），如图 6.57 所示。

④ 选择菜单栏的【刀具路径】（Toolpaths）/【刀具管理器】（Tools Manager）命令，显示【刀具管理】对话框。在对话框的刀具库列表中，单击右键菜单的【新建刀具】命令，从弹出的【定义刀具】对话框中选取【面铣刀】，并按图 6.58 所示定义其尺寸参数。之后单击 按钮结束。

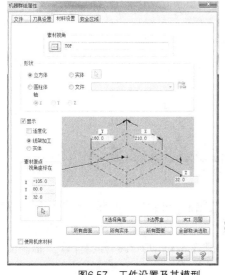

图6.57　工件设置及其模型

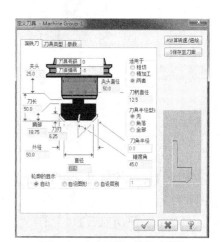

图6.58　定义面铣刀的尺寸参数

步骤 2　编制平面铣削的刀具路径。

① 选择菜单栏的【刀具路径】（Toolpaths）/【面铣】（Face Toolpath）命令，根据提示输入 NC 文件的名称 "sample6-2"，然后选取工件所有外轮廓为串连对象。

② 外形串连完成后，系统显示【平面加工】对话框，在【刀具路径参数】选项卡中设定合适的刀具参数，如图 6.59 所示。

③ 选择【平面铣削加工参数】选项卡，设置平面铣削的专用参数，如图 6.60 所示。

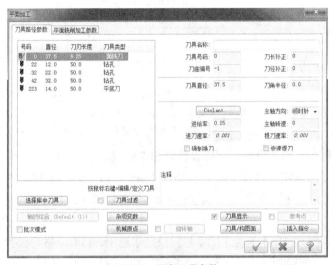

图6.59　设定刀具参数

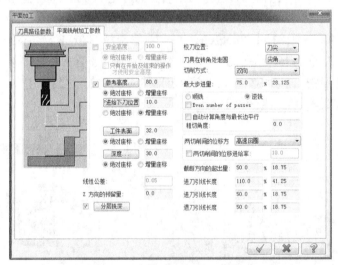

图6.60　设定平面铣削加工参数

④ 在【平面铣削加工参数】选项卡中，单击 分层铣深 按钮，设置平面的深度分层铣削参数，如图 6.61 所示。

⑤ 单击【平面加工】对话框的 ✓ 按钮，系统自动完成平面铣削刀具路径的计算，如图 6.62 所示。

图6.61 深度切削参数的设置

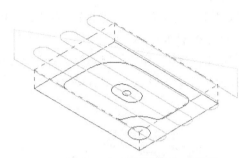

图6.62 生成的平面铣削刀具路径

⑥ 单击操作管理器的 按钮进行实体切削验证，加工效果如图 6.63 所示。

图6.63 平面铣削的实体切削验证

⑦ 单击工具栏的 按钮，保存当前文件 "sample6-2.mcx"，以备后续调用。

挖槽加工

挖槽加工用来铣削封闭外形轮廓所围成的圆形或非圆形的沟槽和凹陷区域，且允许包含不铣削的突起岛屿，如图 6.64 所示。挖槽加工可大量地去除封闭外形轮廓内的材料，且允许外形轮廓与外形轮廓之间存在嵌套关系。它是数控加工中的常见方式，尤其在塑料模、压铸模等型腔模具的生产中应用较多。

6.3.1 挖槽加工的操作步骤

与外形铣削加工相同，选择加工机床类型后即可进行挖槽加工。其具体操作步骤如下。

① 进入铣削加工模块，设置工件加工环境。

② 选择菜单栏的【刀具路径】（Toolpaths）/【标准挖槽】（Pocket Toolpath）命令，或者单击工具栏的▣按钮。

③ 依据提示串连定义一个或多个封闭外形（包括内部岛屿）。

④ 显示【挖槽加工】对话框，设置刀具参数、挖槽参数和粗切/精修参数等。

⑤ 单击【挖槽加工】对话框的███████按钮，生成挖槽加工的刀具路径，如图 6.65 所示。

⑥ 校验并存储生成的加工刀具路径，然后进行后处理生成 NC 程序。

图6.64 挖槽加工示例

图6.65 挖槽加工的刀具路径

6.3.2 挖槽加工形式

在【挖槽加工】对话框中单击【挖槽加工形式】（Pocket Type）的下拉列表，可从中选择所需的挖槽加工方式，如图 6.66 所示。

1. 标准挖槽加工

标准挖槽加工（Standard）是 Mastercam 系统中最常用的挖槽加工方式。其只针对封闭的工件轮廓产生刀具加工路径，即仅铣削所定义外形内的材料，而对边界外或岛屿的材料不进行铣削，如图 6.67 所示。

图6.66 挖槽加工形式

图6.67 标准挖槽加工

2. 槽平面加工

槽平面加工（Facing）与平面铣削刀具路径功能类同，即在加工过程中只保证加工出选择的槽表面，而不考虑是否对边界外或岛屿的材料进行铣削。该功能可用于毛坯的开粗加工。如图 6.68 所示，采用标准挖槽加工工件的上表面时，会在工件的 4 个端角处残留余料，难以加工到位，而采用槽平面加工形式则可以达到理想的加工效果。选取【平面加工】方式并单击【挖槽加工】对话框的██铣平面██按钮，会显示如图 6.69 所示的【平面加工】对话框，以设置相关的铣削参数。

(a)标准挖槽加工　　　　　　　　　　　　　(b)槽平面加工

图6.68　标准挖槽与槽平面加工的区别

3. 岛屿深度加工

采用标准挖槽加工时，系统不会计算岛屿的加工刀具路径。对于岛屿深度和槽的深度不一样的情形，必须采用岛屿深度加工（Island Facing）功能。之后，单击【挖槽加工】对话框的 铣平面 按钮，会显示【岛屿加工设置】对话框，其参数设置与槽平面加工基本相同。此时，可以设置岛屿上方的预留量，使岛屿铣削至设置的深度，而不对边界外进行铣削。

采用岛屿深度加工方式后，在【深度切削】对话框中的【使用岛屿深度】（Use Island Depths）选项将被激活，如图 6.70 所示。选中该选项后，系统将在加工时优先进行岛屿加工，即先将工件加工至岛屿深度，再对其凹槽部分进行加工。

图6.69　平面加工参数设置　　　　　　　　图6.70　岛屿加工时的深度分层铣削设置

4. 残料加工

挖槽残料加工（Remachining）与外形铣削的残料加工基本相同，即选用直径较小的刀具以挖槽方式去除上一次（较大刀具）加工余留的残料。

5. 开放式轮廓挖槽

开放式轮廓挖槽（Open）专用于没有完全封闭的串连外形，即开放轮廓的槽形零件加工。在如图 6.71（a）所示的【开放式轮廓挖槽】对话框中，可采用刀具直径百分比或距离值来设置轮廓开放口路径的边界超出量，而生成的刀具路径将在切削到超出距离后，以直线连接起点与终点，如图 6.71（b）所示。在对话框中，选中【使用开放轮廓的切削方法】（Use Open Pocket Cutting Method），表示切削加工时其下刀点自动设在开放轮廓的端点处，否则系统将以【粗切/精修参数】选项卡中的加工方式走刀。

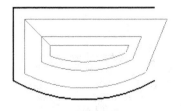

(a) 参数设定对话框　　　　　　　　　　(b) 生成的刀具路径

图6.71　开放式轮廓挖槽加工

6.3.3　挖槽参数设置

【2D 挖槽参数】（Pocketing Parameter）选项卡用于设置生成挖槽加工刀具路径的相关参数，如图 6.72 所示，其与外形铣削参数的设置基本相同，这里仅介绍几个不同的参数选项。

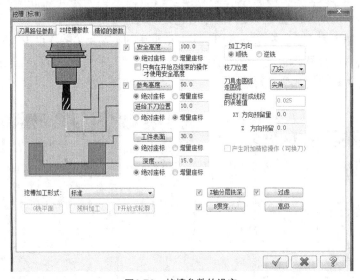

图6.72　挖槽参数的设定

1.　分层铣深（Depth Cuts）

激活并单击 Z轴分层铣深 按钮，显示如图 6.73 所示的对话框，可以设置最大粗切深度、精修次数、精修量，从而控制实际加工中的粗切次数和粗切量。其中，勾选【使用岛屿深度】（Use Island Depth）复选框，将在分层加工时优先加工至岛屿深度；勾选【锥度斜壁】（Tapered Walls）复选框，可设置槽外形及岛屿拔模角度的铣削。

2.　加工方向（Machining Direction）

该选项栏用于设置挖槽加工时，在切削区域内的刀具进给方向，有顺铣（Climb）和逆铣（Conventional）2 种设定。

图6.73　【深度切削】对话框

① 顺铣：指刀具的切削运动方向和机床工作台的移动方向相同，如图 6.74（a）所示。顺铣时刀齿与工件接触瞬间切削厚度最大，且从表面硬质层开始切入，刀齿受到较大的冲击载荷，但刀齿切入过程中没有滑移现象。如设为顺铣，则精修时以逆时针方向铣削槽的外形，而以顺时针方向加工岛屿。一般数控加工多选用顺铣，这样有利于延长刀具的寿命并获得较好的表面加工质量。

(a) 顺铣   (b) 逆铣

图6.74 顺铣与逆铣示意图

② 逆铣：指刀具的切削运动方向和机床工作台的移动方向相反，如图 6.74（b）所示。逆铣时刀齿从已加工表面切入，切削由薄变厚，但是刀齿接触工件后会在工件表面产生滑移和强烈的摩擦，影响工件表面光洁度。如设为逆铣，则精修时以顺时针方向铣削槽的外形，而逆时针铣削岛屿外形。逆铣多用于切削有硬质层、积渣，或工件表面凹凸不平较显著，以及要求大吃刀量时的粗加工。

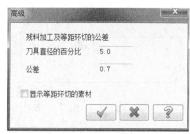

图6.75 【高级】对话框

3. 高级设定（Advanced）

单击【挖槽加工】对话框的 高级 按钮，显示如图 6.75 所示的【高级】对话框，专用于计算挖槽刀具路径中的残料加工和等距环切时的加工误差值，可按刀具直径的百分比（Percent of Tool）或直接输入公差值（Tolerance）予以设定。

6.3.4 粗切/精修参数

在【挖槽加工】对话框中单击【精修的参数】（Roughing/Finishing Parameter）选项卡，可设定粗切加工的走刀方式、切削步距、下刀方式、精加工次数等挖槽粗、精加工参数，如图 6.76 所示。

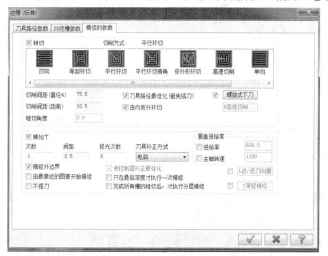

图6.76 挖槽粗/精加工参数

1. 粗加工走刀方式（Cutting Method）

选中【粗切】（Rough）选项，表示挖槽加工时先进行粗加工。Mastercam X3 系统提供了 8 种挖槽粗加工切削方式，即走刀方式。在同一加工区域应用不同的走刀方式所产生的刀具路径各不相同。合理地选择走刀方式，可以在相同加工时间内获得更好的表面加工质量和更高的加工效率。

（1）双向切削

双向切削（Zig Zag）是指按照粗切角度产生一组直线往复式的刀具路径。铣削时行进的角度依粗切角度（Roughing Angle）来确定。其产生的刀具路径相互平行且连续不提刀。图 6.77 所示为最经济省时的方式，适合于平面粗铣加工。

（2）单向切削

单向切削（One Way）是指依据粗切角度，产生按同一个方向切削的刀具路径。其产生的刀具路径相互平行，在每一刀铣削前，刀具沿进刀向量进刀，然后移至下刀点位置开始直线切削，切削完成后沿退刀向量退刀，并快速返回至下一次下刀位置重复切削，如图 6.78 所示。

 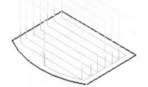

图6.77　双向切削　　　　　　　　　　　　图6.78　单向切削

（3）环绕切削

环绕切削是指从挖槽中心或特定的挖槽起点开始进刀，并沿挖槽壁螺旋切削，具体有 6 种环绕切削方式。

等距环切（Constant Overlap Spiral）是指以等距切削的螺旋方式产生挖槽刀具路径，如图 6.79 所示。该方式具有较小的线性移动，可清除干净所有的毛坯。

平行环切（Parallel Spiral）是指以平行围绕外轮廓的螺旋方式产生挖槽刀具路径，每次用横跨步距补正轮廓边界，如图 6.80 所示。采用该方式时一般难以清除干净毛坯。

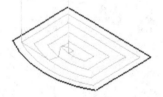 

图6.79　等距环切　　　　　　　　　　　　图6.80　平行环切

平行环切并清角（Parallel Spiral，Clean Corners）是指以平行环切并清角的方式产生挖槽刀具路径，即相对平行环切增加了在内腔转角处的清除加工，如图 6.81 所示。此项需根据加工轮廓合理设定，否则也难以保证将所有的毛坯都清除干净。

依外形切削（Morph Spiral）是指依外形螺旋方式产生挖槽刀具路径，在外部边界与岛屿间采用逐步过滤进行插补计算的方式粗加工内腔，如图 6.82 所示，执行时最多只允许定义一个岛屿。

图6.81　平行环切并清角

图6.82　依外形环切

高速切削（High Speed）是指以平行环切的方法粗加工内腔，但其在行间过渡时采用一种平滑的方式，并在转角处以圆角过渡，保证刀具在整个路径中平稳而高速移动，如图 6.83 所示。

螺旋切削（True Spiral）是指以圆形或螺旋方式在加工区域产生挖槽刀具路径，用所有正切圆弧进行粗加工铣削，如图 6.84 所示。该方式为刀具提供了一个平滑的运动及一个精简的 NC 程序，并能较好地清除所有的毛坯余量，适合于圆槽加工。如果应用于周边余量不均的切削区域，将会产生较多的抬刀。

图6.83　高速切削

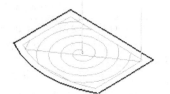

图6.84　螺旋切削

2．粗加工下刀方式

在数控加工中，平铣刀主要用侧面刀刃切削材料，端部的切削能力很弱，通常无法承受垂直下刀的撞击。因此，Mastercam 在挖槽加工的粗铣时提供了 3 种 Z 向下刀方式，即垂直进刀（默认）、螺旋式下刀和斜向下刀，如图 6.85 所示，以便合理指定刀具如何进入工件。

（1）螺旋式下刀

螺旋式下刀（Entry-helix），是指刀具在进入工件切削前采用螺旋走刀方式下刀，如图 6.86 所示。此时，需要设置螺旋下刀运动的参数，见表 6.1。

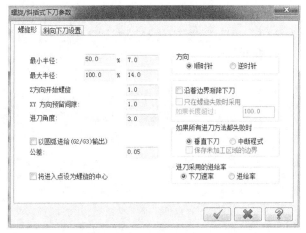

图6.85　粗加工下刀设定

图6.86　螺旋进刀

表 6.1　　　　　　　　　　　　螺旋式下刀的参数设置

选　项	含　义
最小半径（Minimum Radius）	下刀螺旋的最小半径，可定义为刀具直径的百分比
最大半径（Maximum Radius）	下刀螺旋的最大半径，可定义为刀具直径的百分比。该值应根据型腔空间和铣削深度确定。一般螺旋半径越大，进刀的切削路程越长
Z 方向开始螺旋（Z Clearance）	开始螺旋下刀时刀具离工件表面的 Z 向高度。系统由该位置开始执行下刀，其决定着螺旋进刀的总深度
XY 方向预留间隙（XY Clearance）	下刀切削时，刀具与工件内壁在 XY 方向的预留量
进刀角度（Plunge Angle）	螺旋下刀时螺旋线与 XY 平面间的夹角，即螺旋线的升角。升角太小，螺旋圈数增多，切削路程加长；升角太大，又会产生不好的端刃切削情况。一般该值设为 5°～20°
方向（Direction）	螺旋进刀的旋向，有顺时针和逆时针 2 种
沿着边界渐降下刀（Follow Boundary）	选中该复选框而未选中【只在螺旋失败时采用】（On Failure Only）复选框，表示当下刀路径长度超过设定值时，刀具沿着加工边界逐渐下刀；如选中【只在螺旋失败时采用】（On Failure Only）选项，表示仅在螺旋下刀失败时刀具沿工件边界逐渐下刀
以圆弧进给输出（Output Arc Move）	选中该复选框，表示螺旋下刀采用圆弧进给刀具路径，否则，依据【公差】（Tolerance）文本框设置的误差转换为直线进给刀具路径
将进入点设为螺旋的中心（Center on Entry Point）	选中该复选框，表示以刀具路径的进刀点作为螺旋下刀的中心点
如果所有进刀方法都失败时（If All Entry Attempts）	当所有螺旋下刀尝试均失败后，可转为垂直进刀（Plunge）或中断程序（Skip）2 种处理方式。垂直进刀表示允许刀具以 Z 轴进给率下刀并开始挖槽；程序中断表示系统将跳离此特别的挖槽操作
进刀采用的进给率（Entry Feed Rate）	用于指定下刀路径的进给率，可以设定为下刀速率（Plunge Rate）或进给率（Feed Rate），前者表示采用刀具的 Z 向下刀速率进刀，后者表示采用刀具的水平切削进刀率进刀

（2）斜向下刀

斜向下刀，是指刀具在进入工件切削前采用双向铣削的方式沿斜面下刀，直至最后的进刀深度为止，如图 6.87 所示。此时，需设置斜向下刀运动的参数，如图 6.88 所示。表 6.2 对斜向下刀部分参数的意义予以说明。

图6.87　斜向下刀

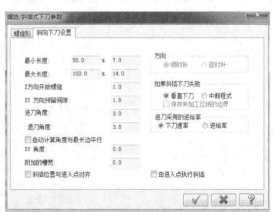

图6.88　斜向下刀参数

表 6.2　　　　　　　　　　　　　　斜向下刀的参数设置

选　项	含　义
最小长度（Minimum Length）	斜向下刀的最小长度，可定义为刀具直径的百分比
最大长度（Maximum Length）	斜向下刀的最大长度，可定义为刀具直径的百分比
Z 方向开始螺旋（Z Clearance）	开始斜向下刀时刀具离工件表面的高度。系统由该位置开始执行下刀，其决定着螺旋进刀的总深度
XY 方向预留间隙（XY Clearance）	下刀切削时，刀具与工件内壁在 XY 方向的预留量
进刀角度（Plunge Zig）	斜向下刀时斜插线的升角，即与 XY 平面间的夹角，一般设为 5°～20°
退刀角度（Plunge Zag）	斜向下刀刀具切出时斜插线的升角
自动计算角度与最长边平行（Auto Angle）	由系统自动计算斜向下刀路径在 XY 平面上的切削角度，否则可在【XY 角度】栏内定义指定角度值
附加的槽宽（Additional Slot）	刀具每一次快速直落时添加的额外刀具路径
斜插位置与进入点对齐（Align Ramp with Entry Point）	选中该复选框，可将下刀点设置在挖槽路径的起点
如果斜向下刀失败（If Ramp Fails）	当斜向下刀的所有尝试都失败后，加工路径将转为垂直下刀或中断程序 2 种处理方式
由进入点执行斜插（Ramp from Entry Point）	选中该复选框，表示将刀具路径进刀点设为斜向下刀路径的起点

3. 粗加工参数

（1）切削间距

切削间距（Stepover）是指挖槽粗加工时在 XY 平面上两条刀具路径之间的距离，可按刀具直径的百分比或直接输入数值来定义。

（2）粗切角度

粗切角度（Roughing）是指挖槽粗加工时刀具相对于构图面 X 轴正向的移动角度，逆时针方向为正，如图 6.89 所示。该选项只在单向、双向切削时有效。若双向切削的粗切角度为 0°，则铣刀由左下角开始铣削，由左向右，再由右向左做水平式铣削。铣削进给方向由下向上。

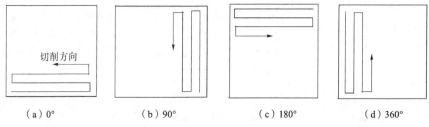

| （a）0° | （b）90° | （c）180° | （d）360° |

图6.89　粗切角度的设定

（3）刀具路径最佳化

选中【刀具路径最佳化】（Minimize Tool Burial）复选框，用于优化刀具路径，使加工达到最佳切削效果。

（4）由内而外环切

选中【由内而外环切】（Spiral Inside to Outside）复选框，表示采用环绕切削时由挖槽中心或指定的挖槽起点开始，向外环切至槽边界外形为止。否则，由挖槽边界外形开始，向挖槽中心环切。

（5）高速切削

采用高速切削加工方式时，可单击 高速切削... 按钮，设置高速切削参数。

4．精加工参数

在【精修的参数】选项卡中，勾选【精加工】（Finish）复选框，可设定沿槽及岛屿外形进行精修的次数和每次的切削间距等，如表 6.3 所示，以保证较高的加工精度和表面加工质量。精修的方向由挖槽参数中的加工方向（Machining Direction）设定。

表 6.3　　　　　　　　　　　挖槽加工精修参数及其含义

选　　项	含　　义
次数（Passes）	设定精加工次数
间距（Spacing）	设定精加工的步进量
修光次数（Spring）	设定精加工后的光刀次数，属于超精加工
刀具补偿方式（Cutter Compensation）	设置刀具补偿方式，有计算机补偿（Computer）、控制器补偿（Control）、刀具磨损补偿（Wear）、刀具磨损反向补偿（Reverse Wear）等 4 种设定
精修外边界（Finish Outer Boundary）	选中此项，表示对内腔壁及槽中岛屿外形均执行精铣路径。否则，只精铣岛屿外形，而不精铣槽的外形边界
由最近处的图素开始精修（Start Finish Pass at Closet Endpoint）	选中此项，表示从粗加工刀具路径终了处的最近点开始执行槽形区域的精铣加工
不提刀（Keep Tool Down）	选中此项，表示在进入精铣时持续保持刀具向下铣削。精加工中不产生提刀路径
使控制器补正最佳化（Optimize Cutter Comp in Control）	选中此项，表示对控制器补正时的精铣路径进行优化，使刀具加工路径最佳化，即删除小于或等于刀具半径的圆弧刀具路径，并帮助避免划伤工件表面
只在最后深度才执行一次精修（Machine Finish Passes only at Final Depth）	选中此项，表示挖槽分层铣削时，只在粗铣至最后深度时才做精铣路径。否则，于每一层深度粗铣后都执行精铣路径
完成所有槽的粗切后才执行分层精修（Machine Finish Passes after Roughing all Pockets）	设定槽形区域的精铣加工顺序。挖槽加工时如有多个挖槽区域，选中此项，表示先完成所有槽形区域的粗加工，再执行精加工。否则，完成某个区域的粗加工后即执行精加工，之后再继续下一个槽形区域的粗加工和精加工
覆盖进给率（Override Feed Speed）	单独指定精加工时的进给速度和主轴转速
进/退刀向量（Lead In/Out）	在精加工路径中使用引入/引出路径
薄壁精修（Thin Wall）	打开【薄壁精修】对话框以设置相关参数

6.3.5　挖槽加工实例

例 6.3　打开下载目录中的文件 "sample6-3.mcx"，如图 6.90 所示，继续编制工件的挖槽加工刀具路径。其中，零件高度为 30，凹槽深度为 15，凹槽中间的岛屿高度为 25。

① 单击工具栏的 按钮，打开下载目录中的 "sample6- 3.mcx"
文件。

② 选择菜单栏的【刀具路径】（Toolpaths）/【刀具管理器】
（Tools Manager）命令，显示【刀具管理】对话框。在该对话框
的系统刀具库中，选取 ϕ 14 mm 平底铣刀并双击将其调入当前操
作的刀具库。

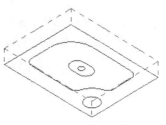

图6.90　挖槽加工示例

③ 选择菜单栏的【刀具路径】（Toolpaths）/【标准挖槽】
（Pocket Toolpath）命令，然后选取工件内部轮廓和岛屿边界为串连对象，如图 6.91 所示。

④ 外形串连完成后，系统显示挖槽加工对话框，在【刀具路径参数】选项卡中设定合适的刀具
参数，如图 6.92 所示。

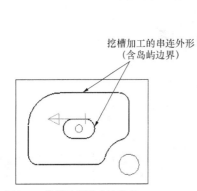

挖槽加工的串连外形
（含岛屿边界）

图6.91　挖槽边界的串连定义

图6.92　设定刀具参数

⑤ 选择【2D 挖槽参数】选项卡，设置挖槽加工的专用参数，如图 6.93 所示。

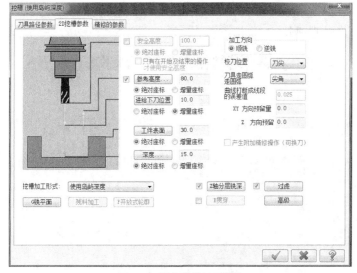

图6.93　设定挖槽加工参数

⑥ 在【2D 挖槽参数】选项卡中，单击 Z轴分层铣深 按钮，设置挖槽的深度分层铣削参数，如图 6.94 所示。

⑦ 在【2D 挖槽参数】选项卡中，单击 G铣平面 按钮，设置岛屿的铣削参数，如图 6.95 所示。

图6.94　设置深度分层铣削参数

图6.95　设置岛屿的铣削参数

⑧ 选择【精修的参数】选项卡，设置挖槽加工的粗切/精修参数，如图 6.96 所示。

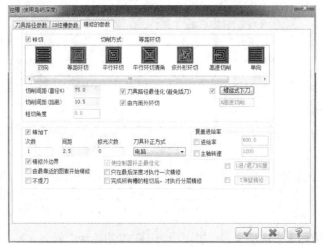

图6.96　设置粗切/精修参数

⑨ 在【精修的参数】选项卡中，单击 螺旋式下刀 按钮，设置挖槽粗铣的螺旋下刀参数，如图 6.97 所示。

图6.97　设置螺旋下刀参数

⑩ 单击挖槽加工对话框的  按钮，系统自动完成挖槽加工刀具路径的计算，如图 6.98 所示。

⑪ 在操作管理器列表中选取挖槽加工操作，然后单击 🖟 按钮进行实体切削验证，加工效果如图 6.99 所示。

⑫ 单击工具栏的 🖫 按钮，保存当前文件"sample6-3.mcx"，以备后续调用。

图6.98　生成的挖槽加工刀具路径

图6.99　挖槽加工的实体切削验证

6.4　钻孔加工

钻孔刀具路径主要用于钻孔、镗孔和攻螺纹等加工。系统允许选择一系列的点或图素，编制指定位置上的钻孔、镗孔和攻内螺纹的刀具路径。系统以点来定义孔的位置，而孔的大小则由钻削参数所设定的刀具直径来决定。

执行钻孔加工时，选择菜单栏的【刀具路径】（Toolpaths）/【钻孔】（Drill Toolpath）命令，定义所需的钻孔中心点，并调整其间的路径排列顺序，然后设定刀具参数和钻削专用参数，之后即可自动生成钻孔刀具路径。

6.4.1　钻削点的选择

钻孔加工使用的几何模型为钻削点，即钻孔的中心点。选择钻削点就是指定钻孔加工的中心位置。选择菜单栏的【刀具路径】（Toolpaths）/【钻孔】（Drill Toolpath）命令，系统会显示【选取钻孔的点】对话框，以定义钻孔中心点，如图 6.100 所示。

这里对各选项的含义说明如下。

🗔 按钮：为系统默认的手动选点方式，可以直接输入点的坐标值，或者选取已有图素的端点、圆心点或中心点等特殊点来定义钻孔加工的位置。

A自动 （Automatic）按钮：自动选取一系列已存在的点作为钻孔的中心点，一般用于一条直线上的多点选取。执行时，需要指定 3

图6.100　钻孔点选择对话框

个加工点作为路径方向的控制点，即选取第 1 点设置加工路径的起始点，选取第 2 点定位加工顺序方向，选取第 3 点定义加工路径的终止点。

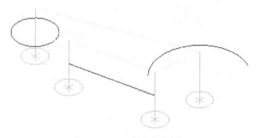
图6.101　图素选点示例

S 选取图素（Entities）按钮：选取某几何图素，并自动以几何图素的端点或中心去定位钻削点。如图 6.101 所示，选取直线、圆弧和圆进行钻孔加工，生成的钻孔刀具路径位于直线的端点以及圆弧和圆的圆心。

W 窗选（Window Pts）按钮：定义一个矩形窗口，自动选取窗口范围内的所有点作为钻孔中心点。

限定半径（Mask on Arc）按钮：指定一个圆或圆弧并取其直径作为基准，然后依据所设定的公差范围自动选取指定大小范围内的所有圆或圆弧的圆心作为钻削中心点。这种方式常用于在大量半径相同的圆或圆弧的圆心位置钻孔。

选择上次（Last）按钮：自动选择上一次所定义的点集作为当前操作的钻孔中心点。该方式适用于对同一组孔系进行多道钻孔加工。

副程式（Subpgm Ops）按钮：使用钻、扩、铰加工的数控子程序，在同一个孔位置进行重复钻削，以简化数控加工程序。这种方式适用于对一个孔或一组孔系进行多次钻削加工。如加工螺纹孔，需通过钻引导孔、钻孔、倒角、攻螺纹 4 个步骤，但各步骤所使用的钻孔点是不变的，可以使用子程序生成所需的刀具路径。

排序（Sorting）按钮：用来设置所选钻孔点的加工顺序。系统共提供了 17 种 2D 排序方式、12 种旋转排序方式和 16 种交叉排序方式。

编辑（Edit）按钮：利用【编辑钻孔点】对话框，对所选钻削点进行删除、编辑深度、编辑跳跃高度、插入辅助指令等操作。

如果要定义一系列规则排列的点进行钻削加工，可以单击【选取钻孔的点】对话框左上角的▼图标，展开对话框下半部的【阵列设置】选项。此时，可以根据预制的样板按照矩形阵列（Grid）或环形阵列（Bolt Circle）方式定义一系列矩形或环形排列的规则点的钻削刀具路径。

6.4.2　钻孔方式

Mastercam X3 系统共提供了 20 种钻孔循环方式，包括 7 种标准循环方式和 13 种自定义循环方式，如图 6.102 所示。这里仅对 7 种标准钻孔循环方式予以介绍。

1. 标准钻孔（Drill /Counter Bore）

一般用于钻削和镗削孔深 H 小于 3 倍刀具直径 D（$H<3D$）的孔。要求孔底平整，可在孔底暂停。对应 NC 指令为 G81/G82。

2. 深孔啄钻（Peck Drill）

也称步进式钻孔，常用于钻削孔深 H 大于 3 倍刀具直径 D（$H>3D$）的深孔。钻削时刀具会间断性地提刀至安全高度，以排除切屑。其常用于切屑难以排除的场合。对应 NC 指令为 G83。

图6.102　钻孔循环方式

3. 断屑式钻孔（Chip Break）

一般用于钻削孔深 $H>3D$ 时的深孔。钻削时刀具会间断性地以退刀量提刀返回一定的高度，以打断切屑（对应 NC 指令为 G73）。该钻孔循环可节省时间，但排屑能力不及深孔啄钻方式。

4. 攻牙（Tap）

用于攻右旋或左旋的内螺纹孔。对应 NC 指令为 G84。

5. 镗孔 1（Bore # 1）

采用该方式镗孔时，系统以进给速度进刀和退刀，加工一个平滑表面的直孔。对应 NC 指令为 G85/G89。

6. 镗孔 2（Bore # 2）

采用该方式镗孔时，系统以进给速度进刀，至孔底主轴停止，刀具快速退回。对应 NC 指令为 G86。其中，主轴停止是防止刀具划伤孔壁。

7. 精镗孔（Fine Bore）

采用该方式镗孔时，刀具在孔深处停转，且将刀具偏移孔壁后退刀。对应 NC 指令为 G76。

6.4.3　钻孔参数设置

钻孔加工除了要设置共同的刀具参数外，还需设置 2 组钻孔加工专用参数，包括钻孔参数和自定义参数，如图 6.103 所示。如选取的钻孔方式不同，所需设置的钻孔参数略有不同，但其共有的高度参数是相同的。

1. 安全高度（Clearance）

用于设定刀具钻削移动的起始位置高度，系统默认该选项为关。刀具在钻孔过程中，只在起始位置和结束位置抬刀至安全高度。有些情况下，Masteram X3 使用退刀高度作为安全平面高度。设定安全高度时，如采用绝对坐标，则定义的 Z 值是相对于当前构图面 Z0 的位置；如采用增量坐标，则定义的 Z 值是相对于当前加工毛坯顶面的 Z 轴深度。

图6.103　钻孔参数的设定

2. 退刀高度（Retract）

用于设定刀具在钻削点之间提刀返回的高度。该值对应指令代码中的 R_值。对于深孔啄钻加工，刀具抬刀时将到达该位置。其绝对坐标和增量坐标的含义与安全高度相同。

3. 工作表面（Top of Stock）

用于设定毛坯顶面在 Z 轴方向上的高度，即指定钻孔的起始高度位置。如采用绝对坐标，所设定的值是相对于当前构图面 Z0 的深度位置；如采用增量坐标，所设定的值是相对于被选钻削点的 Z 轴深度。

4. 钻孔深度（Depth）

用于设定刀具下降至孔底的深度位置。若采用绝对坐标，所设定的值是相对于构图面 Z0 测量至孔底的距离，此时系统将忽略已选点的坐标；若采用增量坐标，所设定的值是从所选点的 Z 坐标测量至孔底的距离，如果所选点在孔底上面，其距离为负值，如果所选点在孔底下面，其距离为正值。

如图 6.104 所示，是 4 个钻孔高度参数的示意。

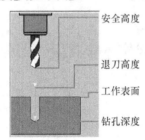

图6.104   钻孔高度参数

5. 钻孔加工循环参数

（1）钻孔步距（Peck）

设定深孔啄钻和断屑式钻孔时，第 1 次的步进钻孔深度（到达第 1 个回缩点）。

（2）副次切量（Subsequent Peck）

设定深孔啄钻和断屑式钻孔时，后续各次的步进钻削深度。

（3）安全余隙（Peck Clearance）

设定深孔啄钻和断屑式钻孔时，刀具快速进入的增量，即钻头快速下降至所要切削的位置与上一次步进钻削深度位置间的距离。

（4）回缩量（Retract Amount）

设定断屑式钻孔时，每次钻削之后退刀的一个移动距离。

（5）暂留时间（Dwell）

设定钻削时刀具移动至孔底暂留的时间，以便能彻底清除材料及提高孔底表面的加工质量。它是 CNC 机床建立的一个固定循环。暂留时间的单位为千分之一秒，即相当于 G 指令代码中的 P_值。

（6）提刀偏移量（Shift）

设定镗孔刀具在退刀前让开孔壁的一个距离，以防刀具划伤孔壁。该选项仅在镗孔加工循环时有效。

6. 刀尖补正（Tip Compensation）

用于自动调整钻削的深度至钻头前端斜角部位的长度，以作为钻头端部的刀尖补正值，如图 6.105 所示。激活刀尖补正功能时，钻头的端部斜角将不计算在深度尺寸内，如图 6.106 所示。如输入的孔深尺寸指的是刀尖深度，则可以关闭刀尖补正。

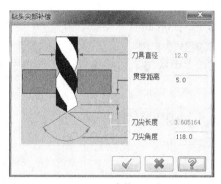

图6.105　刀尖补正示意

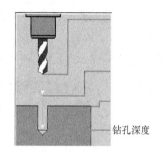

图6.106　启动刀尖补正时的深度计算

7. 使用副程式（Subprogram）

在钻孔加工中，经常对一个孔或一组孔系进行钻、扩、铰加工，除了刀具不同外，钻、扩、铰加工的数控程序几乎是一样的。当工件中需对相同孔进行多次重复加工时，选中【使用副程式】（Subprogram）选项，可以调用子程序来缩短或简化 NC 加工程序，节省机床控制器的存储空间。

6.4.4　钻孔加工实例

例 6.4　打开下载目录中的文件"sample6-4.mcx"，继续编制工件中 ϕ32 mm 和 ϕ12 mm 2 个通孔的钻削加工刀具路径。

工艺分析：由于对 ϕ32 mm 和 ϕ12 mm 2 个孔没有特别的要求，故而可以直接使用钻头进行钻削加工。只是考虑到 ϕ32 mm 的孔径较大，为减少钻孔的切削力，避免闷刀，这里先预钻一个 ϕ22 mm 的通孔，且采用标准钻孔方式。而 ϕ12 mm 孔，由于孔深较大，因此选用深孔啄钻方式进行加工。

① 单击工具栏的 按钮，打开下载目录中的文件"sample6-4.mcx"。

② 选择菜单栏的【刀具路径】（Toolpaths）/【刀具管理器】（Tools Manager）命令，显示【刀具管理】对话框。在该对话框的系统刀具库中，选取 ϕ12 mm、ϕ22 mm、ϕ32 mm 3 种钻头并双击将其调入当前操作的刀具库，如图 6.107 所示，之后单击 按钮结束。

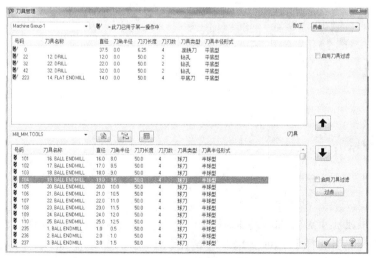

图6.107　选用钻孔加工的钻头

③ 选择菜单栏的【刀具路径】（Toolpaths）/【钻孔】（Drill Toolpath）命令，单击 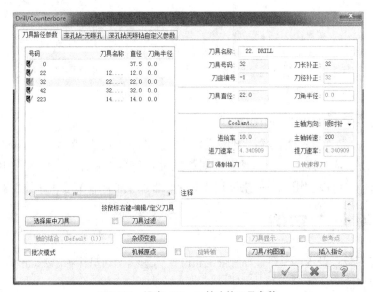 按钮，并捕捉 φ32 mm 孔的圆心作为钻孔中心点，之后单击 按钮结束。

④ 显示【钻孔加工】对话框，在【刀具路径参数】选项卡中选用 φ22 mm 的钻头，并设定合适的刀具参数，如图 6.108 所示。

图6.108　设定 φ22 mm 钻头的刀具参数

⑤ 单击钻孔参数选项卡，按图 6.109 所示设置相关的参数。

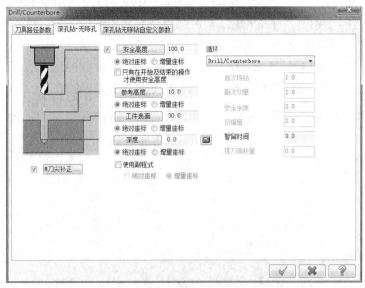

图6.109　设置钻孔参数

⑥ 单击【钻孔加工】对话框的 按钮，系统自动生成钻孔加工刀具路径。

⑦ 继续选择【刀具路径】（Toolpaths）/【钻孔】（Drill Toolpath）命令，单击 选择上次 按钮，直接调取 φ32 mm 孔的圆心作为当前的钻孔中心点，之后单击 按钮结束。

⑧ 显示【钻孔加工】对话框，在【刀具路径参数】选项卡中选用 ϕ32 mm 的钻头，并设定合适的刀具参数。其中，进给率为 10、主轴转速为 200。

⑨ 单击钻孔参数选项卡，设置与预钻孔 ϕ22 mm 相同的钻削参数，之后单击 按钮，自动生成钻孔加工刀具路径。

⑩ 选择菜单栏的【刀具路径】（Toolpaths）/【钻孔】（Drill Toolpath）命令，单击 按钮，并捕捉 ϕ12 mm 孔的圆心作为钻孔中心点，之后单击 按钮结束。

⑪ 显示【钻孔加工】对话框，在【刀具路径参数】选项卡中选用 ϕ12 mm 的钻头，并设定合适的刀具参数。其中进给率为 6、主轴转速为 200。

⑫ 单击钻孔参数选项卡，选取"深孔啄钻"的钻孔循环方式，并按图 6.110 所示设置相关的参数。

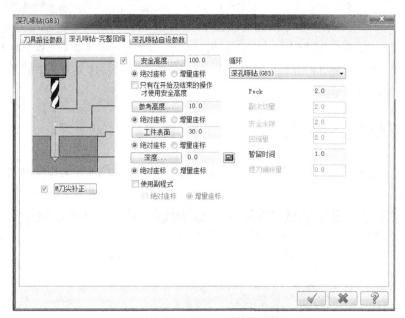

图6.110　设置 ϕ12 mm孔的钻削参数

⑬ 单击【钻孔加工】对话框的 按钮，系统自动生成钻孔加工刀具路径，如图 6.111 所示。

⑭ 在操作管理器列表中单击 按钮，选取所有的加工操作，然后单击 按钮进行实体切削验证。加工效果如图 6.112 所示。

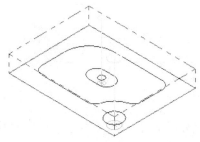

图6.111　钻孔加工刀具路径

图6.112　工件的实体切削验证效果

6.5 雕刻加工

Mastercam X3 雕刻加工常用于小型刀具的加工场合，如文案加工、花纹雕刻等，如图 6.113 所示。执行时，选择菜单栏的【刀具路径】（Toolpaths）/【雕刻】（Engraving Toolpaths）命令，然后串连定义所加工的外形轮廓，并设置雕刻加工的各项参数，即可生成雕刻加工的刀具路径。

图6.113　雕刻加工示例

雕刻加工时，除了要设置共同的刀具参数外，还需要设置雕刻加工参数（Engraving Parameters）和粗切/精修参数（Roughing/Finishing）2 组专用参数。各参数选项的含义与挖槽加工参数基本相同，下面针对一些不同的参数选项予以介绍。

6.5.1 雕刻加工参数

在【雕刻】对话框中单击【雕刻加工参数】选项卡，可设置雕刻加工的高度参数、分层铣深等，如图 6.114 所示。

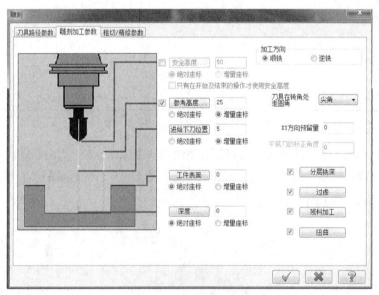

图6.114　雕刻加工对话框

1. 分层铣深

分层铣深（Depth Cuts）用于设置雕刻加工的深度分层铣削参数。单击 分层铣深 按钮，会显示如图 6.115 所示的【深度切削】对话框，其中各项参数的含义说明如下。

图6.115 【深度切削】对话框

【切削次数】（# of Cuts）：用于设置分层切削加工路径的次数。

【相等的切削深度】（Equal Depth Cuts）：表示系统将按相等深度值的方式来生成刀具加工路径。

【固定切削量】（Constant Volume Depth Cuts）：表示系统将按每层相等切削量的方式来生成刀具加工路径。

2. 程式过滤

程式过滤（Filter）用于对雕刻加工的刀具路径进行过滤和优化。单击 过滤 按钮，会显示【滤波设置】对话框，其中各项参数的含义与外形铣削的过滤参数相同，这里不再叙述。

3. 残料加工

残料加工（Remachining）主要用于精密雕刻工艺的清角加工。单击 残料加工 按钮，系统显示如图 6.116 所示的【雕刻残料加工设置】对话框。

【前一个操作】（Previous Operation）：表示以前一个加工操作为依据计算工件残料。

【自设的粗加工刀具路径】（Roughing Tool）：表示以粗加工刀具尺寸为依据计算工件残料。此时，需要定义刀具的大头直径和小头直径或倾角值。

【粗加工完成后再精修】（Finish after Remachining）：表示在残料加工后再进行残料的精加工，使加工精度更高。

图6.116 【雕刻残料加工设置】对话框

4. 扭曲

扭曲（Wrapping）属于多轴加工类型，用于曲面、圆柱面上文案的雕刻加工。单击 扭曲 按钮，将显示如图 6.117 所示的【扭曲刀具路径】对话框。

【在两曲线间】（Between 2 Curves）：表示系统将在 2 条曲线之间决定路径的放置位置。

【在曲面上】（On Surfaces）：表示系统将在曲面上定位其路径的放置位置。

【网格距离】（Grid Distance）：用于设置刀具加工路径的投影精度。数值越小，加工精度越高，但相应路径的计算速度会减慢。

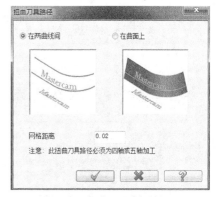

图6.117 扭曲刀具路径的设置

6.5.2　粗切/精修参数

单击【粗切/精修参数】选项卡，可设置雕刻粗加工的走刀方式、下刀方式、加工顺序等，如图 6.118 所示。

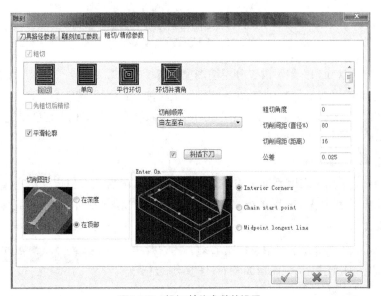

图6.118　粗切/精修参数的设置

1.　走刀方式

选中【粗切】（Rough）选项，表示雕刻加工时先进行粗加工。Mastercam X3 系统提供了 4 种不同的雕刻粗加工走刀方式。

（1）双向切削

双向切削（Zig Zag）是指按照粗切角度产生一组直线往复式的刀具路径，而两平行刀具路径间的距离由切削间距来控制。其产生的刀具路径相互平行且连续不提刀，如图 6.119 所示。

（2）单向切削

单向切削（One Way）是指依据粗切角度，产生按同一个方向切削的刀具路径。每刀切削完成后需提刀快速返回至下一次进刀位置重复切削，如图 6.120 所示。

图6.119　双向切削

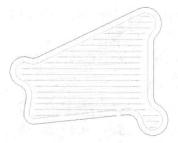

图6.120　单向切削

（3）平行环切

平行环切（Parallel Spiral）是指以平行围绕外轮廓的螺旋方式产生刀具路径，如图 6.121 所示。

（4）清角加工

清角加工（Clean Corners）是指以平行环切相似的走刀方式产生刀具路径，只是相对于平行环切增加了转角处的清角路径，如图 6.122 所示。

图6.121　平行环切

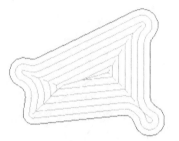

图6.122　清角加工

2. 加工顺序

采用窗选方式选择几何图素时，系统在【加工顺序】下拉列表中提供了 3 种方式来定义刀具路径的切削顺序。

由左至右（Left to Right）：表示从窗口左边向右边定义走刀路径顺序。

由上而下（Top to Bottom）：表示从窗口上边往下边定义走刀路径顺序。

选取的顺序（Selection Order）：表示根据选取的曲线来定义走刀路径顺序。

3. 斜插下刀

单击 斜插下刀 按钮，显示如图 6.123 所示的对话框，用于定义斜向下刀的斜向角度值。

4. 切削图形

系统提供了【在深度】（At Depth）和【在顶部】（On Top）2 种图形雕刻深度的表现形式，具体区别如下。

图6.123　斜向下刀的设置

【在深度】（At Depth）：表示系统将采用【雕刻加工参数】选项卡中设定的深度值来呈现图形的轮廓，如图 6.124（a）所示。

【在顶部】（On Top）：表示系统将在工件表面呈现图形轮廓。此时，所产生的切削深度可能达不到指定的切削深度值，具体深度位置将由图形的轮廓大小确定，如图 6.124（b）所示。

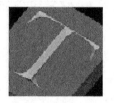

（a）在深度　　　　　　　　　（b）在顶部

图6.124　两种不同的雕刻深度表现形式

1. 打开第 2 章练习 10 绘制的二维图形，如图 6.125 所示，已知零件总高为 10 mm，槽深 5 mm，孔为通孔，试编制零件的外形铣削、挖槽加工和钻孔加工的刀具路径，并进行刀具路径模拟和实体切削验证。

图6.125　二维刀路练习1

2. 打开第 2 章练习 13 绘制的二维图形，如图 6.126 所示，已知零件总高为 20 mm，槽深 10 mm，孔为通孔，编制零件的平面铣削、外形铣削、挖槽加工和钻孔加工的刀具路径，并进行刀具路径模拟和实体切削验证，后处理生成数控加工 NC 程序。

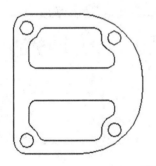

图6.126　二维刀路练习2

3. 打开第 2 章练习 9 绘制的二维图形，如图 6.127 所示，已知零件总高为 20 mm，槽深 10 mm，利用路径的平移、复制功能编制整个零件的挖槽加工刀具路径，并进行刀具路径模拟和实体切削验证。

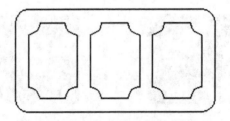

图6.127　二维刀路练习3

4. 打开第 2 章练习 7 绘制的二维图形，如图 6.128 所示，已知内部为凹字、外部为凸字，字高均为 1.5 mm，利用挖槽加工或雕刻加工方式铣刻文字，并进行刀具路径模拟和实体切削验证。

图6.128　二维刀路练习4

5. 打开第 2 章练习 15 绘制的二维图形，如图 6.129 所示，已知零件总高为 20 mm，槽深 12 mm，孔为通孔，试编制零件的挖槽加工和钻孔加工的刀具路径，并进行刀具路径模拟和实体切削模拟，后处理生成数控加工 NC 程序。

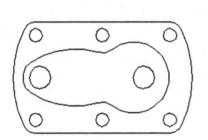

图6.129　二维刀路练习5

Chapter 7

第7章

| 三维曲面加工 |

曲面刀具路径用来加工曲面或实体，Mastercam X3 有两类曲面刀具路径：粗加工（Rough）和精加工（Finish）。其中，粗加工用于快速切除大部分的加工余量，为精加工做准备。

对于不同形状和加工要求的零件，系统提供了 8 种粗加工方法。在菜单栏中选择【刀具路径】（Toolpaths）/【曲面粗加工】（Surface Rough）命令，即可打开【曲面粗加工】子菜单，如图 7.1 所示。

另外，Mastercam X3 还提供了 11 种精加工刀具路径，用于工件的最终成型。每一种曲面刀具路径都有其特有的专用参数。在菜单栏中选择【刀具路径】（Toolpaths）/【曲面精加工】（Surface Finish）命令，即可打开【曲面精加工】子菜单，如图 7.2 所示。

图7.1　【曲面粗加工】菜单

图7.2　【曲面精加工】菜单

7.1　曲面加工公共参数

7.1.1　概述

曲面刀具路径的参数设置分为两类：公共参数和专用参数。公共参数主要用于定义刀具、刀具切削参数、加工高度以及进/退刀等，而专用参数是根据不同的曲面加工方式来设置的。其中，公共参数又包括刀具路径参数（Tool Parameters）和曲面加工参数（Surface Parameters）。无论是二维加工还是曲面加工，刀具路径参数都是相同的，如图 7.3 所示，这里仅对曲面加工参数的部分选项进行介绍。正确理解公共参数的含义和使用方法，是编制曲面或实体数控加工程序的基础。

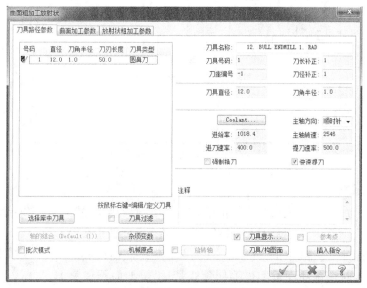

图7.3 曲面加工的刀具路径参数

在 Mastercam 系统中，编制三维曲面数控加工刀具路径的一般步骤如下。

① 选择适当的刀具路径模组。

② 选择需要进行加工的曲面。

③ 从刀具资料库中选择或自定义刀具。

④ 设置刀具有关参数。

⑤ 设置曲面或实体加工的各项参数。

⑥ 设置各刀具路径模组特有的参数。

⑦ 生成刀具路径并模拟切削效果。

7.1.2 曲面加工参数

编制每一种曲面加工刀具路径的过程中，都会显示如图 7.4 所示的【曲面加工参数】（Surface Parameter）选项卡。这里对该选项卡中部分参数的含义予以说明。

1. 高度设置

系统使用 3 个高度参数来定义 Z 方向的刀具路径：安全高度（Clearance）、参考高度（Retract）和进给下刀位置（Feed plane）。与二维加工不同的是，三维加工中无需设置切削深度（Depth）和工件表面（Top of Stock），因为曲面刀具路径的最后切削深度和工件表面高度是由系统根据曲面外形自动设置的。各高度参数的设置方法与外形铣削加工的相关参数相同。

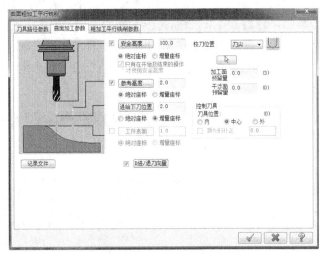

图7.4   曲面加工参数

2. 预留量设置

曲面加工时，为了防止刀具切削到禁止加工的曲面，往往要将禁止加工的曲面设为干涉面，以保护指定的工件表面不受刀具运动时的碰撞等影响。在【曲面加工参数】选项卡中，【加工面预留量】（Stock to on Drive）用于设置加工面的加工预留量，即粗加工时切削曲面或实体面的预留量；【干涉面预留量】（Stock to on Check）用于设置检测面的预留量，即刀具远离检测面的距离，以防止刀具对受保护的曲面或实体面产生过切。设定预留量时可直接在文本框中输入数值，定义的余量方向为曲面或实体面的法向。

如单击 按钮，系统将显示【刀具路径的曲面选取】对话框，如图 7.5 所示，可以重新定义加工曲面、干涉曲面、加工切削范围以及下刀点等。在【刀具路径的曲面选取】对话框中，单击 按钮用于选取欲定义的曲面；单击 按钮用于取消所选取的曲面；单击 CAD文件 按钮用于调取某 CAD 文件中的曲面作为加工曲面；单击 显示曲面 按钮用于高亮显示已选取的曲面。定义干涉曲面或实体后，生成刀具路径时系统会按设置的预留量，使用干涉曲面对刀具路径进行干涉检查。在多刀切削复杂曲面或实体时，使用该功能可以有效地防止过切。

图7.5   【刀具路径的曲面选取】对话框

3. 刀具的切削范围

在进行曲面加工时，允许定义一个封闭轮廓或区域作为特定的加工范围。在曲面上生成的刀具路径，会被定义的封闭轮廓或区域所修剪，轮廓限定范围内的刀具路径将被保留，而轮廓限定范围以外的刀具路径将不再保留。在【曲面加工参数】选项卡中，系统提供了内（Inside）、中心（Center）和外（Outside）3 种设定，均是相对于所选封闭串连而言的。当刀具切削范围设置为内或外时，还需指定切削范围与封闭串连的额外补正值（Additional Offset）。在【刀具路径的曲面选取】对话框中，单击【边界范围】（Tool Containment）栏的 按钮可重新选取某封闭轮廓串连，以设置加工时刀具的切削范围。

4. 记录档（Regen）

生成曲面加工刀具路径时，该选项可以记录曲面加工刀具路径的信息，并以一个 RGN 格式文件进行存储。当对该刀具路径进行修改时，RGN 格式文件可以用来加快刀具路径的重新计算。单击 记录文件 按钮，可设置 RGN 格式文件的存储位置。

5. 进/退刀向量（Direction）

单击 D进/退刀向量 按钮，可打开如图 7.6 所示的进/退刀设置对话框，用于设置曲面加工时刀具的切入及切出引导路径。在进/退刀设置对话框中包含多项参数，这里分别予以说明。

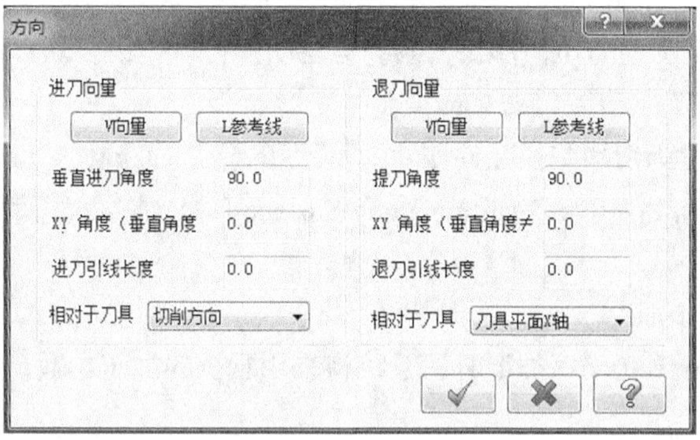

图7.6 进/退刀设置对话框

【垂直进刀/提刀角度】（Plunge/Retract Angle）：设置刀具路径在 Z 方向的角度。

【XY 角度】（XY Angle）：设置进刀/退刀路径在 XY 平面内的角度。

【进刀/退刀引线长度】（Plunge/Retract Length）：设置进刀/退刀路径的长度。

【相对于刀具】（Relative to）：设置测算 XY 角度的参考对象。系统提供了 2 种设定：切削方向（Cut Direction）表示相对于切削方向来测算进/退刀路径在 XY 平面内的角度；刀具平面 X 轴（Tool Plane X Axis）表示相对于刀具平面 X 轴正向来测算进/退刀路径在 XY 平面内的角度。

【向量】（Vector）：单击 V向量 按钮，可在显示的【向量】对话框中设置进/退刀向量在 X、Y、Z 方向的 3 个分量，以定义垂直进/提刀角度、XY 角度和进/退刀引线长度等参数。

【参考线】（Line）：单击 L参考线 按钮，可选取某已知直线来定义进/提刀向量的角度和长度。

6. 工件形状的选择

选择【曲面粗加工】命令后，系统会显示如图 7.7 所示的曲面类型定义对话框，用于正确地设置曲面的类型，有利于提高系统的计算速率。

图7.7 曲面类型定义对话框

其中，系统提供了 3 种曲面类型供用户选择：【凸】（Boss）适用于凸形曲面加工；【凹】（Cavity）

适用于凹形曲面加工；【未定义】（Undefined）适用于既具有凹形又具有凸形的混合曲面加工。并且，针对不同的工件类型，系统会自动设置一些相关的加工参数。

（1）凸（Boss）

选择【凸】（Boss）类型的工件形状，系统会自动执行以下设置。

① 切削方式设置为单向切削（One Way）。

② Z 方向的控制设置为双侧切削（Cut from both Sides）、允许沿面上升切削（Allow Positive Z Motion along Surface）。

（2）凹（Cavity）

选择【凹】（Cavity）类型的工件形状，系统会自动执行以下设置。

① 切削方式设置为双向切削（Zig Zag）。

② Z 方向的控制设置为切削路径允许连续的下刀和提刀（Allow Multiple Plunges along Cut）、允许沿面上升切削（Allow Positive Z Motion along Surface）和允许沿面下降切削（Allow Negative Z Motion along Surface）。

（3）未指定（Unspecified）

选择【未指定】（Unspecified）类型时，系统将采用默认的加工参数。

7.2　曲面粗加工

Mastercam X3 为曲面粗加工提供了 8 种切削方式。不同的加工方式所需设置的加工参数及产生的刀具加工路径各不相同。这里将一一介绍各加工方式的特点及其应用。

7.2.1　平行铣削粗加工

平行铣削粗加工（Rough Parallel Toolpath）是一种简单、有效且常用的加工方法，用于沿特定的方向产生一系列平行的刀具路径。切削加工时，刀具按指定的进给方向进行切削，适于工件中凸出物或浅沟槽的加工。

当指定平行铣削粗加工的工件类型后，会显示如图 7.8 所示的【曲面粗加工平行铣削】（Surface Rough parameter）对话框。此时，除了要设置曲面加工的公共刀具参数和曲面加工参数外，还要利用【粗加工平行铣削参数】选项卡设置一组平行铣削粗加工特有的参数。

1. 整体误差

整体误差（Total Tolerance）用于设置曲面加工的精度误差，其是曲面刀具路径的切削误差（Cut Tolerance）与圆弧过滤误差（Filter Tolerance）的总和。该设定值越小，加工刀具路径就越精确，但计算刀具路径的时间和生成的数控程序段会越长。一般，在曲面粗加工中可设置稍大的误差值，以提高工件的加工效率，在曲面精加工中则需要根据曲面精度与表面粗糙度的要求进行相应的设定。

图7.8　【曲面粗加工平行铣削】对话框

2.　切削方式

【切削方式】（Cutting Method）下拉列表框用于设置刀具在 XY 平面内的切削方式。系统支持两种切削方式：【双向切削】（Zig Zag）和【单向切削】（One Way）。双向切削指刀具往复切削曲面，加工效率较高，如图 7.9（a）所示；单向切削指刀具沿一个方向进行切削，如图 7.9（b）所示。

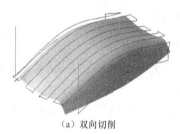

（a）双向切削　　　　　　　　　　　　　　　（b）单向切削

图7.9　切削方式

3.　最大切削间距

最大切削间距（Max Stepover）用于设置 XY 平面内，两相邻刀具路径之间的最大步进距离。该设置值应根据曲面的曲率和刀具加工参数予以设定，其必须小于刀具的直径。切削间距值越大，加工效率越高，生成的数控程序段数目越少，加工表面越粗糙，如图 7.10（a）所示；反之，则生成的数控程序段数目越多，加工表面越平滑，如图 7.10（b）所示。一般粗加工时，常取刀具直径的 75%～85% 作为其最大切削间距。

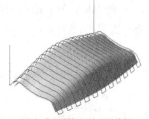

（a）大切削间距的刀具路径　　　　　　　　　（b）小切削间距的刀具路径

图7.10　最大切削间距的设定

单击 [最大切削间距] 按钮，系统显示如图 7.11 所示的对话框，此时可以根据曲面的残料高度自动确定加工曲面的步进距离。

4. 加工角度

加工角度（Machining Angle）是指刀具切削路径与刀具面 X 轴正向的夹角（0°～360°），逆时针方向为正。

5. 最大 Z 轴进给

图7.11　【最大步进量】对话框

最大 Z 轴进给（Max. Stepdown）用于设置 Z 轴方向上两相邻刀具路径层之间的最大距离（切深），也称背吃刀量。该设定值应根据刀具加工参数和机床功率综合设定。该值设定得越大，加工效率越高，生成的数控程序段数目越少，但获得的表面加工质量越差，如图 7.12（a）所示；反之，生成的数控程序段数目越多，但获得的表面加工质量越好，如图 7.12（b）所示。

（a）切深较大时的刀具路径　　　　　　（b）切深较小时的刀具路径

图7.12　最大切深的设定

6. 下刀的控制

下刀的控制（Plunge Control）用于设置粗加工下刀和退刀时在 Z 轴方向的移动方式，以防止刀具空切，穿过已经切除毛坯的地方。系统提供了 3 种方式。

【切削路径允许连续下刀提刀】（Allow Multiple Plunge Along Cut）：允许刀具沿着曲面连续下刀或提刀，多用于加工具有多重凹凸曲面的工件表面。

【单侧切削】（Cut from One Side）：仅允许刀具沿工件的一侧下刀或提刀。

【双侧切削】（Cut from Both Side）：允许刀具沿工件的两侧下刀或提刀。此时，有可能导致路径的不连续。

7. 定义下刀点（Use Approximate Start Point）

选取【定义下刀点】（Use Approximate Start Point）复选框，系统将要求指定刀具路径的起始点，并以距指定点最近的角点作为刀具路径的起始点。

8. Z 方向运动方式

曲面加工时，系统提供了 2 个选项来设置刀具沿曲面的 Z 方向运动方式，即平行切削的刀具运动到曲面时，是否允许沿曲面上升或下降切削。一般，若允许沿曲面上升或下降切削可以得到较光滑的表面。

【允许沿面下降切削】（Allow Negative Z Motion along Surface）：用来设置允许刀具沿曲面负 Z 方向切削，如图 7.13（a）所示。

【允许沿面上升切削】（Allow Positive Z Motion along Surface）：用来设置允许刀具沿曲面正 Z 方向切削，如图 7.13（b）所示。

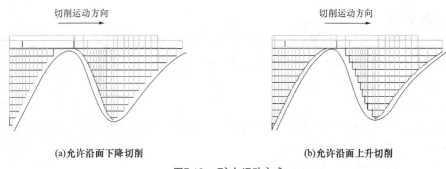

(a)允许沿面下降切削　　　　　　　　(b)允许沿面上升切削

图7.13　Z方向运动方式

9. 切削深度

单击 切削深度 （Cut Depths）按钮，显示如图 7.14 所示的【切削深度的设定】对话框，用于限定粗加工时加工刀具路径与曲面顶部和底部的距离，可以采用绝对坐标（Absolute）或增量坐标（Incremental）方式表示。

图7.14　【切削深度的设定】对话框

（1）绝对坐标（Absolute）

在绝对坐标方式下，使用两个参数来设置切削深度：【最高的位置】（Minimum Depth）用于设置切削工件时允许刀具上升的最高点；【最低的位置】（Maximum Depth）用于设置切削工件时允许刀具下降的最低点。

可以在文本框中直接输入最高和最低位置的坐标值，或者单击 S选择深度 按钮，返回绘图区选择最高点和最低点。

（2）增量坐标（Incremental）

在增量坐标方式下，系统根据曲面切削深度和设置的参数，自动计算出刀具路径最小和最大深度。此时，需设定的参数项有：【第一刀的相对位置】（Adjustment to Top Cut）用于设置顶部切削边界预留量，即刀具切削的最低点与曲面顶部边界的距离，正值表示刀具沿 Z 轴下移，负值表示刀具沿 Z 轴上升；【其他深度的预留量】（Adjustment to Other Cuts）用于设置刀具切削深度与其他切削边界（顶面以外）的距离。

（3）相对于刀具（Relative to）

该选项用于设定所定义的切削深度是相对于刀具刀尖还是刀具中心。

10. 间隙设定

间隙是指连续曲面中有缺口或曲面有断开的地方。单击 间隙设定
（Gap Settings）按钮，显示如图 7.15 所示的间隙设置对话框，可设置刀具
在不同间隙上的运动方式，即定义有间隙时的刀具动作。

（1）容许间隙（Gap Size）

该选项栏用于设定系统允许的间隙值。可直接在文本框内输入间隙
的距离大小或相对进刀量的百分比数值。

（2）位移小于容许间隙时（Motion<Gap Size）

当刀具的移动量小于所设置的容许间隙时，该选项栏用于设定刀具
在不提刀情况下的移动方式。刀具的移动量是指刀具路径上一刀的终点
与下一刀的起点之间的距离。当该值小于容许间隙时，系统提供 4 种处
理方式。

图7.15 间隙设定

【直接】（Direct）：刀具以直线切削方式，从前一个曲面刀具路径的
终点直接移动到下一个曲面刀具路径的起点。

【打断】（Broken）：将刀具移动量打断成 Z 方向和 XY 方向的 2 段进行切削，即刀具从前一个曲
面刀具路径的终点沿 Z 方向（或 X/Y 方向）移动，然后再沿 X/Y 方向（或 Z 方向）移动到下一个曲
面刀具路径的起点。

【平滑】（Smooth）：刀具以平滑方式越过间隙，从前一个刀具路径的终点移动到下一个刀具路
径的起点，多用于高速加工。

【沿着曲面】（Follow Surface）：刀具从前一个曲面刀具路径的终点，沿着曲面外形移动到下一
个曲面刀具路径的起点。

如果选中【间隙的位移用下刀及提刀速率】（Use Plunge，Retract Rate in Gap）复选框，表示刀
具将以下刀或退刀的速率越过曲面间隙，否则采用曲面进给时的速率越过曲面间隙。

如果选中【检查间隙位移的过切情形】（Check Gap Motion for Gouge）复选框，表示系统将检查
刀具在间隙处的过切情形。

（3）位移大于容许间隙时（Motion>Gap Size）

该选项栏用于设定刀具移动量大于容许间隙时刀具的移动方式。如选中【检查提刀时的过切情
形】（Check Retract Motion for Gouge）复选框，可对提刀和下刀进行过切检查。

（4）其余参数选项

【切削顺序最佳化】（Optimize Cut Order）：用于设定刀具分区进行切削，即在多区域加工时刀具
将逐一加工每一个区域，当某一区域所有加工完成后才转入下一个切削区域。

【由加工过的区域下刀】（Plunge into Previously Cut Area）：允许刀具在加工过的区域进刀。

【刀具沿着切削范围的边界移动】（Follow Containment Boundary at Gap）：允许刀具以一定的间
隙沿边界切削，刀具在 XY 方向移动，以确保刀具的中心在边界上。

【切弧的半径】（Tangential Arc Radius）：用于设定在边界处进/退刀切弧的半径。

【切弧的扫描角度】（Tangential Arc Angle）：用于设定在边界处进/退刀切弧的扫掠角度。

【切线的长度】（Tangential Line Length）：用于设定在边界处进/退刀切线的长度。

11. 高级设置

单击 <u>高级设置</u>（Advanced Settings）按钮，显示如图 7.16 所示的【高级设置】对话框，用来设置刀具在多边界曲面或实体边缘处的加工方式。

（1）刀具在曲面的边缘走圆角（At Surface Edge，Roll Tool）

该选项栏用于设置刀具在边缘处加工圆角的方式。系统支持 3 种选择：【自动】（Automatically）表示系统自动决定是否在曲面边缘走圆角，一般，如已定义曲面切削范围，则所有边缘全部走圆角，否则只在两曲面间的边缘走圆角；【只在两曲面之间】（Only between Surfaces）表示刀具仅在两曲面间的边缘走圆角；【在所有的边缘】（Over all Edges）表示刀具在曲面的所有轮廓边界处走圆角。

图7.16　高级设置

（2）尖角部分的误差（Sharp Corner Tolerance）

该选项栏用于设置刀具圆角移动量的误差。若该值较大，则生成较平缓的锐角。可以直接在【距离】（Distance）文本框中输入误差值，或者在【切削方向误差的百分比】（% of Cut Tolerance）文本框内输入与切削量的百分比。

（3）忽略实体中隐藏面的侦测（Skip Hidden Face Test for Solid Bodies）

该选项用于设置为当实体中存在隐藏面时，其隐藏面将不会产生圆角路径。

（4）检查曲面内部的锐角（Check for internal Sharp Corner）

该选项用于设置检测实体内部的尖角状况。

7.2.2　放射状粗加工

放射状粗加工（Rough Radial Toolpath）用于在工件表面产生由中心向外扩散的放射状刀具路径，适于旋转曲面或实体加工。在菜单栏中选择【刀具路径】（Toolpaths）/【曲面粗加工】（Surface Rough）/【粗加工放射状加工】（Rough Radial Toolpath）命令，然后指定工件的曲面类型并依次定义所需的加工曲面、干涉曲面等，之后系统便会显示【曲面放射状粗加工】对话框，如图 7.17 所示。此时，除了要设置刀具路径参数和曲面加工参数外，还需设置一组放射状粗加工特有的参数。在该对话框中，大部分选项前面已有过论述，这里仅对未介绍过的参数予以说明。

图7.17　放射状粗加工参数的设置

1. 最大角度增量

最大角度增量（Max. Angle Increment）用于设定曲面放射状粗加工中，每 2 条相邻刀具路径间的最大夹角。切削中的实际值小于设定值。该角度值越小，生成的刀具路径越密集。如图 7.18（a）所示，其最大角度增量为 15°；如图 7.18（b）所示，其最大角度增量为 5°。

(a) 最大角度增量=15°   (b) 最大角度增量=5°

图7.18   最大角度增量的设定

2. 开始角度

开始角度（Start Angle）用于设定放射状粗加工刀具路径的起始位置，即第 1 刀的切削角度，此时以 X 轴正向为基准且逆时针为正值。如图 7.19（a）所示，刀具路径的起始角度为 90°；如图 7.19（b）所示，刀具路径的起始角度为 180°。两者扫描角度均为 180°。

(a) 起始角度=90°   (b) 起始角度=180°

图7.19   起始角度的设定

3. 起始补正距离

起始补正距离（Start Distance）用于设定放射状粗加工刀具路径的中心点与路径起切点的距离。该距离将使得刀具路径在中心处形成一个无切削运动的圆形范围，以避免在中心处刀具路径过于密集，从而降低加工效率。如图 7.20（a）所示，刀具路径的起始补正距离为 5；如图 7.20（b）所示，刀具路径的起始补正距离为 25。

(a) 起始补正距离=5   (b) 起始补正距离=25

图7.20   起始补正距离的设定

4. 扫描角度

扫描角度（Sweep Angle）用于设定放射状粗加工刀具路径的扫掠角度，其影响着刀具路径的生成范围。当设定其为负值时，刀具路径将按顺时针方向进行扫掠。如图 7.21（a）所示，刀具路径的扫描角度为 180°；如图 7.21（b）所示，刀具路径的扫描角度为 270°。

（a）扫描角度=180°　　　　　　　　　　　　　　（b）扫描角度=270°

图7.21　扫描角度的设定

5. 起始点

起始点（Starting Point）用于设置刀具路径的下刀点以及路径方向。系统提供了 2 种选择：由内而外（Start Inside），表示加工时刀具路径从中心下刀并向外切削；由外而内（Start Ouside），表示加工时刀具路径起始于外围边界并向内切削。如图 7.22（a）所示，为由内而外执行切削；如图 7.22（b）所示，为由外向内执行切削。

（a）由内而外　　　　　　　　　　　　　　（b）由外而内

图7.22　下刀点的设定

7.2.3　流线粗加工

曲面流线粗加工（Rough Flowline Toolpath）是一种在工件表面沿曲面流线方向生成刀具加工路径的加工方式，适于单一、规则曲面或实体加工。

选择【刀具路径】（Toolpaths）/【曲面粗加工】（Surface Rough）/【粗加工流线加工】（Rough Flowline Toolpath）命令，然后指定工件的曲面类型并定义所需的加工面、干涉面等，之后系统会显示曲面流线粗加工参数设置对话框，如图 7.23 所示。要生成流线粗加工刀具路径，除了要设置公共的刀具参数和曲面加工参数外，还需设置一组流线粗加工特有的参数。其中，大部分参数与前面所述的相同，这里仅对前面未介绍的参数进行说明。

图7.23　曲面流线粗加工参数的设置

1. 切削方向的控制（Cut Control）

该选项栏用于曲面流线加工时，控制刀具沿曲面切削方向的切削运动。具体包含的参数如下。

【距离】（Distance）：设定沿曲面切削方向的切削进给量。它决定着刀具移动距离的大小。

【整体误差】（Total Tolerance）：设定曲面刀具路径的精确程度，即刀具路径与曲面之间允许的最大弦差。如图 7.24 所示，该设置值越小，则产生的刀具路径越精确。如未设置距离值，系统将以整体误差来计算切削方向的进刀量。

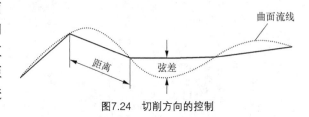

图7.24　切削方向的控制

【执行过切检查】（Check Flowline Motion for Gouge）：选中该复选框，则对刀具切削路径执行过切检查。如临近过切，系统会对刀具路径进行自动调整。

2. 截断方向的控制（Stepover Control）

该选项栏用于曲面流线加工时，控制刀具沿曲面截断方向的进刀运动。系统提供了 2 种方法。

【距离】（Distance）：设定刀具于相邻两个切削方向路径间切削时的步进距离，即截断方向的进刀量。

【残脊高度】（Scallop Height）：当使用非平底铣刀进行切削加工时，在两条相邻的切削路径之间，会因为刀具形状的关系而留下凸起未切削掉的余料，如图 7.25 所示。该选项用于设定曲面流线加工中允许残留的余料的最大扇形高度（即残脊高度）。系统将依据该高度值自动计算刀具于截断方向的进刀量。

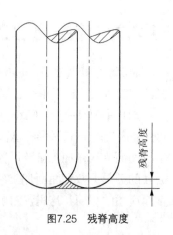

图7.25　残脊高度

　　一般，当曲面的曲率半径较大且没有尖锐的形状，或是不需要非常精密的加工时，常用固定步进距离来设定进刀量；当曲面的曲率半径较小且有尖锐的形状，或是需要非常精密的加工时，则应采用残脊高度来设定进刀量。

　　完成所有参数的设置并确认后，系统会显示【曲面流线设置】对话框，并在绘图区实时显示刀具偏移方向、切削方向、每一层刀具路径移动方向及刀具路径起始点，如图 7.26 所示。

图7.26　【曲面流线设置】对话框及刀路预览效果

（1）补正（Offset）

　　单击 补正 按钮，可改变刀具路径的偏移方向，即设置为与曲面的法线方向相同或相反。如图 7.27（a）所示，补正方向朝向曲面外部；而如图 7.27（b）所示，补正方向朝向曲面内部。

（a）向外补正　　　　　　　　　　　　　　（b）向内补正

图7.27　补正方向

（2）切削方向（Cut Directer）

　　单击 切削方向 按钮，可改变刀具路径的流线切削方向，将其设置为曲面切削方向或曲面截断方向。图 7.28（a）所示为曲面截断方向，图 7.28（b）所示为曲面切削方向。

（a）曲面截断方向　　　　　　　　　　　　　（b）曲面切削方向

图7.28　刀具路径的流线方向

（3）步进方向（Step Directer）

　　单击 步进方向 按钮，可改变每层刀具路径移动的方向，即变换刀具路径切削的起始边，如图 7.29 所示。

图7.29   步进方向

（4）起始（Start）

单击 开始 按钮，可改变刀具路径的起点位置，即下刀点位置，如图 7.30 所示。

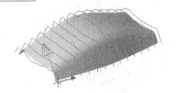

图7.30   起始位置

（5）显示边界（Polt Edges）

单击 显示边界 按钮，可采用不同的颜色来显示不同的边界类型（自由边界、部分共同边界和共同边界）。当加工由 2 个以上曲面组成的零件时，可以清晰地显示各曲面边界。

7.2.4   等高外形粗加工

等高外形铣削粗加工（Rough Contour Toolpath）用于在加工曲面上围绕曲面轮廓产生逐渐等高降层切削的刀具路径。对于接近零件形状的毛坯，无需一层一层地对毛坯进行切削，此时选择等高外形加工方法比较理想。

选择【刀具路径】（Toolpaths）/【曲面粗加工】（Surface Rough）/【粗加工等高外形加工】（Rough Contour Toolpath）命令，然后定义所需的加工面、干涉面等，系统将显示等高外形粗加工对话框。此时，除了要设置公共的刀具参数和曲面加工参数外，还需设置一组曲面等高外形粗加工特有的参数，如图 7.31 所示。这里仅对前面未介绍的参数进行说明。

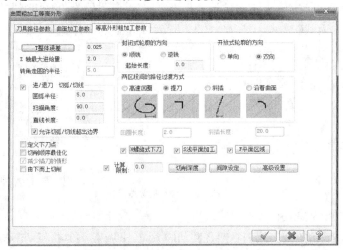

图7.31   曲面等高外形粗加工参数的设置

1. 封闭式轮廓的方向（Direction of Closed Contours）

该选项栏用于设定等高外形加工中，封闭式外形的切削方向。系统提供了【顺铣】（Climb）和【逆铣】（Conventional）两个选项。如设为顺铣，则切削封闭式曲面外形时，刀具的旋转方向与刀具移动的方向相同；如设为逆铣，则切削封闭式曲面外形时，刀具的旋转方向与刀具移动方向相反。

其中，【起始长度】（Start）用于设定每层刀具加工路径的起始位置与上层刀具路径起点的偏移距离，以使每次下刀位置发生变化，避免刀痕。如图 7.32（a）所示，起始长度值为 0；如图 7.32（b）所示，起始长度值为 15。

(a) 起始长度=0　　　　　　　　　　　　　　　　(b) 起始长度=5

图7.32　刀具路径的起始长度

2. 开放式轮廓的方向（Direction of Open Contours）

该选项栏用于设定等高外形加工中，开放式外形的切削方向。对于开放式轮廓，在加工到边界时，刀具需要转向。系统提供了【单向】（One way）和【双向】（Zig Zag）2 种方式来进行加工。图 7.33（a）所示为单向切削，图 7.33（b）所示为双向切削。

(a) 单向切削　　　　　　　　　　　　　　　　(b) 双向切削

图7.33　开放式外形的切削方向

3. 两区段间的路径过渡方式（Transition）

该选项栏用于设置当移动量小于容许间隙时刀具的移动方式，如图 7.34 所示。其设定方法与前面介绍的间隙设定基本相同。其中，【高速回圈】（High Speed）表示以平滑方式越过间隙，与平滑（Smooth）方式相似；【斜插】（Ramp）表示以直线方式直接横越间隙，与直接（Direct）方式相似。

图7.34　过渡方式

4. 进/退刀切弧或切线（Entry/Exit Arc|Line）

该选项栏用于在曲面等高外形加工中，设定一段进/退刀引导刀具路径，如图 7.35 所示。其中，【圆弧半径】（Radius）用于设定圆弧引导刀具路径的半径，【扫描角度】（Sweep）用于设定圆弧引导刀具路径的扫描角度，【直线长度】（Length）用于设定直线引导刀具路径的长度。如果选中【允许切弧/切线超出边界】（Allow Arc/Line outside Boundary Loop length）复选框，表示系统允许在曲面边界处产生进/退刀刀具路径。

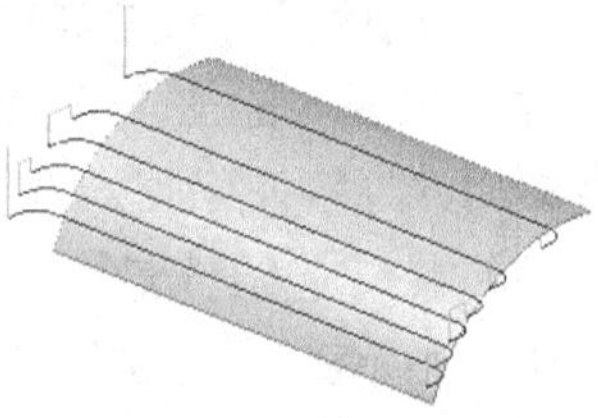

图7.35 进/退刀引导刀具路径

5. 转角走圆的半径（Corner Rounding）

该选项用于设定在尖角处（小于或等于 135°）生成的圆弧刀具路径的半径值，如图 7.36 所示。

6. 由下而上切削（Order Cuts Bottom to Top）

该选项用于设置等高外形加工时，刀具路径从工件底部开始向上切削，在工件顶部结束。

图7.36 转角走圆角

7. 浅平面加工（Shallow）

选中【浅平面区域】复选框可激活浅平面加工功能。单击 $\boxed{\text{S 浅平面加工}}$ 按钮，会显示如图 7.37 所示的【浅平面加工设置】对话框，用于在等高外形加工路径中删除或添加浅平面区域的刀具路径。对话框中各选项的含义如下。

【移除浅平区域的刀具路径】（Remove Cuts from Shallow Areas）：该选项用于自动移除浅平面区域的部分或全部刀具路径。当浅平面区域相邻刀具路径 XY 方向的进刀量大于步进量的极限（Limiting Stepover）的设定值时，系统将删除该部分的刀具路径。

【增加浅平区域的刀具路径】（Add Cuts to Shallow Areas）：该选项用于在浅平面区域，按设置的 Z 向和 XY 向的进刀量自动添加刀具路径。

图7.37 【浅平面加工设置】对话框

【分层铣深的最小切削深度】（Minimum Stepdown）：用于设定添加刀具路径时最小的 Z 向进给量。该设定值只有在小于 Z 轴最大进给量时，才能在浅平面区域添加刀具路径。

【加工角度的极限】（Limiting Angle）：用于限定浅平面的区域范围。例如，当设置的浅平面极限角度为 45° 时，系统将会对加工对象中所有 0° ～45° 的浅平面区域产生刀具加工路径。

【步进量的极限】（Limiting stepover）：用于设定添加或删除刀具路径时，XY 方向的进刀量限制值。在浅平面区域添加刀具路径时，该值作为刀具路径 XY 方向的最小进刀量；在浅平面区域删除刀具路径时，该值作为刀具路径 XY 向的最大进刀量。

【允许局部切削】（Allow Partial Cuts）：该选项用于设定仅在浅平面区域添加或删除刀具路径。

8. 平面区域（Face）

选中【平面区域】复选框，可激活平面切削功能。单击 $\boxed{\text{F 平面区域}}$ 按钮，将显示如图 7.38 所示的【平面区域加工设置】对话框。在该对话框中，可以直接定义平面加工区域二维或三维加工的步进量。

图7.38　【平面区域加工设置】对话框

7.2.5　投影粗加工

曲面投影加工（Rough Project Toolpath）可将已有的刀具路径或点、曲线，投影到要加工的曲面上，生成切削加工刀具路径，如图7.39所示。选择【刀具路径】（Toolpaths）/【曲面粗加工】（Surface Rough）/【粗加工投影加工】（Rough Project Toolpath）命令，然后指定加工工件的曲面类型并选取所需的加工面、干涉面，之后系统将显示如图7.40所示的【曲面粗加工投影】对话框，用于设置公共的刀具参数和曲面加工参数，以及曲面投影粗加工特有的参数。

图7.39　曲面投影加工

这里仅对前面未介绍的【投影方式】（Projection type）选项栏进行说明。在【投影粗加工参数】选项卡中，Mastercam X3 系统允许选取已有的 NCI 文件、曲线或点作为刀具路径的投影对象。

（1）NCI（刀具路径）

该选项用于选取已存在的 NCI 文件进行投影。投影后的刀具路径仅改变它的深度 Z 坐标，而不改变 X 和 Y 坐标。执行投影时，必须在对话框的【原始操作】（Source Operations）列表中选取所需的 NCI 文件。因此，在生成投影刀具路径之前应先创建好原始刀具路径。图 7.41 所示为一个五角星的挖槽刀具路径投影到凸形曲面上的效果。

图7.40　曲面投影粗加工参数的设置

图7.41　NCI投影刀具路径

（2）曲线（Curves）

该选项用于选取一条曲线或一组曲线来进行投影。系统要求在设定好曲面投影粗加工参数后必须选取所需的投影曲线。图 7.42 所示为一组五角星的外形曲线投影到凸形曲面上生成刀具路径的效果。

（3）点（Points）

该选项用于选取一个点或一组点来进行投影。系统要求在设定好曲面投影粗加工参数后必须选取所需的投影点。图 7.43 所示为一组圆周点投影到凸形曲面上生成刀具路径的效果。

图7.42　曲线投影刀具路径

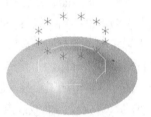

图7.43　点投影刀具路径

7.2.6　曲面挖槽粗加工

曲面挖槽粗加工（Rough Pocket Toolpath）可在加工曲面及指定串连边界间产生切除材料的刀具加工路径，即依曲面形状沿 Z 轴方向逐层下降产生一个曲面粗加工刀具路径。该方式加工效率高，常用于大切削量的粗加工场合。图 7.44 和图 7.45 分别为一个曲面挖槽刀具路径图与加工效果图。

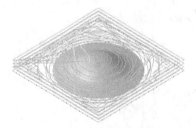

图7.44　曲面挖槽刀具路径

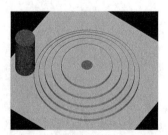

图7.45　曲面挖槽实体切削效果

选择【刀具路径】（Toolpaths）/【曲面粗加工】（Surface Rough）/【粗加工挖槽加工】（Rough Pocket Toolpath）命令，然后选取所需的加工面、干涉面，并选取一个或多个封闭轮廓限定曲面加工的切削范围，之后系统将显示如图 7.46 所示的【曲面粗加工挖槽】对话框。要生成曲面挖槽粗加工刀具路径，除了要设置公共的刀具参数和曲面加工参数外，还需设置粗加工参数（Rough Parameters）和挖槽参数（Pocket Parameters）两组专用参数。

图7.46　曲面挖槽粗加工参数的设置

1. 粗加工参数

在对话框中单击【粗加工参数】选项卡，即可进行粗加工各项参数的设置。这里对几项主要参数的含义说明如下。

（1）整体误差（Total Tolerance）

用于设定曲面刀具路径的精度误差。公差值设置得越小，加工得到的曲面精度越高，但计算时间和加工程序越长。

（2）Z 轴最大进给量（Maximum Stepdown）

用于设置两相邻切削路径层间的最大 Z 向距离（切深）。

（3）进刀选项（Entry Options）

该选项栏用于激活和设定曲面挖槽加工的下刀方式，以保证刀具在进入切削区域时平稳而高效，有利于提高加工效率和延长刀具寿命。系统提供了螺旋（Helix）和斜线（Ramp）下刀 2 种方式，具体设置方法与前面的二维挖槽加工相同。

2. 挖槽参数

单击【挖槽参数】选项卡，显示如图 7.47 所示的对话框，从中可知曲面挖槽参数与二维挖槽参数基本相同。与先前版本不同的是，Mastercam X3 新增添了薄壁加工功能，允许对 Z 轴方向大进给量切削所残留的材料进行再加工路径计算，从而大大提高了粗加工时的加工效率。选中【薄壁精修】（Thin Wall）复选框，即可激活薄壁加工功能，此时单击 T薄壁精修 按钮，会显示【薄壁精修参数设置】对话框。

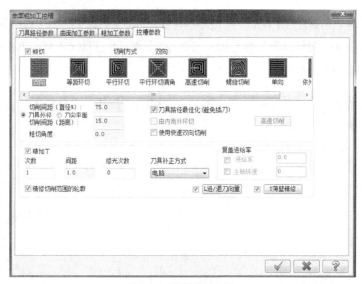

图7.47　曲面挖槽参数

7.2.7　曲面残料粗加工

选择【刀具路径】（Toolpaths）/【曲面粗加工】（Surface Rough）/【粗加工残料加工】（Rough Restmill Toolpath）命令，可对工件进行残料粗加工。该加工方式主要用于清除其他粗加工操作尚未切削完成或因直径较大刀具未能切削所残留的材料。其属于半精加工刀具路径，需要与其他加工方式配合使用。生成曲面残料粗加工刀具路径时，需设置公共的刀具参数、曲面加工参数及专用的残料加工参数（Restmill Parameters）和剩余材料参数（Restmaterial Parameters），如图 7.48 和图 7.49 所示。

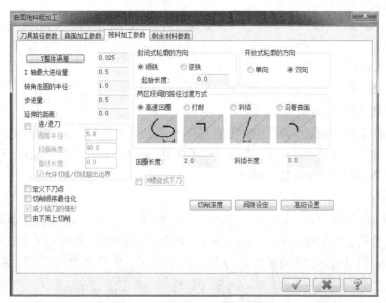

图7.48　【残料加工参数】选项卡

图7.49　【剩余材料参数】选项卡

从图 7.48 可知，曲面残料加工参数与等高外形粗加工参数基本相同，故而这里不再进行介绍，而仅对剩余材料参数予以说明。

1. 剩余材料的计算是来自（Compute Remaining Stock from）

该选项栏用于设置残料粗加工中清除材料的方式。系统提供了 4 种可选择的方式。

① 【所有先前的操作】（All Previous Operations）：表示系统将前面所有加工操作不能切削的区域作为残料粗加工的切削区域。

② 【另一个操作】（One Other Operation）：表示系统仅将某指定加工操作不能切削的区域作为残料加工的切削区域。

③ 【自设的粗加工刀具路径】（Roughing Tool）：表示根据设定的刀具直径（Diameter）和刀角半径（Corner）来计算出残料粗加工的切削区域。

④ 【STL 文件】（STL File）：表示依据指定的 STL 文件来计算残料加工的区域。

另外，【材料的解析度】（Stock Resolution）用于定义工件材料分析计算时的分辨参考值。该参数值越小，产生的残料加工效果越好。

2. 剩余材料的调整（Adjustments to Remaining Stock）

该选项栏用于调整（即放大或缩小）定义的残料粗加工区域，包含 3 个选项。

① 【直接使用剩余材料的范围】（Use Remaining Stock as Computed）：表示不改变定义的残料粗加工区域，直接对系统所计算出的所有残料进行切削加工。

② 【减少剩余材料的范围】（Adjust Remaining Stock to Ignore Small Cusps）：表示系统将减少剩余材料的加工范围，允许残留较小的尖角材料，由后面的精加工来清除，以便提高加工速度。此时，可在【调整的距离】（Adjustment Distance）文本框中定义加工范围的减少量。

③ 【增加剩余材料的范围】（Adjust Remaining Stock to Mill Small Cusps）：表示系统将自动扩大剩余材料的加工范围。在残料粗加工中需清除较小的尖角材料。

7.2.8 曲面钻削式粗加工

曲面钻削式粗加工又称为曲面插削式粗加工，是类似于钻孔的一种加工方式。它依曲面外形在 Z 方向下降生成垂直于 XY 平面的刀具加工路径，以迅速去除所有位于曲面与凹槽边界间的材料，如图 7.50 所示。该加工方式主要应用于深度较大、陡曲面铣削的粗加工场合。

在菜单栏中选择【刀具路径】（Toolpaths）/【曲面粗加工】（Surface Rough）/【曲面粗加工钻削式】（Rough Plunge Toolpath）命令，然后选取所需的加工面、干涉面，系统将显示如图 7.51 所示的【曲面粗加工钻削式】对话框。此时，要求设置公共的刀具参数、曲面加工参数，以及钻削式粗加工参数（Rough Plunge Parameters）。设定钻削式粗加工参数时，【下刀路径】（Plunge Path）选项栏用于定义钻削粗加工路径的模板，可以选用已有的刀具路径 NCI 文件作为模板，也可以选用双向切削（Zig Zag）方式。其余参数的含义前面已有过论述，这里不予介绍。

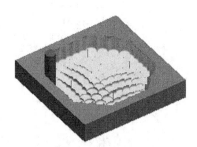

图7.50 曲面钻削式加工效果

图7.51 曲面钻削式粗加工参数的设置

7.3 曲面精加工

曲面精加工刀具路径一般采用较小直径的刀具，对粗加工操作中预留的材料余量进行清除切削及光洁加工，从而达到零件曲面所要求的加工质量。Mastercam X3 系统提供了 11 种曲面精加工方式。由于曲面精加工刀具路径需要在粗加工操作完成后，以自动建立的毛坯几何图素为计算依据，所以在曲面精加工操作创建前都应先完成粗加工刀具路径的计算。

7.3.1　平行铣削精加工

与平行铣削粗加工方式类似，平行铣削精加工（Finish Parallel Toolpath）用于生成某一特定角度的平行铣削精加工刀具路径。平行铣削精加工在实际中应用非常广泛，特别适用于坡度不大、曲面过渡比较平缓的零件加工。

在菜单栏中选择【刀具路径】（Toolpaths）/【曲面精加工】（Surface Finish）/【精加工平行铣削】（Finish Parallel Toolpath）命令，然后选取所需的加工面、干涉面，系统将会显示【曲面精加工平行铣削】对话框，用于设置公共的刀具参数和曲面加工参数，以及曲面精加工平行铣削的专用参数，如图 7.52 所示。其中，各参数项与前面所述的平行铣削粗加工基本相同，只是不进行分层加工，没有下刀控制、切削深度等选项。

选取【限定深度】（Depth Limits）复选框，然后单击 限定深度 按钮，会显示如图 7.53 所示的【限定深度】对话框，用于设定刀具补偿是相对于中心还是刀尖（Relative to Tip|Center），以及最小深度（Minimum Depth）、最大深度（Maximum Depth）。限定切削深度后，系统只在深度限制范围内（大于最小深度，小于最大深度）生成刀具路径，而对超出该深度范围的部分将不予加工。该项功能主要应用在考虑刀具长度不足的情况。

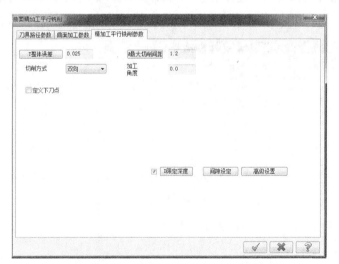

图7.52　曲面平行铣削精加工参数的设置

图7.53　【限定深度】对话框

7.3.2　放射状精加工

选择【刀具路径】（Toolpaths）/【曲面精加工】（Surface Finish）/【精加工放射状】（Finish Radial Toolpath）命令，可以在曲面上生成放射状的精加工刀具路径。此时，除了要设置公共的刀具参数和曲面加工参数外，还需设置一组曲面放射状精加工特有的参数，如图 7.54 所示。

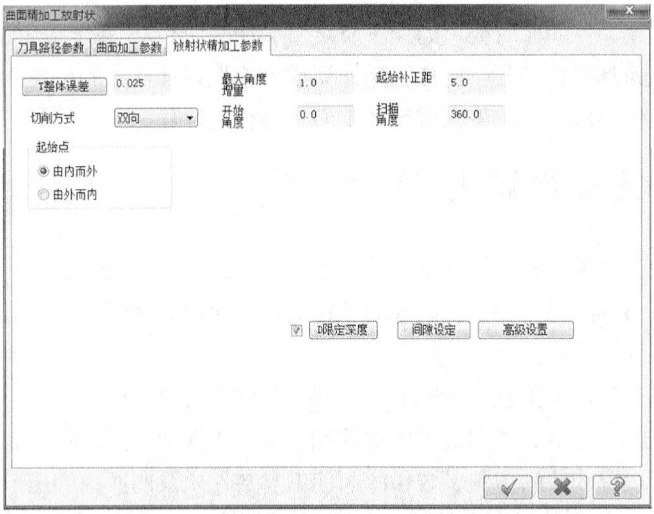

图7.54　曲面放射状精加工参数的设置

7.3.3　流线精加工

选择【刀具路径】（Toolpaths）/【曲面精加工】（Surface Finish）/【精加工流线加工】（Finish Flowline Toolpath）命令，可以沿曲面的流线方向生成精加工刀具路径。同样，在【曲面精加工流线】对话框中，除了要设置公共的刀具参数和曲面加工参数外，还需设置一组曲面流线精加工特有的参数，如图7.55 所示。该选项卡中各参数的含义与曲面流线粗加工对应参数的含义基本相同，这里不予详述。

图7.55　曲面流线精加工参数的设置

7.3.4　等高外形精加工

选择【刀具路径】（Toolpaths）/【曲面精加工】（Surface Finish）/【精加工等高外形】（Finish Contour

Toolpath）命令，可以使加工刀具在切削区域内围绕曲面轮廓进行逐渐降层精加工。执行等高外形精加工时，除了要设置公共的刀具参数和曲面加工参数外，还需设置一组等高外形精加工特有的参数，如图 7.56 所示。该对话框中的参数设置与等高外形粗加工时完全相同，这里不再介绍。

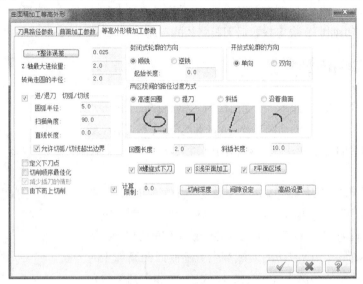

图7.56 等高外形精加工参数的设置

7.3.5 投影精加工

选择【刀具路径】（Toolpaths）/【曲面精加工投影】（Surface Finish）/【投影精加工参数】（Finish Project Toolpath）命令，可以将已有的刀具路径或曲线、点投影到待加工曲面上，生成精加工刀具路径。在曲面投影精加工操作中，系统要求设置公共的刀具参数和曲面加工参数，以及投影精加工特有的参数，如图 7.57 所示。

图7.57 曲面投影精加工参数的设置

在【曲面精加工投影】对话框中，大部分参数与曲面投影粗加工参数相同。这里仅介绍【增加深度】（Add Depths）选项的含义。

【增加深度】（Add Depths）选项用于设定是否增加 Z 轴方向的深度。启用该项功能（勾选），系统将使用所选 NCI 文件的 Z 轴切削深度作为投影后刀具路径在加工曲面上的深度；关闭该项功能（未勾选），系统将直接由曲面来决定投影后刀具路径的深度。

7.3.6   陡斜面精加工

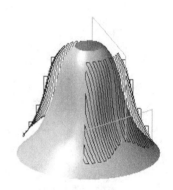

选择【刀具路径】（Toolpaths）/【曲面精加工】（Surface Finish）/【精加工平行陡斜面】（Finish Parallel Steep Toolpath）命令，可以生成用于清除曲率较大的曲面斜坡上残留材料的精加工刀具路径，如图 7.58 所示。

要生成陡斜面精加工刀具路径，除了要设置公共的刀具参数和曲面加工参数外，还要设置一组陡斜面精加工特有的参数，如图 7.59 所示。其中，【切削延伸量】（Cut Extension）用于设定切削方向上的刀具路径延伸量，从而在切削方向的两端产生跟随曲面曲率加工的延伸刀具路径；【从倾斜角度】（From Slope Angle）和【到倾斜角度】（To Slope Angle）用于定义待加工曲面的最小和最大坡度，

图7.58   陡斜面精加工

从而限定陡斜面加工的区域范围。图 7.60 所示为设定切削方向延伸量为 10 的刀具路径。

图7.59   陡斜面精加工参数的设置   图7.60   设定切削方向延伸量的刀具路径

7.3.7   浅平面精加工

选择【刀具路径】（Toolpaths）/【曲面精加工】（Surface Finish）/【精加工浅平面加工】（Finish Shallow Toolpath）命令，可以生成用于清除曲率较小区域的残留材料的精加工刀具路径，常用于半

精加工操作，如图 7.61 所示。

要生成浅平面精加工刀具路径，除了要设置公共的刀具参数和曲面加工参数外，还要设置一组浅平面精加工特有的参数，如图 7.62 所示。

在【浅平面精加工参数】选项卡中，【切削方式】（Cutting）选项栏用于设定切削加工的走刀方式。系统提供了 3 种方式可供选择：【双向切削】（Zig Zag）、【单向切削】（One Way）和【3D 环绕切削】（3D Collapse）。如果设定为 3D 环绕切削，则 环绕设置 按钮将被激活。

图7.61　浅平面精加工

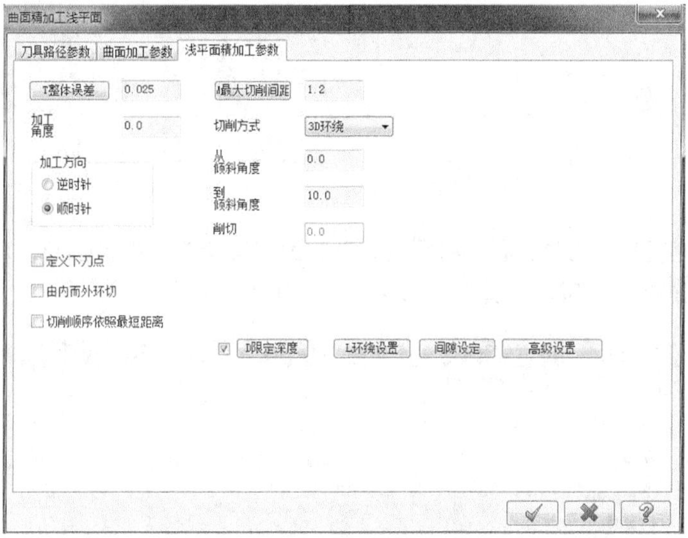

图7.62　浅平面精加工参数的设置

7.3.8　环绕等距精加工

选择【刀具路径】（Toolpaths）/【曲面精加工】（Surface Finish）/【精加工环绕等距加工】（Finish Scallop Toolpath）命令，可沿整个曲面产生等间距的环绕形精加工刀具路径，如图 7.63 所示。其具有切削均匀的加工特点，适用于复杂曲面的精加工。

要生成曲面环绕等距精加工刀具路径，除了要设置公共的刀具参数和曲面加工参数外，还需设置一组曲面环绕等距精加工特有的参数，如图 7.64 所示。

图7.63　曲面环绕等距精加工

7.3.9　交线清角精加工

选择【刀具路径】（Toolpaths）/【曲面精加工】（Surface Finish）/【精加工交线清角加工】（Finish Pencil Toolpath）命令，可在曲面间交角处产生切削加工刀具路径，用于清除残留在交角处的材料，如图 7.65 所示。

图7.64　曲面环绕等距精加工参数的设置

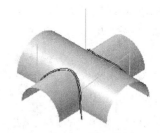

图7.65　交线清角精加工

　　要生成交线清角精加工刀具路径，必须设置公共的刀具参数、曲面加工参数，以及交线清角精加工特有的参数，如图 7.66 所示。其中，部分选项的含义说明如下。

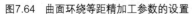

图7.66　交线清角精加工参数的设置

　　【平行加工次数】（Parallel Passes）：用于设置清角加工路径的数量。如设定为【无】（None），系统只在交线处产生一条加工刀具路径；设定为【单侧的加工次数】（Number Per Side），则可以产生多条加工刀具路径，并允许在【步进量】（Stepover）栏内定义各路径间的步距值；设定为【无限制】（Unlimited），则允许对整个加工对象进行全面清角加工。

　　【清角曲面的最大角度】（Bitangency Angle）：用于设定清角加工的曲面角度，以限定清角加工区域。只有当曲面间的角度小于该设定角度值时，才允许产生清角加工刀具路径。

【刀具半径接近】（Over Thickness）：用于附加区域的切削设置。当切削加工区域不均匀时，通过该设置值可以调整切削加工范围，自动增加部分切削区域。

7.3.10　残料精加工

选择【刀具路径】（Toolpaths）/【曲面精加工】（Surface Finish）/【精加工残料加工】（Finish Leftover Toolpath）命令，可以对前一加工操作由于采用大直径刀具或大圆角刀具加工而残留的余料进行再加工，如图 7.67 所示。

图7.67　曲面残料精加工

要生成曲面残料精加工刀具路径，必须设置公共的刀具参数、曲面加工参数，以及残料清角精加工参数和残料清角的材料参数，如图 7.68 所示。

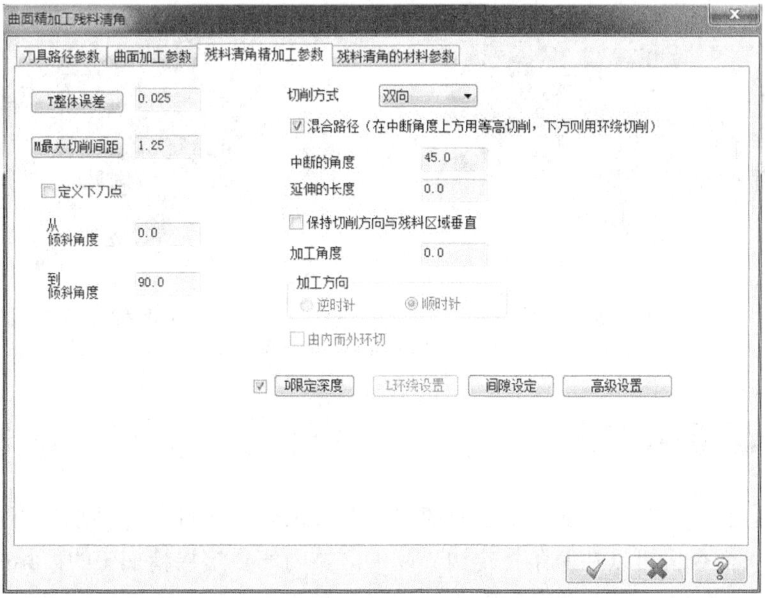

图7.68　【残料清角精加工参数】选项卡

在【残料清角精加工参数】（Finish Leftover Parameters）选项卡中，系统要求定义残料清角加工区域的【从倾斜角度】（From Slope Angle）和【到倾斜角度】（To Slope Angle）。其中【从倾斜角度】（From Slope Angle）用于指定残料精加工曲面的最小坡度，【到倾斜角度】（To Slope Angle）用于指定残料精加工曲面的最大坡度。

执行曲面残料精加工时，系统仅对最大坡度和最小坡度之间的曲面进行加工。图 7.69（a）所示为最小坡度设定为 0°、最大坡度设定为 90° 时所生成的刀具路径效果；图 7.69（b）所示为最小坡度设定为 45°、最大坡度设定为 90° 时所生成的刀具路径效果。

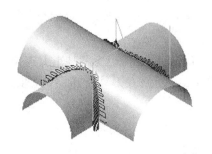 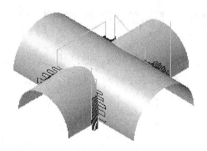

（a）最小坡度=0°，最大坡度 90°　　　　　　（b）最小坡度=45°，最大坡度=90°

图7.69　残料精加工的坡度设定

【在残料清角的材料参数】（Leftover Material Parameters）选项卡中，所设定的参数用于定义残料精加工的切削区域。其中，【重叠距离】（Overlap）用于指定残料精加工中的偏移距离。系统将该距离附加给刀具刀角，以加工出比允许范围更大的区域。设定的偏移距离不同，生成的残料精加工刀具路径也会有所不同。图 7.70（a）、（b）所示分别为重叠距离设为 5 和 20 时所产生的刀具路径效果。

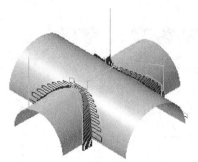 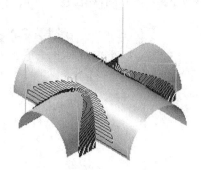

（a）重叠距离=5　　　　　　（b）重叠距离=20

图7.70　曲面残料精加工的重叠距离

7.3.11　熔接精加工

选择【刀具路径】（Toolpaths）/【曲面精加工】（Surface Finish）/【精加工熔接加工】（Finish Blend Toolpath）命令，可以在两条指定边界间的区域内产生熔接精加工的刀具路径。该方式一般适用于工件的局部精加工，如图 7.71 所示。

图7.71　曲面熔接精加工

　　生成曲面熔接精加工时，除了要设置公共的刀具参数和曲面加工参数外，还要设置一组熔接精加工特有的参数，如图 7.72 所示。

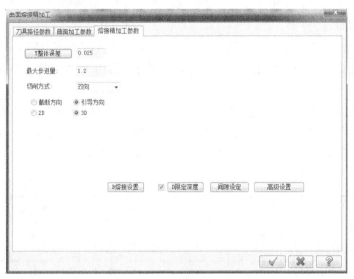

图7.72　曲面熔接精加工参数的设置

7.4 曲面加工综合实例

　　图 7.73 所示为某模具型腔的石墨电极图形，毛坯尺寸规格为 138 mm × 90 mm × 46 mm。编制该零件的粗、精加工刀具路径。

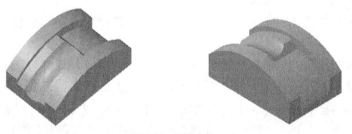

图7.73　石墨电极

7.4.1　数控加工工艺分析

　　石墨是电火花型腔加工的常用电极材料，具有机械加工性能好、加工精度高、热变形小、表面处理容易等优点，但加工过程中石墨尖角处易崩裂，刀具的磨损较为严重，因而一般采用硬质合金或金刚石涂层的刀具。石墨电极材料的切削力只有切削铝、铜等韧性材料金属的 10% 左右，因此，粗加工时刀具可直接在工件上下刀，精加工时为避免崩角、碎裂的发生，常采用轻刀快走和逆铣方式加工。一般而言，石墨在切深小于 0.2 mm 的情况下很少发生崩碎，还会获得较好的侧壁表面质量。

该工件如在卧式机床上加工，可通过压板压紧。如，在立式机床上加工，由于切削力较小，可通过压板顶住侧面的方法夹紧工件。这里选取工件上表面中心为工件坐标系原点，较长边方向为 X 轴。

根据以上分析，确定工件的加工工艺路线为：用 $\phi 20R4$ 的立铣刀粗加工；$R6$ 的球头铣刀精加工；$\phi 12$ 的立铣刀铣侧面、铣 Y 方向清角，再用 $R2$ 的球头铣刀清除残料，最后用 $R2$ 的球头铣刀交线清角加工。选用金刚石涂层刀具。具体的刀具及切削用量如表 7.1 所示。

表 7.1   石墨电极的数控加工工序卡

工步号	工步内容	刀具号	刀具规格	主轴转速 r/min	进给速度 mm/min
1	粗铣型面，曲面平行铣削粗加工	T01	$\phi 20R4$ 立铣刀	1 200	400
2	精铣型面，曲面平行铣削精加工	T01	$\phi 20R4$ 立铣刀	1 200	500
3	精铣型面，曲面平行铣削精加工	T02	$R6$ 球头铣刀	1 500	500
4	铣侧面，投影加工	T03	$\phi 12$ 立铣刀	1 400	400
5	铣 Y 方向清角，外形铣削加工	T03	$\phi 12$ 立铣刀	1 400	400
6	清角，残料精加工	T04	$R2$ 球头立铣刀	1 600	800
7	清角，交线清角精加工	T04	$R2$ 球头立铣刀	2 500	1 200

7.4.2 数控加工工艺设计

1. 调入石墨电极的模型文件

① 从人民邮电出版社网站 hhtp：//www.ptpedu.com.cn 下载本书的范例文件"Sample7-1.mcx"，保存在指定目录。

② 单击 按钮，显示文件读取对话框，在指定目录中选取范例源文件并打开。

2. 选用 $\phi 20R4$ 立铣刀，以曲面平行铣削粗加工方式粗铣型面

① 选择【刀具路径】（Toolpaths）/【曲面粗加工】（Surface Rough）/【粗加工平行铣削加工】（Rough Parallel Toolpath）命令，并在【选取工件形状】对话框中指定为【凸】（Boss）类型，然后选取零件的所有曲面为加工面。

② 显示【曲面粗加工平行铣削】对话框，单击【刀具路径参数】选项卡，按图 7.74 所示设定刀具参数。

③ 单击【曲面加工参数】选项卡，按图 7.75 所示设定各项参数。其中，加工面预留量为 0.5 mm，进/退刀采用 45° 斜线引导，其参数设置如图 7.76 所示。

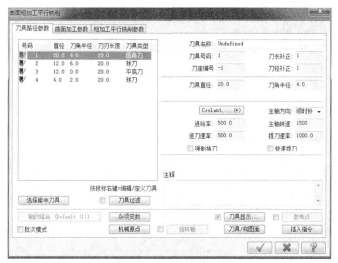

图7.74 刀具参数设置

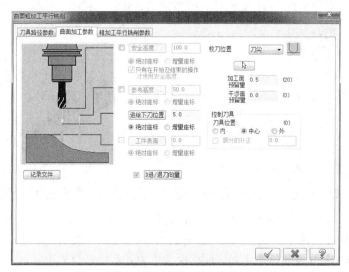

图7.75 曲面加工参数设置

图7.76 进/退刀参数设置

④ 单击【粗加工平行铣削参数】选项卡，按图 7.77 所示设定各项参数。由于加工预留量已设为 0.5 mm，故而在切削深度设定中其增量坐标的深度值均设为 0。

图7.77　粗加工平行铣削参数设置

⑤ 单击对话框的 ✓ 按钮，生成如图 7.78 所示刀具路径。模拟实体切削效果如图 7.79 所示。

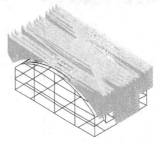

图7.78　刀具路径生成

图7.79　模拟实体切削效果

3. 选用 ϕ20 R4 立铣刀，以曲面平行铣削精加工方式精铣两边的型面

① 选择【刀具路径】（Toolpaths）/【曲面精加工】（Surface Finish）/【精加工平行铣削加工】（Finish Parallel Toolpath）命令，然后选取两边的型面为加工面，如图 7.80 所示。

② 显示【曲面精加工平行铣削】对话框，单击【刀具路径参数】选项卡，并按图 7.81 所示设定刀具参数。

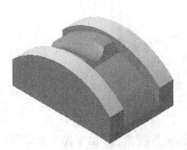

图7.80　选取两边的型面为加工面

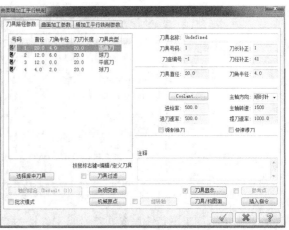

图7.81　刀具参数设置

③ 单击【曲面加工参数】选项卡，按图 7.82 所示设置曲面加工参数。其中，单击 进刀/退刀向量 按钮，可按图 7.83 所示设置进/退刀参数。

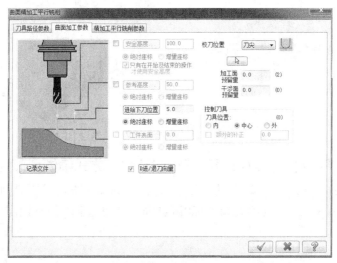

图7.82　曲面加工参数设置

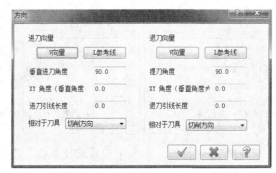

图7.83　进/退刀参数设置

④ 单击【精加工平行铣削参数】选项卡，按图 7.84 所示设置曲面平行铣削精加工参数。

图7.84　曲面精加工平行铣削参数设置

⑤ 单击【✓】按钮，系统生成加工刀具路径。其模拟切削效果如图 7.85 所示。

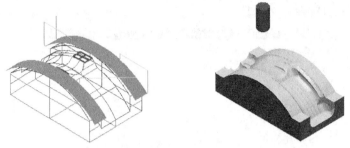

图7.85 刀具路径及模拟切削效果

4. 选用 *R*6 球头铣刀，以曲面平行铣削精加工方式精铣型面的中间部分

① 选择【刀具路径】（Toolpaths）/【曲面精加工】（Surface Finish）/【精加工平行铣削加工】（Finish Parallel Toolpath）命令，然后选取型面中间的曲面为加工面，选取两侧的台阶面为干涉面，如图 7.86 所示。

 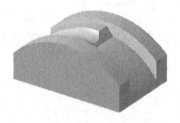

（a）型面中间部分为加工面　　　　　　（b）两侧的台阶面为干涉面

图7.86 加工面和干涉面的选取

② 显示【曲面精加工平行铣削】对话框，单击【刀具路径参数】选项卡，并按图 7.87 所示设定刀具参数。

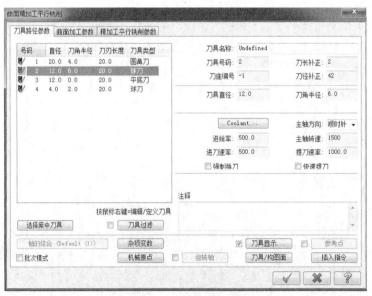

图7.87 刀具参数设定

③ 单击【曲面加工参数】选项卡，按照图 7.88 所示设置曲面加工参数。其中，干涉面预留量设为 0.1 mm，进/退刀参数的设定与前面步骤相同。

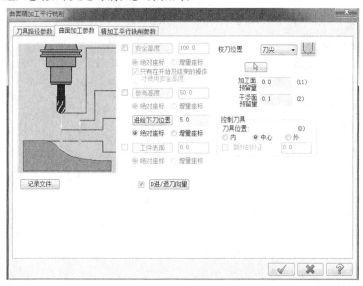

图7.88　曲面加工参数设置

④ 单击【精加工平行铣削参数】选项卡，设置平行铣削精加工参数。其中，整体误差为 0.01、最大切削间距为 0.3、加工角度为 0，采用双向切削方式。

⑤ 单击 ✓ 按钮完成参数的设置，进行实体切削模拟，模拟效果如图 7.89 所示。

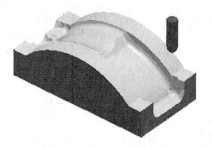

图7.89　模拟实体切削效果图

5. 选用 φ12 立铣刀，以投影加工方式铣削侧面

① 生成要投影的刀具路径。在 Z=0 平面做位于侧面的 2 条辅助线。选择【刀具路径】（Toolpaths）/【外形铣削】（Contour）命令，并选取 2 条辅助线为串连外形（注意串连方向），如图 7.90 所示，然后分别设置外形铣削的刀具路径参数和外形加工参数，如图 7.91 和图 7.92 所示。

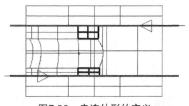

图7.90　串连外形的定义

② 选择【刀具路径】（Toolpaths）/【曲面精加工】（Surface Finish）/【精加工投影加工】（Finish Project Toolpath）命令，继续选取型面中间部分的曲面为加工面，不选取干涉面。

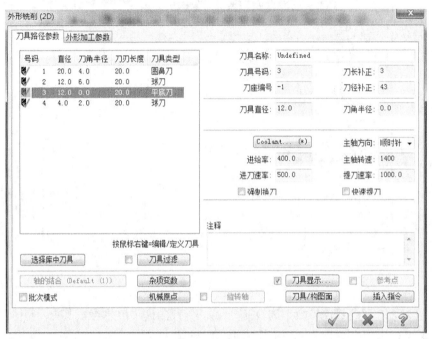

图7.91　刀具参数设置

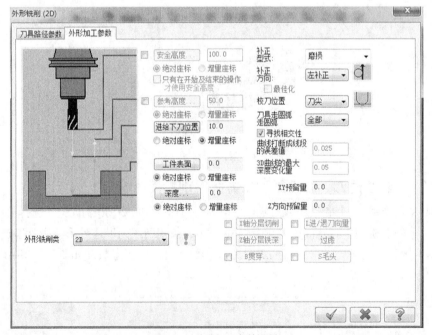

图7.92　外形加工参数设置

③ 显示【曲面精加工投影】对话框，按图 7.93 所示设定刀具参数。

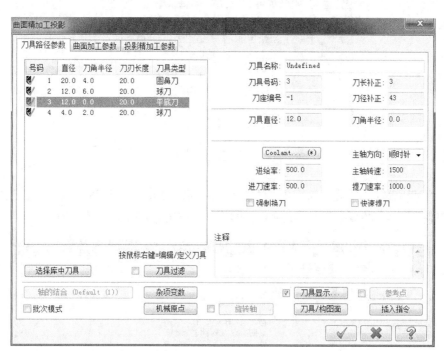

图7.93　刀具参数设定

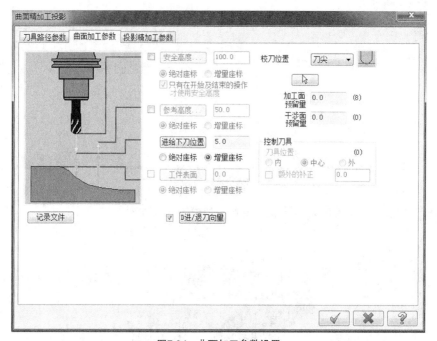

图7.94　曲面加工参数设置

④ 单击【曲面加工参数】选项卡，按照图 7.94 所示设置曲面参数。其中，进/退刀的参数设置如图 7.95 所示。

图7.95 进/退刀参数设置

⑤ 单击【投影精加工参数】选项卡，按照图 7.96 所示设置曲面投影精加工参数。此时，在【原始操作】列表中，需选择要投影的刀具路径，即上一步产生的外形铣削刀具路径。

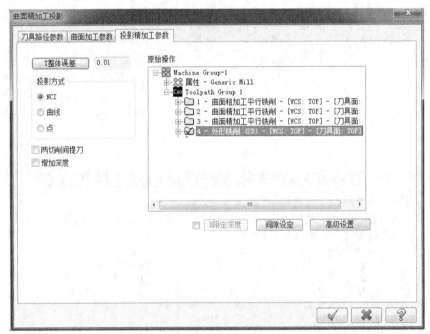

图7.96 曲面投影精加工参数设置

⑥ 单击 按钮，完成参数的设置。实体切削模拟效果如图 7.97 所示。

图7.97 实体切削模拟效果

6. 选用∅12 立铣刀，以外形铣削方式铣 Y 方向清角

① 选择【绘图】（Create）/【曲面曲线】（Curve）/【指定边界】（Create Curve on One Edge）命令，在中间两曲面相交处创建其交线，然后在构图面设置为俯视（Top）状态下，分别以交线的两端点为起点作水平线（长度超出右侧面即可），如图 7.98 所示。

② 选择【刀具路径】（Toolpaths）/【外形铣削】（Contour）命令，串连选取 3 条直线，其串连方向如图 7.99 所示。

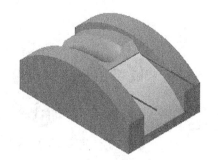

图7.98　创建外形铣削的轮廓边界线

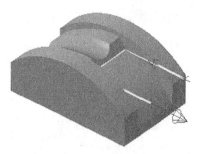

图7.99　定义外形串连

③ 显示【外形铣削】对话框，按图 7.100 所示设置外形铣削的刀具路径参数。

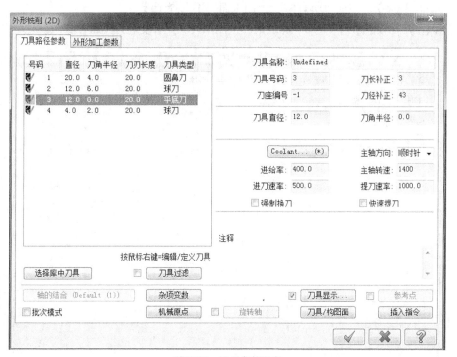

图7.100　刀具参数设定

④ 单击【外形加工参数】选项卡，按图 7.101 所示设置各项参数。其中，外形铣削的深度就是交线所在的高度位置（Z=−14.8 793）。

⑤ 单击 ✓ 按钮，完成参数的设置。实体切削验证效果如图 7.102 所示。

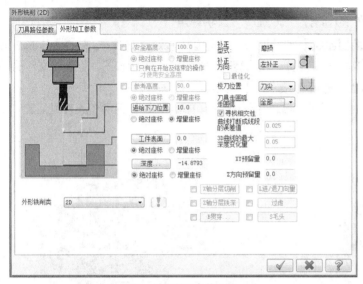

图7.101　外形加工参数设置

图7.102　实体切削验证效果

7. 选用 *R*2 球头铣刀，以残料精加工方式进行清角加工

① 选择【刀具路径】（Toolpaths）/【曲面精加工】（Surface Finish）/【精加工残料加工】（Finish Leftover Toolpath）命令，并选取所有曲面为加工面，不选择干涉面。

② 显示【曲面精加工残料清角】对话框，按图 7.103 所示设定刀具路径参数。

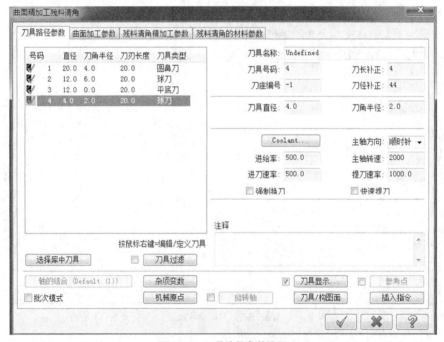

图7.103　刀具路径参数设置

③ 单击【曲面加工参数】选项卡，按照图 7.104 所示设置各项参数。其中，进/退刀参数的设置如图 7.105 所示。

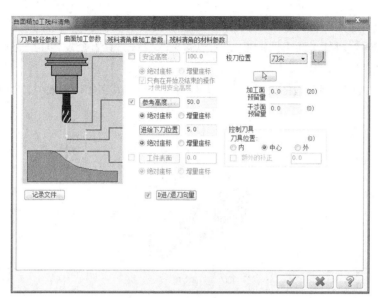

图7.104　曲面加工参数设置

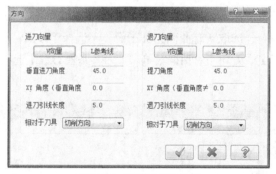

图7.105　进/退刀参数设置

④ 单击【残料清角精加工参数】选项卡，按照图 7.106 所示设置各项参数。

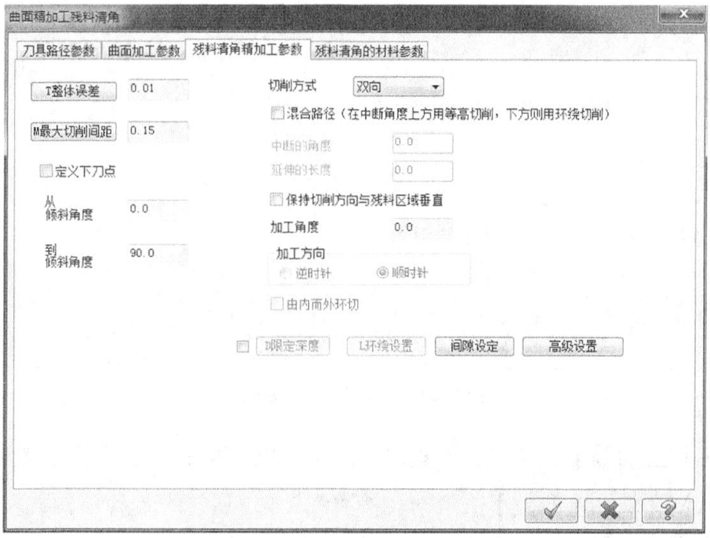

图7.106　残料清角精加工参数设置

⑤ 单击【残料清角的材料参数】选项卡，设置所需的各项参数。因为前面精铣型面采用的是 *R*6 球头铣刀（相对残料加工为粗铣加工），所以这里的粗铣刀具直径设为 12 mm，刀角半径设为 6 mm，重叠距离设为 0.3mm。

⑥ 单击 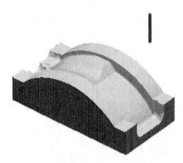 按钮完成参数的设置，生成刀具路径并模拟其实体切削效果，如图 7.107 所示。

图7.107　实体切削验证效果

8. 选用 *R*2 球头铣刀，以交线清角方式进行清角加工

① 选择【刀具路径】（Toolpaths）/【曲面精加工】（Surface Finish）/【精加工交线清角加工】（Finish Pencil Toolpath）命令，选取所有曲面为加工面，不选择干涉面。

② 显示【曲面精加工交线清角】对话框，单击【刀具路径参数】选项卡，并按图 7.108 所示设定刀具路径参数。

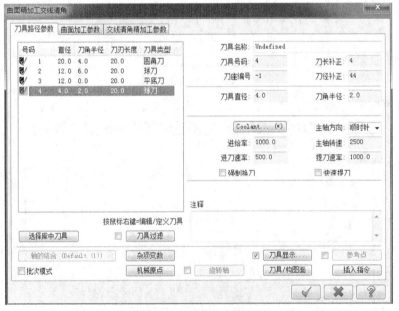

图7.108　刀具路径参数设置

③ 单击【曲面加工参数】选项卡，设置曲面加工参数。其中，进给下刀位置仍设为 5.0。

④ 单击【交线清角精加工参数】选项卡，按照图 7.109 所示设置各项参数。

⑤ 单击 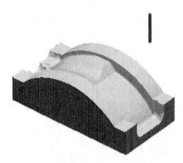 按钮，完成参数的设置，生成刀具路径。

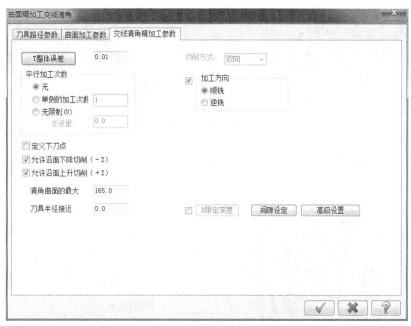

图7.109 交线清角精加工参数设置

9. 利用刀具路径操作管理器，对石墨电极的数控加工进行实体切削验证

① 在操作管理器中，单击 按钮，选取所有加工操作，然后单击 按钮，启动实体切削验证功能。

② 在【实体切削验证】对话框中，设定【完成每个操作后停止】，然后单击 按钮执行，即可查看每个操作加工的效果。图 7.110 所示为所有操作完成后的切削效果。

图7.110 实体切削验证效果

1. 曲面粗、精加工各有哪些加工方法？
2. 对曲面进行粗加工或精加工的步骤大致是怎样的？
3. 比较粗、精加工的切削效果有什么不同？在加工后期应怎样选择精加工方式来清除残料？
4. 打开下载目录的"练习文件 7-1.mcx"，如图 7.111 所示，编制其曲面放射状粗加工的刀具路径。

图7.111   曲面加工练习4

5. 打开下载目录的 "练习文件 7-2.mcx"，如图 7.112 所示，编制其曲面挖槽粗加工和残料粗加工的刀具路径。

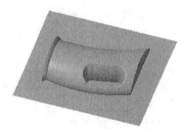

图7.112   曲面加工练习5

6. 打开下载目录的 "练习文件 7-3.mcx"，如图 7.113 所示，编制其曲面投影精加工的刀具路径。

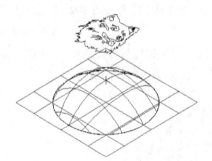

图7.113   曲面加工练习6

7. 打开下载目录的 "练习文件 7-4.mcx"，如图 7.114 所示，编制其曲面平行铣削粗、精加工和陡斜面精加工的刀具路径。

图7.114   曲面加工练习7

8. 分析如图 7.115 所示的鼠标下模型腔面，对其进行粗、精加工，试编制合理的刀具路径，并执行后处理操作，生成 NC 数控程序。

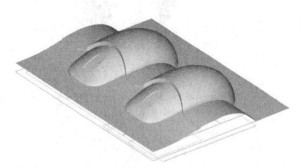

图7.115　曲面加工练习8

9. 图 7.116 所示为某型号相机模型尺寸图，图 7.117 所示为实体造型，加工非模样件，试编制合理的刀具路径。

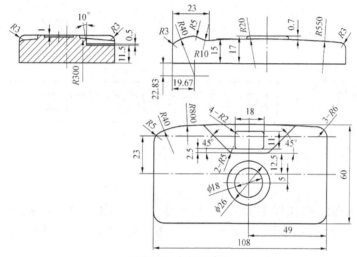

图7.116　相机尺寸图

图7.117　相机实体模型及切削模拟效果

第8章
Mastercam X3 在模具中的应用实例

腔体零件的数控加工

图 8.1 所示为某腔体零件的零件图，工件材料为 LY12（硬铝）。技术要求：① $\phi35^{+0.039}_{0}$、$\phi36^{+0.039}_{0}$ 两阶梯孔要求镗孔；② $2-\phi12^{+0.027}_{0}$、$3-\phi12^{+0.027}_{0}$ 要求铰孔；③其余表面粗糙度 Ra 为 3.2。

8.1.1 工艺分析

1. 零件的形状分析

由图 8.1 可知，该腔体零件结构比较简单，由一个直槽、斜槽以及带岛屿的型腔构成，并有多个直孔和一个阶梯孔。型腔四周是由没有拔模斜度的垂直面及多个圆弧面构成，型腔四周曲面与底面之间没有圆角过渡。零件中各槽宽及孔径、孔中心距尺寸均有公差要求，且部分表面的加工质量要求较高（$Ra1.6$），因此在数控加工中必须安排预钻中心孔及精加工工序。另外，阶梯孔径尺寸较大（$\phi36$ mm），因此必须安排多次钻削来完成。

2. 数控加工工艺设计

由图 8.1 可知，该零件所有的型腔结构都能在立式数控铣床上一次装夹加工完成。工件材料为 LY12（硬铝），属于较容易切削的材料。长方体毛坯的四周表面已经在普通机床设备上加工到要求的尺寸，故只需考虑型腔部分的加工。在数控加工的工艺安排中，有如下考虑：阶梯孔孔径较大，采用先钻后镗的方式来实现；其余小孔钻削后进行铰削；直槽、斜槽均采用外形铣削方式粗、精加工；型腔采用挖槽加工方式粗、精加工。

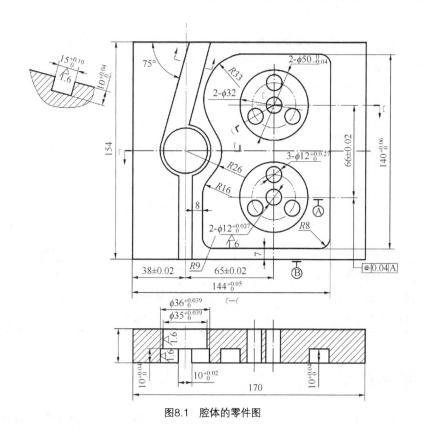

图8.1　腔体的零件图

（1）加工工步设置

根据以上分析，制定工件的加工工艺路线为：钻阶梯孔的中心孔；分别在阶梯孔位置钻ϕ11.8 mm 和ϕ34 mm 孔，镗削阶梯孔至尺寸要求$\phi35^{+0.039}_{0}$、$\phi36^{+0.039}_{0}$，钻各ϕ12 mm 小孔的中心孔，钻ϕ11.8 mm 孔并铰至尺寸要求$\phi12^{+0.027}_{0}$，粗铣直槽、斜槽，精铣直槽、斜槽，粗、精加工型腔，最后钳工去除毛刺。

（2）工件的装夹与定位

工件的外形是标准的长方体，且按要求需对工件的上表面进行加工，根据基准重合原则选取工件的下底面为基准，用压板在左右两端进行装夹固定。根据对工件的零件图分析可知，工件坐标系 X、Y 原点应设定在阶梯孔的中心位置，工件坐标系 Z 轴零点应设定在工件的上表面。

（3）刀具的选择

工件的材料为 LY12，刀具材料选用高速钢。

（4）编制数控加工工序卡

综合以上的分析，编制如下工序卡，如表 8.1 所示。

表 8.1　　　　　　　　　　　数控加工工序卡

工步号	工步内容	刀具号	刀具规格	主轴转速 r/min	进给速度 mm/min
1	钻中心孔	T1	中心钻ϕ5	1 000	100
2	钻ϕ11.8 孔	T2	钻头ϕ11.8	300	100

续表

工步号	工步内容	刀具号	刀具规格	主轴转速 r/min	进给速度 mm/min
3	钻ϕ34 孔	T44	钻头ϕ34	500	50
4	镗阶梯ϕ35 孔	T3	镗刀ϕ35～40	1 000	50
5	镗阶梯ϕ36 孔	T4	镗刀ϕ35～40	1 000	50
6	钻中心孔	T1	中心钻ϕ5	1 000	100
7	钻ϕ11.8 孔	T2	钻头ϕ11.8	300	100
8	铰孔	T5	铰刀ϕ12H7	500	50
9	粗铣直槽	T6	键槽铣刀ϕ6	1 000	100
10	粗铣斜槽	T7	键槽铣刀ϕ10	1 000	80
11	精加工直槽、斜槽	T217	圆柱立铣刀ϕ8	1 200	100
12	粗、精加工型腔	T217	圆柱立铣刀ϕ8	1 200	100

8.1.2 零件造型

由于该工件所采用的数控加工均是二维加工方式，故只需根据加工要求绘制出直槽、斜槽及型腔部分的二维结构，如图 8.2 所示。

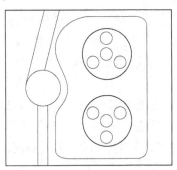

图8.2 二维数控加工的CAD模型

在前面第 2 章 2.4 节中已详细介绍过该二维图形的绘制方法，这里则予以省略。

8.1.3 数控加工自动编程

1. 定义刀具

① 选择【刀具路径】（Toolpaths）/【刀具管理器】（Tool Manager）命令，显示【刀具管理】对话框，在系统刀具库中依次选取并双击ϕ5 mm 的中心钻（Center Drill）、ϕ34 mm 的钻头（Drill）和ϕ8 mm 的平底铣刀（Endmill Flat），将其加入到刀具列表中。

② 在刀具列表中，单击鼠标右键弹出快捷菜单，选取【新建刀具】(Create New Tool…) 命令。

③ 在显示的【定义刀具】对话框中，选取钻头 (Drill) 类型，然后定义刀具的直径为 11.8 mm，并定义其他相关参数，如图 8.3 所示，之后单击 ✓ 按钮确定。

④ 采用同样的方法，依次定义以下刀具：刀号 T3，直径为 35 mm 的镗刀 (Bore Bar)，如图 8.4 所示；刀号 T4，直径为 36 mm 的镗刀 (Bore Bar)；刀号 T5，直径为 12H7 mm 的铰刀 (Reamer)，如图 8.5 所示；刀号 T6，直径为 6 mm 的键槽铣刀 (Slot Mill)，如图 8.6 所示；刀号 T7，直径为 10 mm 的键槽铣刀 (Slot Mill)。之后，【刀具管理】对话框中会列出所定义的全部刀具，如图 8.7 所示。

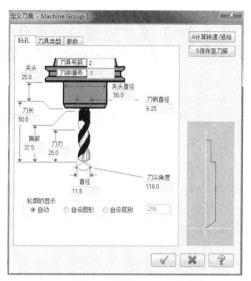

图8.3　定义 ϕ 11.8 mm的钻头

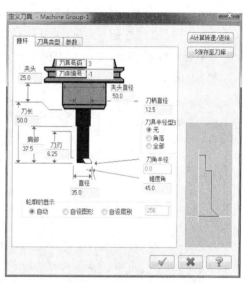

图8.4　定义 ϕ 35 mm的镗刀

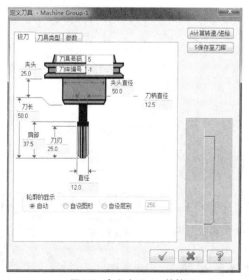

图8.5　定义 ϕ 12 mm的铰刀

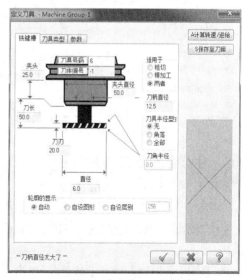

图8.6　定义 ϕ 6 mm的键槽铣刀

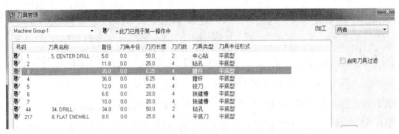

图8.7　所定义刀具的列表

2. 工作设定

① 在操作管理器的树状列表中单击【属性】选项下的【材料设置】，显示【素材原点】对话框，将工件原点定义在上表面的中心位置。

② 单击 E选择角落... 按钮，返回绘图区捕捉工件外形的两个对角点，此时工件原点坐标值会自动设定，然后继续设定如图 8.8 所示的相关参数，并单击 ✓ 按钮确定。绘图区将显示工件的预览效果，如图 8.9 所示。

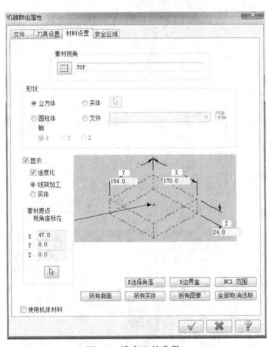

图8.8　设定工件参数

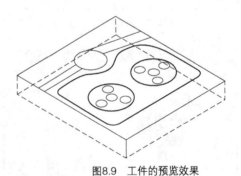

图8.9　工件的预览效果

3. 生成数控加工刀具路径

步骤 1　钻 ϕ5 mm 中心孔。

① 选择【刀具路径】（Toolpaths）/【钻孔】（Drill Toolpath）命令，系统提示输入 NC 文件名称，如图 8.10 所示，之后单击 ✓ 按钮确认。

② 显示【选取钻孔的点】对话框，单击 ↓ 按钮捕捉 ϕ36 mm 圆孔的圆心作为钻孔的中心点，之后单击 ✓ 按钮确认。

图8.10　定义NC名称的对话框

③ 显示【钻孔参数设置】对话框，在【刀具路径参数】选项卡中选取φ5 中心钻并按图 8.11 所示设定刀具参数。

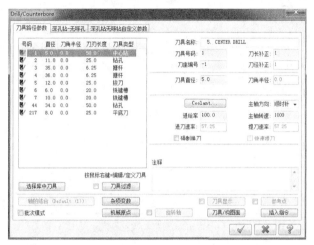

图8.11　中心钻的刀具参数设定

④ 单击【深孔钻—无啄钻】选项卡，设定钻中心孔的高度参数以及钻削循环方式，如图 8.12 所示。

图8.12　中心孔钻削参数设置

⑤ 单击 ✔ 按钮，生成钻中心孔的刀具路径。

步骤 2　钻φ11.8 mm 的通孔。

① 选择【刀具路径】（Toolpaths）/【钻孔】（Drill Toolpath）命令，在【选取钻孔的点】对话框中单击 选择上次 按钮，自动选取上一次操作的钻孔中心点，并单击 ✔ 按钮确认。

② 显示【刀具路径参数】对话框，选取φ11.8 钻头并设定刀具的参数。其中，进给率为 100，主轴转速为 300。

③ 单击【钻削参数】选项卡，设定钻孔的高度参数以及钻削循环方式，如图 8.13 所示。由于孔深较大，这里选用深孔啄钻循环方式。

图8.13　钻削参数的设定

④ 单击 ✓ 按钮，生成钻孔的刀具路径。

步骤 3　钻 φ34 mm 的通孔。

按照上述方法，选取 φ36 mm 圆孔中心为钻孔中心点，并选取 φ34 mm 钻头，进行刀具参数、钻削参数的设定。其中，进给率为 50、主轴转速为 500，而钻削参数按图 8.14 所示进行设定，之后单击 ✓ 按钮，生成刀具路径。

步骤 4　镗 φ35 mm 和 φ36 mm 阶梯孔。

① 选择【刀具路径】（Toolpaths）/【钻孔】（Drill Toolpath）命令，在【选取钻孔的点】对话框中，单击 选择上次 按钮，自动选取上一次操作的钻孔中心点，并单击 ✓ 按钮确认。

② 显示【钻削参数设置】对话框，在【刀具路径参数】选项卡中，选取 φ35 镗刀，并设定刀具的参数。其中，进给率为 50、主轴转速为 1000。

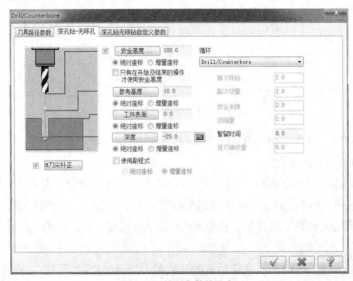

图8.14　钻削参数的设定

③ 单击【钻削参数】选项卡，设定镗孔的高度参数以及钻削循环方式，如图 8.15 所示，之后单击 ☑ 按钮，生成镗削的刀具路径。

④ 选择【刀具路径】(Toolpaths) /【钻孔】(Drill Toolpath) 命令，在【选取钻孔的点】对话框中，单击 选择上次 按钮，自动选取上一次操作的钻孔中心点，并单击 ☑ 按钮确认。

⑤ 显示【钻削参数设置】对话框，在【刀具路径参数】选项卡中，选取 $\phi 36$ 镗刀并设定刀具参数、镗削参数。其中，设定进给率为 50、主轴转速为 1000，按图 8.16 所示设定镗削参数，之后单击 ☑ 按钮，生成镗削刀具路径。

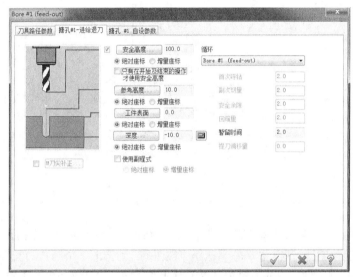

图8.15 镗削参数的设定

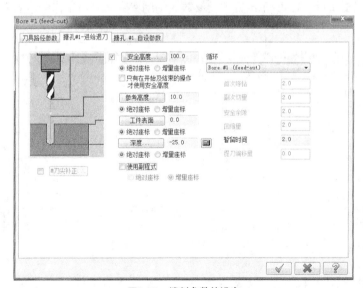

图8.16 镗削参数的设定

步骤 5 加工 $\phi 12H7$ mm 的 8 个圆孔。

① 钻中心孔。选择【刀具路径】(Toolpaths) /【钻孔】(Drill Toolpath) 命令，在【选取钻孔的

点】对话框中单击 按钮，依次捕捉 8 个 ϕ12 mm 圆孔的圆心作为钻孔中心点，之后单击 排序 按钮，选用 排序方式。单击 ✓ 按钮确认钻孔点的选择后，显示【钻孔参数设置】对话框，按照步骤 1 的方法选用 ϕ5 mm 中心钻并设置各项参数，以生成钻削刀具路径。

② 预钻 ϕ11.8 mm 通孔。选择【刀具路径】（Toolpaths）/【钻孔】（Drill Toolpath）命令，依次捕捉 8 个 ϕ12 mm 圆孔的圆心为钻孔中心点，然后按照步骤 2 的方法，在钻削参数设置对话框中，选用 ϕ11.8 mm 的钻头并设定刀具参数、钻削参数，生成所需的刀具路径，如图 8.17 所示。

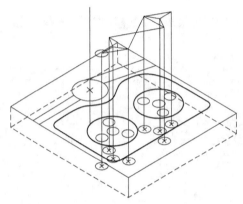

图8.17　生成的钻削刀具路径

③ 对 8 个预钻孔铰削至尺寸 ϕ12$H7$。选择【刀具路径】（Toolpaths）/【钻孔】（Drill Toolpath）命令，在【选取钻孔的点】对话框中单击 选择上次 按钮，自动选取 8 个圆孔的圆心作为钻孔中心点，之后单击 ✓ 按钮确认。显示【钻削参数设置】对话框，在【刀具路径参数】选项卡中选取 ϕ12$H7$ 的铰刀，并按图 8.18 和图 8.19 所示设置刀具参数、钻削参数，之后单击 ✓ 按钮，生成铰削刀具路径。

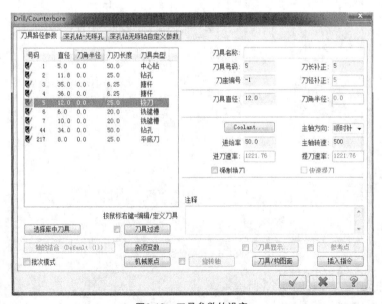

图8.18　刀具参数的设定

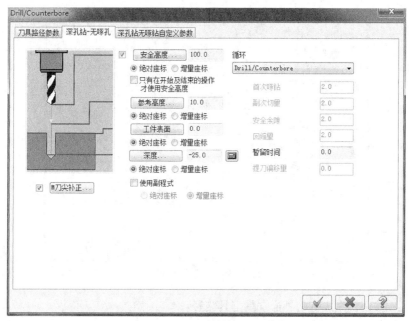

图8.19　钻削参数的设定

步骤 6　粗铣直槽。

① 选择【刀具路径】（Toolpaths）/【外形铣削】（Contour Toolpath）命令，单击 ／ 按钮，依次定义如图 8.20 所示的 2 个单体串连，之后单击 ✓ 按钮确认。

② 显示【外形铣削】对话框，选取 φ6 键槽铣刀（Slot Mill），并按图 8.21 所示设定刀具参数。

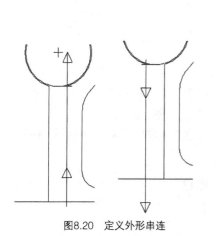

图8.20　定义外形串连

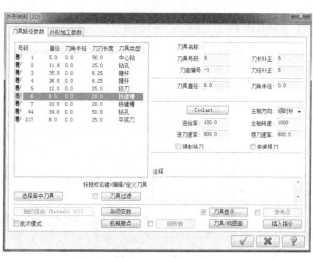

图8.21　刀具参数的设定

③ 单击【外形加工参数】选项卡，设定外形铣削的高度参数以及补正方式、预留量等，如图 8.22 所示。由于深度切削总量为 10，这里采用分层铣深。单击 Z轴分层铣削 按钮，按图 8.23 所示进行设定。

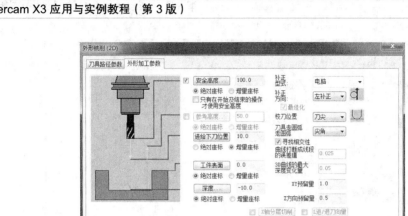

图8.22　外形铣削参数的设定

④ 单击 ✓ 按钮，生成直槽外形铣削刀具路径。

步骤 7　粗铣斜槽。

① 选择【刀具路径】（Tool paths）/【外形铣削】（Contour Toolpath）命令，单击 ⬜ 按钮，依次定义如图 8.24 所示的 2 个单体串连，之后单击 ✓ 按钮确认。

图8.23　分层铣深参数设定

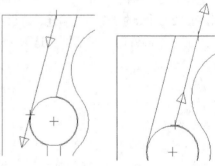

图8.24　定义外形串连

② 显示外形铣削参数对话框，在【刀具路径参数】选项卡中选取 ϕ10 键槽铣刀（Slot Mill），并设定刀具参数。其中，设定进给率为 80、主轴转速为 1000，其余参数采用默认值。

③ 单击【外形加工参数】选项卡，设定与直槽外形相同的外形铣削参数，并单击 Z轴分层铣削 按钮，设定分层铣深参数，如图 8.25 所示。

图8.25　分层铣深参数的设定

④ 单击 ✓ 按钮，生成斜槽外形铣削刀具路径，如图 8.26 所示。

步骤 8　精加工直槽与斜槽。

① 选择【刀具路径】（Toolpaths）/【外形铣削】（Contour Toolpath）命令，单击 ◎◎ 选项，选取直槽右边线的下部，定义如图 8.27 所示的串连（与之相连的线段会自动选中），之后单击 ⊕ 按钮，使串连在分歧点结束。

② 继续选取斜槽左边线的上部，定义如图 8.28 所示的串连（相连的线段会自动选中），并单击 ⊕ 按钮结束。完成外形的串连定义后单击 ✓ 按钮结束。

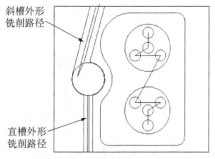

图8.26　生成的斜槽外形铣削路径

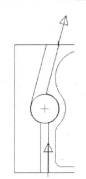

图8.27　定义槽右边的外形串连

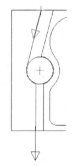

图8.28　定义槽左边的外形串连

③ 显示【外形铣削】对话框，在【刀具路径参数】选项卡中选取 $\phi 8$ 平底铣刀（Endmill Flat），并按图 8.29 所示设定刀具参数。

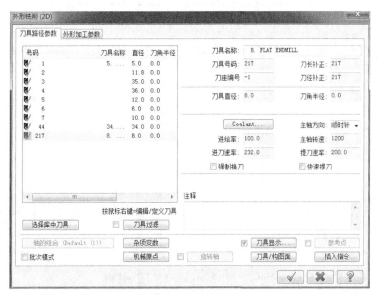

图8.29　刀具参数的设定

④ 单击【外形加工参数】选项卡，设定精加工直槽和斜槽的外形铣削参数，如图 8.30 所示。

其中，Z向分层铣深参数设置如图 8.31 所示。

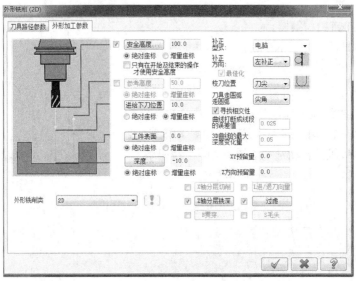

图8.30 外形铣削参数的设定

图8.31 分层铣深参数设置

⑤ 单击 ✓ 按钮，生成直槽和斜槽外形铣削的精加工刀具路径，如图 8.32 所示。

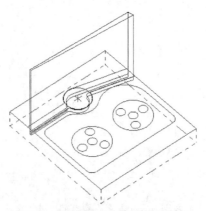

图8.32 槽外形铣削的精加工刀具路径

步骤 9 粗、精加工型腔。

① 选择【刀具路径】（Toolpaths）/【标准挖槽】（Pocket Toolpath）命令，单击 ⊙⊙⊙ 按钮依次定

义型腔外廓和岛屿 3 个串连外形，如图 8.33 所示，之后单击 <u>✓</u> 按钮确认。注意，选取外形时要使型腔外形的串连方向保持逆时针，两圆形岛屿外形的串连方向保持顺时针。

② 显示挖槽铣削对话框，按如图 8.34 所示设定刀具参数。

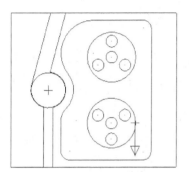

图8.33　型腔和岛屿外形的串连

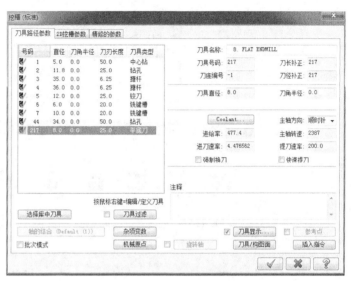

图8.34　刀具参数的设定

③ 单击【2D 挖槽参数】选项卡，按如图 8.35 所示设定挖槽参数。其中，需单击 E分层铣深 按钮设定分层铣深参数，如图 8.36 所示。

④ 单击【精修的参数】选项卡，设定挖槽粗、精加工参数，如图 8.37 所示。其中，粗加工选用螺旋切削（True Spiral）方式，螺旋下刀参数可激活并单击 螺旋式下刀 按钮来设定，如图 8.38 所示。

⑤ 单击 <u>✓</u> 按钮，生成型腔挖槽粗、精加工的刀具路径，如图 8.39 所示。

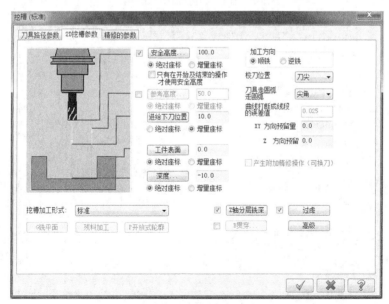

图8.35　挖槽参数的设定

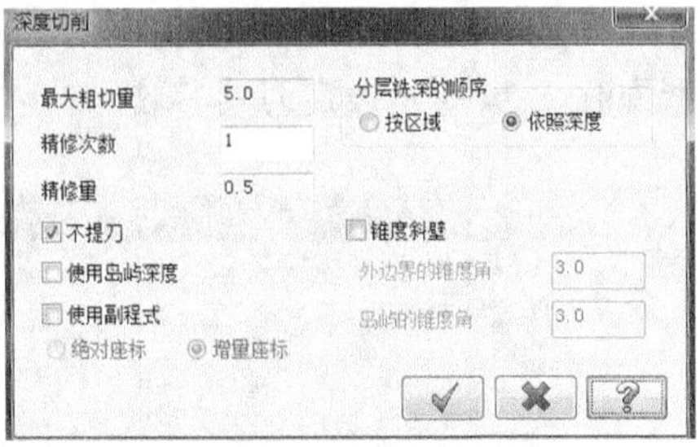

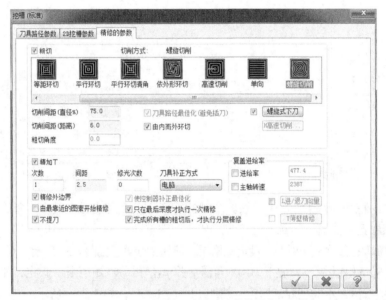

图8.36　分层铣深参数的设定

图8.37　挖槽粗、精加工参数的设定

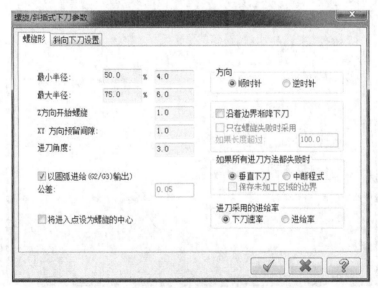

图8.38　螺旋下刀参数的设定

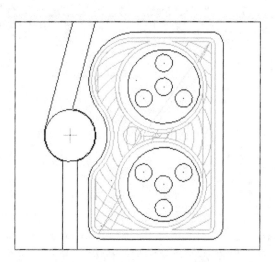

图8.39　型腔挖槽粗、精加工的刀具路径

4. 执行实体切削模拟并后置处理生成 NC 程序

① 在刀具路径操作管理器中，单击 按钮选取所有的操作，如图 8.40 所示。

② 单击 按钮，显示【工件及实体切削验证】对话框，单击 按钮执行切削模拟。模拟过程中可用鼠标移动滑块，调整模拟切削的速度。模拟完成后的结果如图 8.41 所示。

图8.40　【操作管理】对话框

图8.41　实体切削模拟的结果

③ 刀具切削路径经验证无误后，可在操作管理器中单击 按钮，执行刀具路径的后置处理。此时，需指定与所用机床数控系统对应的后处理程序，系统默认为 FANUC 数控系统的"MPFAN.PST"，如图 8.42 所示。

对本例的刀具路径执行后置处理，将产生如图 8.43 所示的 NC 程序。NC 程序生成后，往往还要进行一些必要的编辑，然后通过 Mastercam 的通信端口传输至数控机床。

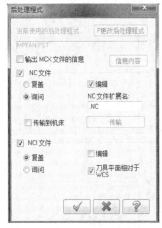

图8.42 后置处理对话框

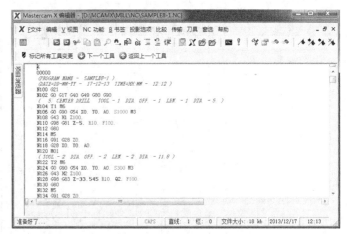

图8.43 后置处理所得的NC程序

8.2 香皂盒面壳的凸模造型与数控加工

图 8.44 所示为香皂盒面壳模型，图 8.45 所示为其零件工程图，依据此图进行该零件的造型以及凸模制作。

图8.44 香皂盒面壳模型

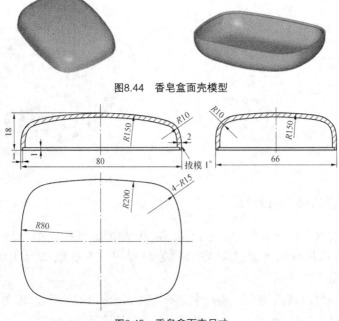

图8.45 香皂盒面壳尺寸

8.2.1 工艺分析

1. 零件的形状分析

由图 8.45 可知，该零件结构比较简单，底面四周由 R80、R200 及 R15 圆弧串接组成，侧面是拔模斜度为 1° 的拉伸面。而零件顶面由截面形状为 R150 的圆弧扫描曲面切割而成，止口四周形状由底面边线等距偏置得到。

2. 数控加工工艺设计

由图 8.45 可知，凸模零件所有的结构都能在立式加工中心上一次装夹加工完成。零件毛坯已经在普通机床上加工到尺寸 120 mm × 100 mm × 40 mm，故只需考虑型腔部分的加工。数控加工工序中，按照粗加工—半精加工—精加工的步骤进行。为了保证加工质量和刀具的正常切削，在半精加工中，根据走刀方式的不同做了一些特殊处理。

（1）加工工步设置

根据以上分析，制定工件的加工工艺路线为：采用 φ20 直柄波刃立铣刀一次切除大部分余量，采用 φ16 球刀粗加工型芯面，采用 φ20 直柄立铣刀对分型面、止口部位进行精加工，采用 φ10 球刀对型芯曲面进行半精加工与精加工。

（2）工件的装夹与定位

工件的外形是长方体，采用平口钳定位与装夹。平口钳采用百分表找正，基准钳口与机床 X 轴平行并固定于工作台。预加工毛坯装在平口钳上，顶面露出钳口至少 22 mm。采用寻边器找出毛坯 X、Y 方向中心点在机械坐标系中的坐标值，以此作为工件坐标系原点，Z 轴坐标原点设定于毛坯顶面之下 20 mm 处，工件坐标系设定于 G54。

（3）刀具的选择

工件的材料为 40Cr，刀具材料选用高速钢。

（4）编制数控加工工序卡

综合以上的分析，编制如下工序卡，如表 8.2 所示。

表 8.2   数控加工工序卡

工步号	工步内容	刀具号	刀具规格	主轴转速 r/min	进给速度 mm/min
1	粗加工分型面	T1	φ20 波纹铣刀	350	50
2	粗加工型芯面	T2	φ16 球头铣刀	350	50
3	精加工分型面	T3	φ20 平底铣刀	500	100
4	精加工止口顶面	T3	φ20 平底铣刀	800	80
5	半精加工型芯曲面	T4	φ10 球头铣刀	800	80
6	精加工型芯曲面	T4	φ10 球头铣刀	1 000	150

8.2.2 零件造型

步骤 1 设置工作环境。

在状态栏中分别设定：屏幕视角为 ⬚（俯视图），构图面为 ⬚（俯视角），工作深度（Z）为 0、颜色为绿色（10），当前图层为 1，线型为实线，工作坐标系（WCS）为 ⬚（俯视）。

步骤 2 绘制底面的骨架线。

① 选择【绘图】（Create）/【矩形】（Create Rectangle）命令，在显示的【绘矩形】工具栏中选取 ⬚ 按钮，并捕捉坐标原点作为定位基准点，然后依次定义矩形长度为 80、宽度为 60，并单击 ⬚ 按钮结束命令。

② 选择【绘图】（Create）/【圆弧】（Arc）/【切弧】（Create Arc Tangent）命令，在【绘切弧】工具栏中选取 ⬚ 按钮，并定义半径为 80，然后选取矩形左边线，并捕捉其中点作为相切点，在显示的 4 个圆弧段中选取右边的上半个圆弧予以保留，之后单击 ⬚ 按钮，绘制 R80 的相切圆弧段。

③ 在【绘切弧】工具栏中定义半径为 200，选取矩形上边线并捕捉其中点作为相切点，然后在显示的 4 个圆弧段中选取下部的左半边圆弧予以保留，之后单击 ⬚ 按钮结束。

④ 选择【绘图】（Create）/【倒圆角】（Fillet）/【实体倒圆角】（Fillet Entities）命令，在【倒圆角】工具栏中定义半径为 15，且选取 ⬚ 按钮以执行修剪。之后选取 R80 和 R200 的 2 个圆弧段，绘制出如图 8.46 所示的圆角，并单击 ⬚ 按钮结束。

⑤ 单击工具栏的 ⬚ 按钮，删除矩形边线，然后单击 ⬚ 按钮刷新屏幕。

⑥ 选择【转换】（Xform）/【镜像】（Xform Mirror）命令，用鼠标框选所绘制的 3 段圆弧边线并回车确认，然后在显示的【镜像】对话框中设定为【复制】（Copy）方式，且指定 X 轴为镜像轴、定位坐标为 0，如图 8.47 所示。之后，单击 ⬚ 按钮即可镜像得到二分之一的边线。

⑦ 继续框选全部的边线并回车确认，按照上述方法在【镜像】对话框指定 Y 轴为镜像轴、定位坐标为 0，之后单击 ⬚ 按钮结束。单击工具栏的 ⬚ 按钮，清除群组属性的颜色，结果如图 8.48 所示。

图8.46 绘制相切弧及圆角

图8.47 设置镜像参数

图8.48 镜像的边线

步骤 3　绘制前侧面的骨架线。

① 设置屏幕视角为 ⬡（等角视图），构图面为 ⬡（前视角），工作深度（Z）为 0。

② 绘制 R150 圆弧。选择【绘图】（Create）/【圆弧】（Arc）/【圆心+点】（Create Circle Center Point）命令，定义圆心坐标为（0，−132，0）、半径为 150，并回车确认，之后单击 ☑ 按钮结束。

③ 绘制直线。选择【绘图】（Create）/【直线】（Line）/【绘制任意线】（Create Line Endpoints）命令，输入直线起点和终点坐标为（−40，0，0）、（−40，20，0），并单击 ➕ 按钮执行。之后，按照同样方法输入起点和终点坐标为（40，0，0）和（40，20，0），单击 ☑ 按钮即可得到两竖直线。

步骤 4　绘制侧面的骨架线。

① 设置屏幕视角为 ⬡（等角视图），构图面为 ⬡（右视角），工作深度（Z）为 0。

② 绘制 R150 圆弧。选择【绘图】（Create）/【圆弧】（Arc）/【圆心+点】（Create Circle Center Point）命令，定义圆心坐标为（0，−132，0）、半径为 150，并回车确认，之后单击 ☑ 按钮结束。

③ 绘制直线。选择【绘图】（Create）/【直线】（Line）/【绘制任意线】（Create Line Endpoints）命令，输入直线端点坐标为（−30，0，0）、（−30，20，0），并单击 ➕ 按钮执行。之后，按照同样方法输入直线端点坐标为（30，0，0）和（30，20，0），单击 ☑ 按钮即可得到两竖直线，结果如图 8.49 所示。

④ 设置构图模式为 3D，构图面为 ⬡（等视角）。

⑤ 修剪 R150 圆弧和直线。选择【编辑】（Edit）/【修剪/打断】（Trim/Break）/【修剪/打断/延伸】（Trim/Break/Extend）命令，在【修剪/打断】工具栏中选取 ⊣ 和 🔲 按钮以修剪两物体，然后依次选取 R150 圆弧和相交直线的欲保留部分，单击 ☑ 按钮，得到如图 8.50 所示的结果。

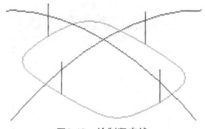

图8.49　绘制竖直线

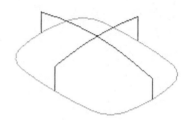

图8.50　修剪 R150圆弧和直线

步骤 5　绘制扫描曲面。

① 打断稍长的 R150 圆弧。选择【编辑】（Edit）/【修剪/打断】（Trim/Break）/【修剪/打断/延伸】（Trim/Break/Extend）命令，在【修剪/打断】工具栏中选取 🔲 和 ⊤ 按钮，然后选取欲打断的圆弧（稍长的 R150 圆弧），并捕捉两圆弧的交点作为打断点，之后单击 ☑ 按钮结束。

② 删除 4 条直线。单击工具栏的 ✎ 按钮，依次选取欲删除的 4 条竖直线，并回车确认。

③ 绘制扫描曲面。选择【绘图】（Create）/【曲面】（Surface）/【扫描曲面】（Create Swept Surface）命令，在【外形串连】对话框中单击 ／ 按钮，然后选取稍短且未打断的 R150 圆弧为截断方向外形，并单击 ☑ 按钮结束。选取打断的 R150 圆弧的右半段为切削方向外形（串连起点位于断点），且在工具栏中选取 🔄 按钮以设定为旋转扫描，之后单击 ☑ 按钮，得到如图 8.51 所示的结果。

④ 生成边界线。选择【绘图】（Create）/【曲面曲线】（Curve）/【单一边界】（Create Curve on

One Edge）命令，选取扫描曲面并拖移箭头至曲面的右边界后单击鼠标左键，如图 8.52 所示，之后单击 ☑ 按钮绘制出边界线。

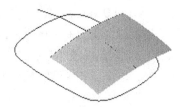

图8.51 绘制扫描曲面

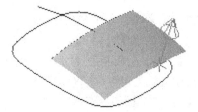

图8.52 绘制边界线

⑤ 删除扫描曲面。单击工具栏的 ☑ 按钮，选取欲删除的扫描曲面并回车确认。

⑥ 绘制扫描曲面。在状态栏的 层别2 文本框中设定当前图层为 2。选择【绘图】（Create）/【曲面】（Surface）/【扫描曲面】（Create Swept Surface）命令，串连定义所建立的边界线为截断方向外形，定义打断后的 2 段 R150 圆弧为切削方向外形（串连起点位于与边界线的交点），并在工具栏中选取 按钮，以设定为旋转扫描，之后单击 ☑ 按钮绘制出如图 8.53 所示的曲面。

步骤 6 绘制基本实体模型。

① 绘制拉伸实体。在状态栏的 层别3 文本框中设定当前图层为 3。选择【实体】（Solids）/【挤出实体】（Solid Extrude）命令，在【外形串连】对话框中单击 按钮，然后选取所绘的封闭边线并回车结束，在显示的【实体挤出的设置】对话框中，按照图 8.54 所示设置各项参数（注意使拉伸方向朝上），之后单击 ☑ 按钮得到如图 8.55 所示的结果。

图8.53 扫描曲面绘制结果

图8.54 拉伸实体参数设置

② 利用曲面修剪实体。选择【实体】（Solids）/【实体修剪】（Solid Trim）命令，在【修剪实体】对话框中指定曲面为修剪边界类型并选取扫描曲面。单击 E修剪另一侧 按钮，使箭头朝下（实体保留侧），之后单击 ☑ 按钮得到如图 8.56 所示的结果。

图8.55　绘制拉伸实体

图8.56　利用曲面修剪实体

③ 关闭图层。在状态栏单击 层别 按钮，调出图层管理器，关闭图层 1、2。

④ 实体顶部倒 $R10$ 圆角。选择【实体】（Solids）/【倒圆角】（Fillet）/【实体倒圆角】（Solid Fillet）命令，或者单击工具栏的 按钮，选取实体顶面的所有边线并回车结束，如图 8.57 所示。然后在【实体倒圆角参数】对话框中，按图 8.58 所示进行设置，并单击 按钮结束，结果如图 8.59 所示。

图8.57　选取实体顶面边线

图8.58　倒圆角参数设置

图8.59　实体倒角

⑤ 实体薄壳。选择【实体】（Solids）/【实体抽壳】（Solid Shell）命令，选取底面为开口面并回车确认。在显示的【实体抽壳的设置】对话框中按图 8.60 所示进行设置。之后单击 按钮，完成实体抽壳操作，结果如图 8.61 所示。

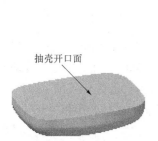

图8.60　抽壳参数设置

图8.61　实体抽壳结果

步骤 7 绘制止口。

① 设置屏幕视角为 （俯视图），构图面为 （俯视角），当前图层为 1。

② 绘制底面轮廓的向内偏距线。选择【转换】（Xform）/【串连补正】（Xform Contour）命令，在【外形串连】对话框中单击 按钮，然后选取底面轮廓线并回车结束选择，在显示的【串连补正】对话框中设定为复制（Copy）方式、次数为 1、补正距离为 1，并单击 按钮，使补正方向

朝向内侧，之后单击 ☑ 按钮，完成补正操作。

③ 设置屏幕视角为 ☒ （等角视图），设定当前图层为 3。

④ 选择【实体】（Solids）/【挤出实体】（Solid Extrude）命令，串连选取补正的所有偏距线并回车结束（注意使拉伸箭头方向朝向实体内部），然后按图 8.62 所示设置拉伸参数，并单击 ☑ 按钮结束，结果如图 8.63 所示。

图8.62　设置拉伸参数

图8.63　绘制止口

步骤 8　存档。

选择【文件】（File）/【保存文件】（Save）命令，然后在显示的【另存为】对话框中输入香皂盒面壳的文件名 "sample8-2.mcx"。

8.2.3　生成模具加工曲面、曲线

1. 按照塑料件收缩率放大实体

按照塑料件收缩率放大实体。选择【转换】（Xform）/【比例缩放】（Xform Scale）命令，框选绘制的实体模型并回车结束。在显示的【比例缩放】对话框中，单击 ⊕ 按钮，并捕捉原点作为缩放的参考点，然后按照图 8.64 所示设置缩放参数，并单击 ☑ 按钮结束。

提示：塑件根据材料、形状、注塑工艺参数等不同，收缩率有所不同，具体参照相关资料。

2. 生成凸模所用曲面

根据放大的零件实体模型，生成凸模所用曲面。设置图层 4 为当前图层，选择【绘图】（Create）/【曲面】（Surface）/【由实体生成曲面】（Create Surface from Solid）命令，然后选取整个肥皂盒实体并回车确认。之后关闭图层 3，并单击 ☑ 按钮，删除外侧的曲面，结果如图 8.65 所示。

3. 绘制分型面

① 设置屏幕视角为 ☒ （俯视图），构图面为 ☒ （俯视角），工作深度（Z）为 0。

② 选择【绘图】（Create）/【矩形】（Create Rectangular）命令，在【绘矩形】工具栏中选取 ⊞

按钮，并定义原点为矩形中心，然后设定矩形长度为 120、宽度为 100，单击 ✓ 按钮，绘制出如图 8.66 所示的矩形。

图8.64　比例缩放参数设置

图8.65　生成的凸模曲面

③ 选择【绘图】（Create）/【曲面】（Surface）/【平面修剪】（Create Flat Boundary Surface）命令，串连选取所绘制的矩形和底面边界作为修剪边界，之后单击 ✓ 按钮结束，即可建立如图 8.67 所示的分型平面。

图8.66　绘制矩形边界

图8.67　绘制的分型面

4. 生成止口与曲面相交处边界线

选择【绘图】（Create）/【曲面曲线】（Curve）/【单一边界】（Create Curve on One Edge）命令，选择止口顶面与曲面相交处以生成边界曲线。

8.2.4　生成凸模加工刀具路径

1. 定义机床类型、设定工件尺寸

选择【机床类型】（Machine Type）→【铣床】（Mill）→【机床列表】命令，然后在弹出的【自定义机床菜单管理】对话框中选择 "MILL 3-AXIS VMC.MMD" 并进行添加，即设定机床类型为三轴立式铣床，同时在操作管理器中会自动生成一个加工群组。单击加工群组中的【属性】选项将其展开，然后选择【材料设置】选项卡并设定工件的参数，如图 8.68 所示，之后单击 ✓ 按钮确认。

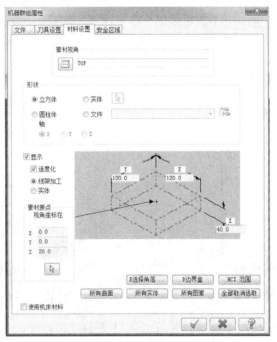

图8.68　工件参数设定

2．生成粗加工刀具路径

步骤 1　粗加工分型面。

采用 φ20 直柄波纹立铣刀粗加工去除大部分材料，预留 0.5 mm 余量进行精加工。

① 选择【刀具路径】（Toolpaths）/【标准挖槽】（Pocket Toolpath）命令，输入 NC 文件的名称，然后串连选取矩形边界和底面边界（即分型面的内外边界）作为挖槽边界，之后单击 ✓ 按钮结束选择。

② 显示挖槽参数对话框，在【刀具路径参数】选项卡中定义 φ20 mm 的平底铣刀，并按照图 8.69 所示设置刀具参数。

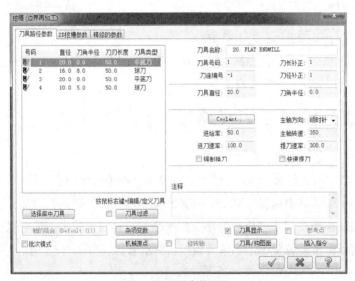

图8.69　刀具参数设置

③ 单击【2D 挖槽参数】选项卡，按照图 8.70 所示设置各项参数。其中，挖槽加工形式设定为"平面加工"，然后单击 G铣平面 按钮，并按照图 8.71 所示设置平面加工参数。单击 Z轴分层铣深 按钮，按照图 8.72 所示设置分层铣深参数。

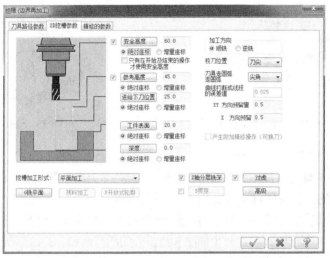

图8.70　挖槽参数设置

图8.71　平面加工参数设置

图8.72　分层铣深参数设置

④ 单击【精修的参数】选项卡，按照图 8.73 所示设置粗、精加工参数。

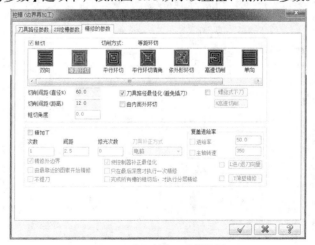

图8.73　粗、精加工参数设置

⑤ 所有参数设置完毕后单击  按钮确定，生成刀具路径如图 8.74 所示，模拟切削效果如图 8.75 所示。

图8.74 分型面粗加工刀具路径

图8.75 模拟切削效果

步骤 2 粗加工型芯面。

采用 $\phi16$ 直柄球头铣刀粗加工去除大部分余量，预留 1.5 mm 半精加工和精加工余量。

① 选择【刀具路径】（Toolpaths）/【曲面粗加工】（Surface Rough）/【粗加工平行铣削加工】（Rough Parallel Toolpath），显示【选取工件的形状】对话框，按照图 8.76 所示设置选项，之后单击 按钮确定。

② 框选如图 8.77 所示的型芯曲面（即除分型面外的所有曲面）并回车结束，之后显示刀具路径的曲面选取对话框。定义分型面为干涉曲面，并单击 按钮确定。

图8.76 选取工件的形状

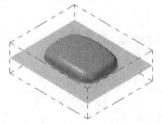

图8.77 选取型芯曲面

③ 显示【曲面粗加工平行铣削】对话框，单击【刀具路径参数】选项卡并定义 $\phi16$ 的球头铣刀，然后按照图 8.78 所示设置刀具参数。

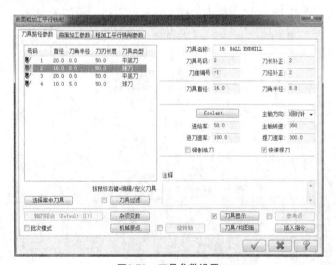

图8.78 刀具参数设置

④ 单击【曲面加工参数】选项卡，按照图 8.79 所示设置各项参数。其中加工曲面的预留量为 1.5、干涉曲面的预留量为 0.5。

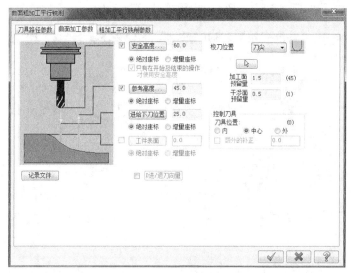

图8.79　曲面加工参数设置

⑤ 单击【粗加工平行铣削参数】选项卡，按照图 8.80 所示设置曲面粗加工平行铣削参数。

⑥ 参数设置完毕后单击 ✓ 按钮确定。实体切削模拟效果如图 8.81 所示。

图8.80　粗加工平行铣削参数设置

图8.81　实体切削模拟效果

3. 生成精加工刀具路径

步骤 1　采用 φ20 直柄立铣刀对分型面、止口侧面部位进行精加工。

① 选择【刀具路径】（Toolpaths）/【标准挖槽】（Pocket Toolpath）命令，定义分型面的内外边界为挖槽的串连外形，之后单击 ✓ 按钮结束选择。

② 在挖槽加工对话框中单击【刀具路径参数】选项卡，设置刀具参数为：进给率为 100、主轴

转速为 500、进刀速率为 100、提刀速率为 300。

③ 单击【2D 挖槽参数】选项卡，并按照图 8.82 所示设置挖槽参数。其中，挖槽加工形式设定为"平面加工"。单击 G铣平面 按钮，参照分型面的粗加工来设置平面铣削参数。

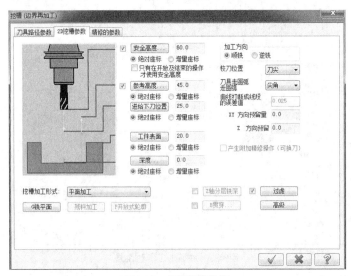

图8.82　挖槽参数设置

④ 单击【精修的参数】选项卡，按图 8.83 所示设置粗、精加工参数，之后单击 ✓ 按钮确定。

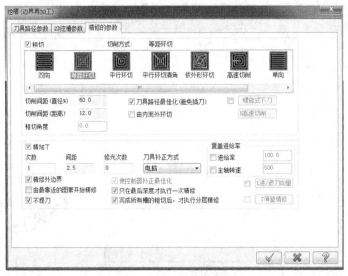

图8.83　粗切、精修参数设置

步骤 2　精加工止口顶面。

采用 φ20 直柄立铣刀以外形铣削方式进行加工。

① 选择【刀具路径】（Toolpaths）/【外形铣削】（Contour Toolpath）命令，定义止口与曲面相交处的边界曲线为串连外形，之后单击 ✓ 按钮结束。

② 在【外形铣削】对话框中单击【刀具路径参数】选项卡，设置刀具参数为：进给率为 80、

主轴转速为 800、进刀速率为 100、提刀速率为 300。

③ 单击【外形加工参数】选项卡，按照图 8.84 所示设置外形铣削参数，其中进/退刀向量采用默认设置，Z 轴分层铣削参数设置如图 8.85 所示，参数设置完毕后单击 ✓ 按钮结束。实体切削模拟效果如图 8.86 所示。

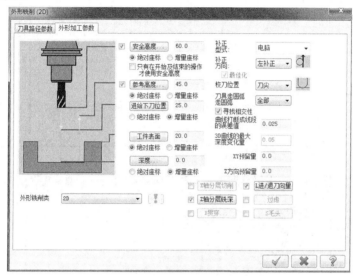

图8.84　外形铣削参数设置

图8.85　深度分层切削参数设置

图8.86　实体切削模拟效果

步骤 3　半精加工型芯曲面。

采用 ϕ10 直柄球头铣刀半精加工，预留 0.5 mm 精加工余量。

① 选择【刀具路径】（Toolpaths）/【曲面精加工】（Surface Finish）/【精加工平行铣削】（Finish Parallel Toolpath）命令，框选型芯曲面（除分型面外的所有曲面）为加工曲面，之后在【刀具路径的曲面选取】对话框中定义分型面为干涉面，并单击 ✓ 按钮结束。

② 显示【曲面精加工平行铣削】对话框，单击【刀具路径参数】选项卡，并按图 8.87 所示设置刀具参数。

③ 单击【曲面加工参数】选项卡，并按照图 8.88 所示设置曲面加工参数。其中，干涉曲面的预留量设定为 0.5 mm。

④ 单击【精加工平行铣削参数】选项卡，并按图 8.89 所示设置各项参数。

⑤ 参数设置完毕后单击 ✓ 按钮结束，实体切削模拟效果如图 8.90 所示。

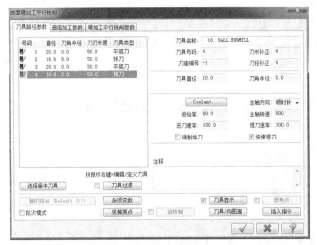

图8.87　刀具参数设置

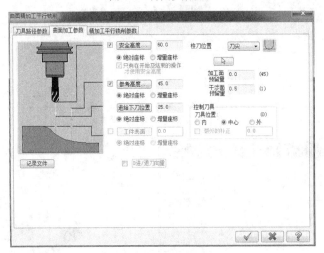

图8.88　曲面加工参数设置

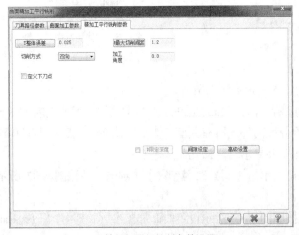

图8.89　精加工平行铣削参数设置

图8.90　实体切削模拟效果

步骤 4　精加工型芯曲面。

采用 φ10 直柄球头铣刀进行精加工。

① 选择【刀具路径】（Toolpaths）/【曲面精加工】（Surface Finish）/【精加工平行铣削】（Finish Parallel Toolpath）命令，框选型芯曲面（除分型面外的所有曲面）并回车结束选择，之后在【刀具路径的曲面选取】对话框中选取分型面为干涉面，并单击 按钮结束。

② 显示【曲面精加工平行铣削】对话框，单击【刀具路径参数】选项卡，设置刀具参数为：进给率为 150、主轴转速为 1 000、进刀速率为 100、提刀速率为 300。

③ 单击【曲面加工参数】选项卡，设置与步骤 3 相同的曲面加工参数，如图 8.88 所示，其中干涉面预留量为 0.5 mm。

④ 单击【精加工平行铣削参数】选项卡，按图 8.91 所示设置各项参数。

⑤ 参数设置完毕后，单击 按钮生成刀具路径。加工模拟效果如图 8.92 所示。

图8.91　曲面平行铣削精加工参数设置

图8.92　加工模拟效果

4. 后处理

刀具切削路径验证无误后，在操作管理器中单击 按钮选取所有加工操作，然后单击 G1 按钮执行刀具路径的后置处理。此时，需指定与所用机床数控系统对应的后处理程序。系统默认为 FANUC 数控系统的 "GENERIC FANUC 3X MILL.PST"，如图 8.93 所示。之后，可对生成的 NC 文件进行必要的编辑，如图 8.94 所示。

图8.93　后处理设置

图8.94　后处理得到NC程序

5．加工操作

利用机床数控系统网络传输功能把 NC 程序传入数控装置存储器，或者使用 DNC 方式进行加工。操作前，把所用刀具按照编号装入刀库，并把对刀参数存入相应位置，经过空运行等方式验证后即可加工。

8.3　香皂盒面壳的凹模制作

前面图 8.44 所示为香皂盒面壳模型，这里进行该零件的凹模制作。

8.3.1　工艺分析

由图 8.44 可知，凹模零件所有的结构都能在立式加工中心上一次装夹加工完成。零件毛坯已经在普通机床上加工到尺寸 120 mm × 100 mm × 40 mm，故只需考虑型腔部分的加工。数控加工工序中，按照粗加工—半精加工—精加工的步骤进行。

（1）加工工步设置

根据以上分析，制定工件的加工工艺路线为：采用 $\phi 16$ mm 直柄平底铣刀一次切除大部分余量，然后采用 $\phi 16$ mm 球头铣刀进行半精加工，最后采用 $\phi 10$ mm 球头铣刀进行光刀加工。

（2）工件的装夹与定位

工件的外形是长方体，采用平口钳定位与装夹。平口钳采用百分表找正，基准钳口与机床 X 轴一致并固定于工作台，预加工毛坯装在平口钳上。采用寻边器找出毛坯 X、Y 方向中心点在机床坐标系中的坐标值，从此作为工件坐标系原点。Z 轴坐标原点设定于毛坯上表面，工件坐标系设定于 G55。

（3）刀具的选择

工件的材料为 40Cr，刀具材料选用高速钢。

（4）编制数控加工工序卡

综合以上的分析，编制如下工序卡，如表 8.3 所示。

表 8.3　　　　　　　　　　　　　　数控加工工序卡

工步号	工步内容	刀具号	刀具规格	主轴转速 r/min	进给速度 mm/min
1	粗加工	T1	$\phi 16$ 平底铣刀	300	50
2	半精加工曲面	T2	$\phi 16$ 球头铣刀	500	80
3	精加工曲面	T3	$\phi 10$ 球头铣刀	1 000	120

8.3.2　零件造型

1. 调取零件原型

选择【文件】（File）/【打开文件】（Open）命令，然后从本书范例源文件的下载目录中选取"Sample8-3.mcx"并将其打开。

2. 生成模具加工曲面

步骤 1　改变原点位置。

设置屏幕视角为 （前视图）、构图面为 （前视角），然后选择【转换】（Xform）/【镜像】（Xform Mirror）命令，框选所有模型对象并回车结束。在【镜像】对话框中按照图 8.95 所示设置各项参数，之后单击 ✓ 按钮结束，并清除群组属性的颜色，得到的结果如图 8.96 所示。

图8.95　镜像参数设置

图8.96　镜像结果

图8.97　设置比例缩放参数

步骤 2　按照塑料件收缩率放大凹模曲面。

选择【转换】（Xform）/【比例缩放】（Xform Scale）命令，选取实体并回车结束，然后在【比例缩放】对话框中，单击 ✢ 按钮，捕捉坐标原点作为比例缩放的参考点，并按照图 8.97 所示设置各项参数，之后单击 ✓ 按钮，完成比例缩放操作。

步骤 3　生成凹模所用曲面。

根据放大后的零件实体模型，生成凹模所用曲面。设置图层 5 为当前图层，选择【绘图】（Create）/【曲面】（Surface）/【由实体生成曲面】（Create Surface from Solid）命令，然后选取肥皂盒面壳实体并回车确认。关闭图层 3，删除内侧的所有曲面，结果如图 8.98 所示。绘制凹模曲面的上边界线。

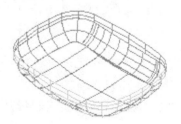

图8.98　生成的凹模曲面

8.3.3 生成凹模加工刀具路径

1. 定义机床类型、设定工件尺寸

选择【机床类型】（Machine Type）→【铣床】（Mill）→【机床列表】命令，并在对话框中选择 "MILL 3-AXIS VMC.MMD 以设定机床类型为三轴立式铣床，同时在操作管理器中会自动生成一个加工群组。单击加工群组中的【属性】选项将其展开，然后选择【材料设置】选项，并在显示的对话框中设定工件参数(X120,Y100,Z40)，之后单击 ✓ 按钮结束。

2. 生成粗加工刀具路径

采用 $\phi16$ 直柄立铣刀粗加工去除大部分余量，预留 1.2 mm 半精加工和精加工余量。

① 选择【刀具路径】（Toolpaths）/【曲面粗加工】（Surface Rough）/【粗加工挖槽加工】（Pocket Toolpath）命令，选取所有凹模曲面并回车结束，然后在【刀具路径的曲面选取】对话框中单击切削范围栏内的 按钮，并选取凹模曲面的边界线作为切削范围边界，如图 8.99 所示，之后单击 ✓ 按钮结束。

图8.99 刀具路径的曲面选取

② 显示【曲面粗加工挖槽】对话框，单击【刀具路径参数】选项卡，并按照图 8.100 所示设置刀具参数。

图8.100 刀具参数设置

③ 单击【曲面加工参数】选项卡，按照图 8.101 所示设置曲面加工参数。其中加工曲面的余量设定为 1.2 mm。

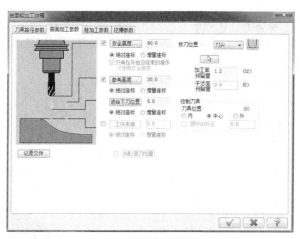

图8.101 曲面加工参数设置

④ 单击【粗加工参数】选项卡，按照图 8.102 所示设置各项参数。其中，下刀方式设定为螺旋式下刀，具体参数设置如图 8.103 所示。

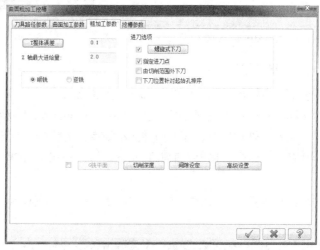

图8.102 粗加工参数设置

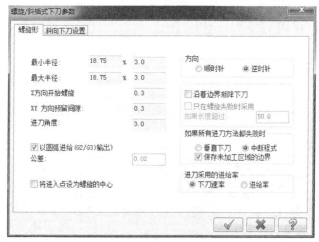

图8.103 螺旋式下刀参数设置

⑤ 单击【挖槽参数】选项卡，按照图 8.104 所示设置曲面挖槽参数。

⑥ 设置完成后，单击 ✓ 按钮结束。选择坐标原点为下刀点，生成刀具路径并进行实体切削模拟，结果如图 8.105 所示。

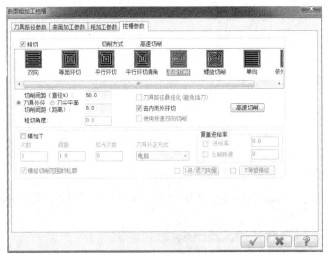

图8.104　曲面挖槽参数设置　　　　　　　　　　图8.105　模拟加工结果

3. 生成半精加工刀具路径

采用 ϕ16mm 直柄球头铣刀半精加工，预留 0.5 mm 精加工余量。

① 选择【刀具路径】(Toolpaths) /【曲面精加工】(Surface Finish) /【精加工环绕等距加工】(Finish Scallop Toolpath) 命令，选取所有凹模曲面并回车结束，然后在【刀具路径的曲面选取】对话框中单击切削范围栏内的 按钮，并选取凹模曲面的边界线作为切削范围边界，之后单击 ✓ 按钮结束。

② 显示【曲面精加工环绕等距】对话框，单击【刀具路径参数】选项卡，并按照图 8.106 所示设置刀具参数。

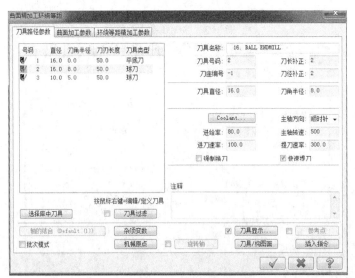

图8.106　刀具参数设置

③ 单击【曲面加工参数】选项卡，并按照图 8.107 所示设置曲面加工参数。

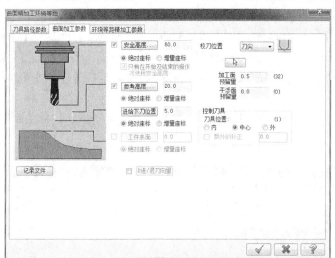

图8.107　曲面加工参数设置

④ 单击【环绕等距精加工参数】选项卡，按照图 8.108 所示设置环绕等距精加工参数。

图8.108　环绕等距精加工参数设置

⑤ 设置完成后，单击 ✓ 按钮结束。选择坐标原点为下刀点，生成刀具路径，并模拟实体切削效果，结果如图 8.109 所示。

图8.109　实体切削模拟效果

4. 生成精加工刀具路径

采用 ϕ10mm 直柄球头铣刀精加工。

① 选择【刀具路径】（Toolpaths）/【曲面精加工】（Surface Finish）/【精加工环绕等距加工】（Finish Scallop Toolpath）命令，选取所有凹模曲面并回车结束，然后在【刀具路径的曲面选取】对话框中单击切削范围栏内的 按钮，并选取凹模曲面的边界线作为切削范围边界，之后单击 按钮结束。

② 显示【曲面精加工环绕等距】对话框，单击【刀具路径参数】选项卡，并按照图 8.110 所示设置刀具参数。

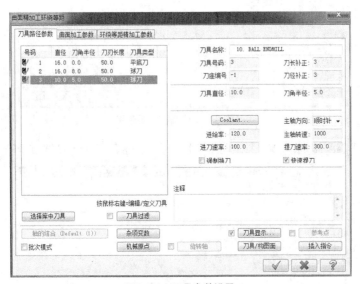

图8.110　刀具参数设置

③ 单击【曲面加工参数】选项卡，按照图 8.111 所示设置曲面加工参数。

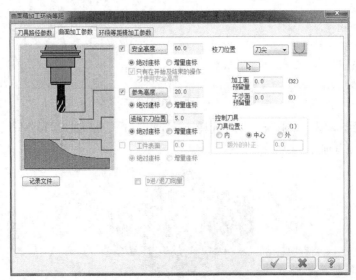

图8.111　曲面加工参数设置

④ 单击【环绕等距精加工参数】选项卡，按照图 8.112 所示设置环绕等距精加工参数。

⑤ 设置完成后单击 ✓ 按钮结束，生成刀具路径，并模拟实体切削效果，结果如图 8.113 所示。

图8.112　环绕等距精加工参数设置

图8.113　实体切削模拟加工效果

5. 加工操作

执行后处理操作，把生成的 NC 程序传入机床，经过验证加工无误后即可进入实切操作。

参考文献

［1］蔡冬根. Mastercam 9.0 应用与实例教程. 北京：人民邮电出版社，2006.

［2］蔡冬根. Mastercam X2 应用与实例教程（第 2 版）. 北京：人民邮电出版社，2009.

［3］施保同. Mastercam 6.1 设计技术手册一. 金永奇科技有限公司，1998.

［4］施保同. Mastercam 6.1 设计技术手册二. 金永奇科技有限公司，1998.

［5］邓奕，苏先辉，肖调生. Mastercam 数控加工技术. 北京：清华大学出版社，2004.

［6］王卫兵. MasterCAM 数控编程实用教程. 北京：清华大学出版社，2004.

［7］周鸿斌，施庆. Mastercam X2 基础教程. 北京：清华大学出版社，2007.

［8］罗崇贵. Mastercam X2 数控加工基础教程. 北京：人民邮电出版社，2008.

［9］何满才. Mastercam 9.0 习题精解. 北京：人民邮电出版社，2003.